第1章　大数据技术概述

大数据是高科技时代的产物,对海量数据的采集、存储、分析和利用为各领域的发展带来了机遇和挑战。本章将介绍大数据的定义、主要特征、关键技术、计算模式和应用领域等内容,使读者对大数据有比较清晰的认识。

1.1　什么是大数据

1.1.1　大数据的定义

麦肯锡公司是研究大数据的先驱,在其报告 *Big data: The next frontier for innovation, competition and productivity* 中给出大数据的定义如下:大数据指的是规模超过常规的数据库工具获取、存储、管理和分析的数据集。但它同时强调,并不是数据量一定超过特定太字节(TB)的数据集才能算是大数据。

国际数据公司(IDC)从大数据的四个特征来定义,即海量的数据规模(volume)、多样的数据类型(variety)、快速的数据流转和动态的数据体系(velocity)、价值密度低(value),这也是业界认可度较高的"4V"说法。

亚马逊公司(全球最大的电子商务公司)的大数据科学家 John Rauser 给出了一个简单的定义:大数据是任何超过了一台计算机处理能力的数据量。

从以上的定义可以得出大数据中"大"的含义:一是,大数据并没有明确的界限,它的标准是可变的。如今,大数据在不同行业中的规模可以从几十 TB 到几 PB,但在 20 年前 1 GB 的数据已然是大数据了。随着计算机软硬件技术的发展,符合大数据标准的数据集容量也会增长。二是,大数据不仅仅只是数据量大,它还包括了数据集规模已经超过了传统数据库软件获取、存储、分析和管理能力的意思。

从大数据的定义中可以看出,大数据主要具有规模大、种类多、速度快和价值密度低等特点,除此之外,在数据增长、分布和处理要求等方面还具有一些复杂的特性和现象,总结如下。

1. 非结构性

非结构化数据是指在获得数据之前无法预知其结构的数据,目前所获的数据 85% 以上是非结构化数据,而不再是纯粹的关系数据,传统的系统很难处理这些数据,从应用角度来讲,非义信息非常困难，如何将数据组织成合理的结构是大数据管理中的一个重要问题。大量出现的各种数据本身是非结构化的或弱结构化的，例如，图片、照片、日志和视频等数据是非结构化数据，网页等是半结构化数据。给定一种半结构化或非结构化数据，如图像，如何把它转化成多维数据表、面向对象的数据模型或者直接基于图像的数据模型等问题需要深入研究，非结构化和半结构化数据的个体表现、一般性特征和基本交叉研究也急需开展。

2. 不完备性

数据的不完备性是指在大数据环境与条件下所获取的数据和信息常常是不完整的、有缺失（损）的或有错误的。数据的不完备性必须在数据分析阶段得到有效处理，然而处理方法的研究也是一项困难的工作。值得注意的是，大数据每一种表示形式都仅呈现数据本身的部分表现，并非全貌。

3. 时效性

大数据的时效性是判定数据价值和质量的一个重要指标。有些应用场合，要求大数据保持良好的时效性。对大数据的处理速度会影响到结果的时效性，数据规模越大，分析处理时间就会越长。在许多情况下，用户要求立即得到数据的处理与分析结果，大数据处理系统就需要在处理时间、处理速度与处理规模上折中考虑，为了更好地满足时效性，需要创新处理方法。

4. 安全性

数据安全性是指保护数据免受未经许可而故意或偶然的传送、泄露、破坏和修改的性能，是数据等信息的安全程度的重要衡量指标。由于大数据高度依赖数据存储与共享，数据管理必须消除各种隐患与漏洞才能有效地管控安全风险。数据的隐私保护是大数据分析和处理的一个突出问题，对个人数据使用不当，尤其是有一定关联的多组数据泄露，将导致用户的隐私泄露。隐私保护既是技术问题也是社会学问题，是目前一个重要的研究方向。

5. 可靠性

数据可靠性是指一组数据在生命周期内保持完整、一致和准确的程度。很多环境下产生的大数据包含“错误”和“噪声”，需要通过数据清洗、去冗等技术来提取高质量数据，提升数据可靠性。大数据的表示、处理和质量监控已成为互联环境中大数据管理和处理的基础性问题。

大数据时代对人类的数据驾驭能力提出了新的挑战，也为人们获得更为深刻、全面的洞察能力提供了前所未有的空间与潜力。

1.1.2 大数据的产生

大数据是计算机技术和互联网技术快速发展与应用的产物，计算机实现了信息的数字化，互联网实现了数据高速传输，两者结合为大数据的存储、传输与应用创造了基础和环境，赋予了大数据旺盛的生命力。目前世界上 90% 的数据是在互联网出现以后迅速产生的。基于 Web 2.0 网站建立的社交网络，用户既是网站信息的使用者，也是网站信息的制作者。例如，记录人们购买商品的喜好并实现个性化推荐,微博和微信记录人们所产生的想法并实现即时交流,图片视频分享网站记录人们的视觉观察,百科全书网站记录人们对抽象概念的认识,幻灯片分享网站记录人们各种正式和非正式的演讲发言,机构知识库和开放获取期刊记录学术研究成果,众多的 App 使得用户随时与各类网络平台即时交互。

大数据是人类在信息化社会中活动的产物,是日常生产与生活在网络空间的投影。万物互联已经实现,互联网如同空气、水和电一样无处不在地渗透到人们的工作和生活中。新型的硬件与数据中心、分布式计算与云计算系统平台、大容量数据存储与处理技术、社会化网络基础设施、无处不在的移动终端设备和多样化的数据采集方式等都使大数据的产生和记录成为可能。在人机交互方面,日益人性化的用户界面使得人的行为模式都很容易作为数据被记录,用户既可以成为数据的生产者,又可以成为数据的消费者。可以看出,随着云计算、移动计算和普适计算的发展,人和物随时随地产生的一切新数据,都能够即时通过网络传输和处理。来自互联网的数据可以划分为下述五种类型。

1. 视频与音频数据

视频图像是大数据的主要来源之一,电影、电视节目会产生大量的视频图像,各种室内外的视频摄像头昼夜不停地产生巨量的视频图像。视频图像以每秒几十帧的速度连续记录运动着的物体,一个小时的标准清晰视频经过压缩后,所需的存储空间为 GB 数量级,对于运动着的物体,高清晰度视频所需的存储空间就更大了。而对于不同音质的音频文件,存储空间也成倍增长。

2. 图片与照片数据

图片与照片也是大数据的主要来源之一,脸谱(Facebook)是美国最大的社交网站,目前也是全球最大的社交网络,Facebook 在 2018 年 9 月宣布每日的活跃用户量是 3 亿人。如果每天每个用户上传一张照片,平均每张照片大小为 1 MB,且单台服务器磁盘容量为 10 TB,则仅仅存储这些照片每天需要增加 30 台服务器,而且这些上传的照片仅仅是人们拍摄到的照片的很少一部分。此外,许多遥感系统一天 24 小时不停地拍摄并产生大量照片。

3. 各类日志文件数据

网络设备、系统及服务程序等在运行时都会产生日志,每行日志都记载着日期、时间、使用者及动作等相关操作的描述。例如,Windows 网络操作系统设有各种各样的日志文件,如应用程序日志、安全日志、系统日志、FTP 日志、WWW 日志、Scheduler 服务日志和 DNS 服务器日志等,并且根据系统开启服务的不同而有所不同。用户在系统上进行一些操作时,这些日志文件通常记录了一些用户操作的相关内容,这些内容对系统安全工作人员相当有用。又如网站日志记录了用户对网站的访问,电信日志记录了用户拨打和接听电话的信息,假设有 4 亿用户,每个用户每天呼入呼出 10 次,每条日志占用 300 B,并且需要保存 5 年,则数据总量为 $4\times10^{8}\times10\times365\times300\times5\ \mathrm{B}\approx2.19\ \mathrm{PB}$,这是一个庞大的数据集。

4. 各类网页索引数据

搜索引擎索引了大约 10 亿个网页，平均每个网页用 25 KB，这些网页的数据总量也是一个庞大的数据集。

5. 传统系统的结构化数据

视频与音频、图片与照片、日志都是非结构化数据，网页是半结构化数据。传统信息系统中的结构化数据可以在结构数据库中存储，并可用二维表来逻辑表达数据。这类数据库是先定义结构，然后才可添加数据。这类数据在大数据中所占比例较小，据统计，结构化数据只占 15% 左右，但却应用广泛，起到关键作用。例如，银行财务系统、股票与证券系统、信用卡系统等。

1.1.3 大数据技术的发展历程

大数据的发展历程总体上可以划分为四个重要阶段：萌芽阶段、突破阶段、成熟阶段和智能化阶段。

1. 萌芽阶段

20 世纪 90 年代至 21 世纪初，随着数据挖掘理论和数据库技术的逐步成熟，一批商业智能工具和知识管理技术开始被应用，如数据仓库、专家系统和知识管理系统等。此时，对于大数据的研究主要集中于“algorithms”（算法）、“model”（模型）、“patterns”（模式）、“identification”（识别）等热点关键词。

2. 突破阶段

21 世纪前 10 年，Web 2.0 应用迅猛发展，非结构化数据大量产生，传统处理方法难以应对，带动了大数据技术的快速突破，大数据解决方案逐渐走向应用，形成了并行计算与分布式系统两大核心技术，谷歌的 GFS 和 MapReduce 等大数据技术受到追捧，Hadoop 平台开始大行其道。该时期处于围绕非结构化数据自由探索阶段，非结构化数据的爆发带动大数据技术的快速突破，以 2004 年 Facebook 创立为标志，社交网络的流行直接导致大量非结构化数据的涌现，而传统处理方法难以应对。

3. 成熟阶段

2010 年以后，随着智能手机应用的日益广泛，数据的碎片化、分布式和流媒体特征更加明显，移动数据急剧增长。大数据应用渗透到各行各业，数据驱动决策，信息社会智能化程度大幅提高。

4. 智能化阶段

近年来大数据继续不断地向社会各行各业渗透，使得大数据的技术领域和行业边界越来越模糊和变动不定，应用创新已超越技术本身，更受到人们青睐。机器学习应用于大数据技术可以为每一个领域带来变革性影响，并且正在成为各行各业颠覆性创新的原动力和助推器。

1.2 大数据的四个主要特征

多）、value（价值密度低）和 velocity（处理速度快）。

1. 数据量大

人类进入信息社会以后，数据以指数级增长。人们存储的数据包括环境数据、财务数据、医疗数据和监控数据等。从 1986 年至 2010 年的 20 多年时间，全球数据的数量增长了 100 倍，今后的数据量增长速度将更快，人们正生活在一个“数据爆炸”的时代。例如，2014 年 3 月 7 日，阿里巴巴举行了“2014 西湖品学大数据峰会”，在会上阿里巴巴大数据负责人披露了阿里巴巴当时的数据存储情况：在阿里巴巴数据平台事业部的服务器上，攒下了超过 100 PB 已处理过的数据，相当于 4 万个西雅图中央图书馆，580 亿本藏书。

2. 数据类型繁多

传统的数据是结构化的，而大数据形式多种多样，包括结构化数据、半结构化数据和非结构化数据。结构化数据存储在数据库里，可以用二维表结构来对其进行逻辑表达，比如企业财务系统、医疗数据库、环境监测数据和政府行政审批等。非结构化数据一般存储在文件系统上，比如视频、音频、图片、图像、文档、文本等形式。典型例子有医疗影像系统、教育视频点播、公安视频监控、国土 GIS 及广电多媒体资源管理系统等应用。半结构化数据是介于完全结构化数据和完全无结构的数据之间的数据，比如邮件、HTML 和报表等，典型场景如邮件系统、教学资源库和档案系统等。非结构化数据与半结构化数据的增长速率大于结构化数据，目前超过 80% 的数据是非结构化数据。IDC 的报告显示，目前非结构化数据占到了 80% ~90%，并且到 2020 年将以 40 多倍的发展速度增加。非结构化数据比例不断升高，这些数据中蕴含着巨大的价值。

3. 价值密度低

在大数据时代，很多有价值的信息都是分散在海量数据中的，其价值密度远远低于传统关系数据库中的数据。以小区监控视频为例，如果没有意外事件发生，连续不断产生的数据都是没有任何价值的，当发生偷窃等意外情况时，也只有记录了事件过程的那一小段视频是有价值的。但是，为了能够获得发生偷窃等意外情况时的那一段宝贵的视频，不得不投入大量资金购买监控设备、网络设备和存储设备，耗费大量的电能和存储空间，来保存摄像头连续不断传来的监控数据。价值密度的高低与数据总量的大小成反比，但如何通过强大的机器算法更迅速地完成数据的价值“提纯”，成为目前大数据背景下亟待解决的难题。

4. 处理速度快

大数据时代的很多应用都需要基于快速生成的数据给出实时分析结果，用于指导生产和生活实践。因为数据的规模巨大，传统的数据软件处理工具不能满足需要，而大数据的用途之一是市场预测，讲究处理的时效性，所以要求在短时间内对海量数据进行处理、提炼，得出有用的信息。以 2017 年淘宝网“双十一”天猫成交额为例，11 月 11 日凌晨 0 点 03 分，阿里巴巴天猫交易额突破第一个 100 亿元；11 月 11 日上午 9 点 04 秒，阿里巴巴天猫交易额冲破 1 000亿元，速度远远超过上一年。值得注意的是，0 点 3 分 01 秒，成交总额超过 100 亿元，仅仅12秒之后,即3分13秒,无线成交额即超过100亿元。所以,大数据处理和分析的速度通常要达到秒级响应,这一点和传统的数据挖掘技术有着本质的不同。为了实现快速分析海量数据的目的,新兴的大数据分析技术通常采用集群处理和独特的内部设计,对数据进行高速处理,并且给出实时分析结果。

1.3 大数据关键技术

传统的数据处理分析方法无法满足大数据背景下存储、实时处理等要求,一套更加适合大数据处理的技术应运而生。大数据技术十分复杂,是许多技术的整合,并非全部都是新技术。大数据技术应用于大数据处理的整个过程中,涉及多个层面和维度,主要包括数据采集、存储和分析等环节。数据采集是进行数据分析处理的前提,也是大数据的关键技术之一。由于大数据海量异构的特点,将采集到的数据直接应用于后续的数据分析往往具有较大的难度,因此采集的数据往往需要进行"预处理",将数据转化为一个可用的状态。经预处理后的数据,被放到文件系统或数据库系统中进行存储与管理,然后对数据进行处理分析,结果通过数据可视化工具向最终用户直观传递。

1. 大数据采集技术

大数据采集是指将不同数据源中的海量数据进行整合,经过处理后最终放入数据仓库或数据集市的过程。大数据采集技术采集的数据是多样的,主要包括互联网数据(如社交网络产生的交互数据)、传感器数据(如采集的气温数据)等,这些数据可能是结构化、半结构化或非结构化的,其中半结构化和非结构化的数据居多。在大数据的采集过程中,在短时间内出现极高并发的现象是十分常见的,在设计应用的过程中应当充分考虑。例如,电商网站,在特定的时间中并发访问量的峰值能够达到百万甚至是千万,往往会在采集端部署大量高性能数据库用以支撑数据采集过程。数据采集是后续进行数据处理分析的必要条件,数据采集主要有以下几种方法:

(1) 系统日志采集方法。利用海量日志采集系统,将实时采集的海量数据进行简单的处理,并且将数据送往流计算系统,进行实时处理分析。常见的日志采集系统有:Kafka、Flume等。

(2) ETL采集方法。这是数据采集中较为常用的一种形式,通过ETL(extract transform load)工具将数据进行抽取、过滤、转换等预处理,最终将处理完成的数据送往数据仓库或其他数据存储系统。

(3) 其他数据采集方法。许多数据往往具有一定的保密性,如企业生产经营数据、科学研究数据等敏感性要求较高的数据;还有一些数据涉及伦理道德,如患者的就医信息、心脑电波数据等,这些数据往往采集起来较为困难,可以通过与企业或研究机构合作等方式来获取。

2. **大数据存储技术**

如何将采集得到的海量数据进行存储,确保处理和分析统计的顺利进行是大数据时代必须要考虑的问题。为了保证数据采集过程的进行,采集端往往设有数据库,而且为了方便处理分析并提供更加强大的存储能力,往往利用分布式系统。

通常使用分布式文件系统(如 Google 的 GFS、Apache Hadoop 的 HDFS 等)、NoSQL 数据库(如 Hbase、MongoDB 等)、数据仓库和云数据库等对采集到的海量数据进行存储,等待分析处理。

3. **大数据处理、统计与分析技术**

大数据处理、统计与分析大多需要在 Hadoop、Spark 等大数据处理平台上进行,借助分布式并行框架,通过结合一系列算法完成。当半结构化数据或非结构化数据较多时,统计分析往往借助分布式数据库进行,NoSQL 数据库及 NewSQL 数据库较传统数据库相比更加适合大数据的处理分析。与传统的数据处理分析不同,大数据对所有的数据进行分析,不再抽样,并且对于结果精确度的依赖也有所降低。

4. **大数据挖掘及可视化技术**

数据挖掘指发掘隐藏在海量数据中具有价值的信息,常用的方法有分类、聚类和相关性分析等。主要利用现有的数据和数据挖掘算法经过自动化的分析推理,得出结果以支持决策。近年来,大数据挖掘在情报检索、风险控制、金融预测等领域得到了较为广泛的应用。实际使用中,Hadoop 的组件 Mahout 封装了许多数据挖掘的经典算法供开发人员使用,有效降低了应用程序的开发难度。

数据可视化旨在通过图形化的方法进行信息传递。将大数据分析的结果简洁明了地表示,可以更好地沟通信息。近年来数据可视化工具和产品越来越受欢迎,目前常用的大数据可视化工具有 Tableau、Jupyter、Google Chart 和 D3.js 等。

1.4 大数据计算模式

1. **批处理计算**

批处理计算主要解决大规模数据的批量处理问题,是日常生活中最常见的数据处理需求,代表作品主要有 MapReduce 和 Spark。MapReduce 是一种并行编程模型,用于大规模数据集的并行运算,可以并行执行大规模数据处理任务。它将复杂的、运行于大规模集群上的并行计算过程高度抽象为两个函数:Map 和 Reduce。MapReduce 极大地方便了分布式编程,编程人员在不深入理解分布式并行编程的情况下,也可以很容易将自己的程序运行在分布式系统上,完成对海量数据集的计算。

Spark 是一个针对超大数据集合的低延迟的集群分布式计算系统,是基于内存计算的大数据并行计算框架，因为它基于内存计算，所以提高了在大数据环境下数据处理的实时性，同时保证了高容错性和高可伸缩性，允许用户将 Spark 部署在大量廉价硬件上，形成集群，大大缩短了大数据处理时间。

2. 流计算

流数据是指在时间分布和数量上无限的一系列动态数据集合体，数据的价值一般随着时间的流逝而降低，因此必须采用实时计算的方式给出秒级响应。这就需要系统有足够的低延迟计算能力，可以快速地进行数据计算，在数据价值有效的时间内，体现数据的有用性。对于时效性特别短、潜在价值又很大的数据可以优先计算。主要的代表型系统有 Storm、S4、Flume、Streams、Puma、DStream 等，本书在后续章节会对 Flume 做简要介绍。

3. 图计算

社交网络、Web 链接关系图等都包含大量具有复杂关系的图数据，这些图数据规模很大，常常达到数十亿的顶点和上万亿的边数。这样大的数据规模和非常复杂的数据关系，给图数据的存储管理和计算分析带来了很大的技术难题。因此，针对大型图的计算，需要采用图计算模式。Pregel 是一种基于 BSP 模型实现的并行图处理系统。为了解决大型图的分布式计算问题，Pregel 搭建了一套可扩展的、有容错机制的平台，该平台提供了一套非常灵活的 API，可以描述各种各样的图计算。其他代表性的图计算产品还包括微软公司的 Trinity、Spark 的 GraphX 组件、CMU 的 GraphLab 以及由其衍生出来的目前性能最快的图数据处理系统 PowerGraph 等。

4. 迭代计算

为了克服 Hadoop 难以支持迭代计算的缺陷，工业界和学术界对 Hadoop 进行了不少改进研究。Hadoop 把迭代控制放到 MapReduce 作业执行的框架内部，并通过循环敏感的调度器保证前次迭代的 Reduce 输出和本次迭代的 Map 输入数据在同一台物理机上，以减少迭代间的数据传输开销。目前具有快速灵活的迭代计算能力的典型系统是 Spark，其采用了基于内存的 RDD 数据集模型实现快速的迭代计算。

1.5 大数据对思维方式的影响

大数据技术的快速发展已改变了我们的思维方式，大数据研究专家维克托·迈尔·舍恩伯格指出，大数据时代人类思维方式的转变主要体现在以下三方面：全样而非抽样、效率而非精确、相关而非因果。

1. 全样而非抽样

全样而非抽样是指处理的数据从样本数据变成全部数据。由于之前的数据处理和存储能力有限，因此以往的科学研究数据源于样本，以抽样的标准及方法推断全部数据的总体特征，这直接影响了科学研究的发展以及科学研究结果的质量。而在大数据时代，随着计算机软硬件的不断改进以及各种数据存储、处理框架的不断优化，海量数据的处理能力得到提升，数据挖掘算法不断改进与丰富，抽样并非是必要的手段和方法。因此，在大数据技术的支持下，科学研究可以直接针对全集数据而不是抽样数据，并且可以在短时间内迅速得到分析结果、发现数据背后的规律。

2. 效率而非精确

效率而非精确是指处理数据时，更注重算法的效率而不是结果的精确性。这种思维方式的转变是在“全样而非抽样”的基础上形成的，由于过去的科学研究大多采用抽样方法，当分析结果需要被应用到全集数据时，可能会出现“失之毫厘差之千里”的现象，即抽样分析的微小误差被放大到全集数据时，可能会变成一个很大的误差。因此，过去的科学研究更加注重数据处理的精确性。现在，处理的数据不再是样本，而是全部数据，所以无须考虑误差被放大的问题，而数据分析的效率成为关注的核心。在大数据时代，海量的数据意味着巨大的价值，只有快速对数据进行处理、分析，数据的价值才能得以实现。

3. 相关而非因果

相关而非因果是指在大数据分析中，更多使用相关关系进行分析而非因果关系。在传统的数据分析中，更多使用因果思维，旨在找寻原因，推测结果，探索事件背后的因果关系，预测将来可能发生的事件。例如，对搜索数据进行分析，发现人们对流感症状的搜索频率增加时，可以通知企业增加预防和治疗流感药物的生产量，因为在流感袭来时，人们自然想到购买药物来预防或是治疗流感。而在大数据时代，更加关注从海量的数据中寻找一定的相关性。例如，在美国的沃尔玛超市，啤酒和婴儿尿布两种看似毫无关联的商品却摆在一起。原来，沃尔玛超市通过销售数据分析发现，这两件物品在周末的销量异常地好，而且经常出现在同一辆购物车中。购买啤酒和购买婴儿尿布间存在一定的相关性，但并不再关注为什么买了啤酒后还会买尿布。

1.6 大数据的应用领域

1. 互联网领域

大数据在互联网领域的典型应用主要包括四个方面，分别是搜索引擎、电子商务、推荐系统和广告系统。

（1）搜索引擎。如何在海量数据中找到需要的信息是搜索引擎的目标，通过大数据理论和技术，可进一步改进搜索引擎技术，帮助用户快速准确地检索信息。

（2）电子商务。大数据在电子商务领域的应用主要有以下几个方面：精准营销、个性化服务和商品个性化推荐。

（3）推荐系统。信息过载已成为大数据环境下最严重的问题之一，推荐系统则是有效缓解该问题的方法。推荐系统通过分析用户的历史信息了解用户的喜好，从而为用户推荐感兴趣的内容，满足用户的个性化需求。

(4) 广告系统。互联网广告是网络营销的最主要手段之一,也是典型的大数据应用。设计和采用精准广告系统的目的是使投放的广告更加精准,并在节约投放成本的基础上,获得更好的展示效果。

2. 金融行业

金融行业具有非常巨大的结构化数据量,并且各种非结构化数据信息的产生、收集和处理数量也在迅速增长,这些都为大数据在金融行业的应用奠定了良好的基础。依赖大数据技术,金融机构可以主动地去适应市场变化、满足客户的需求。金融大数据应用可以分为以下几个方面。

(1) 精准营销。银行可以利用获取的目标客户的发展现状、营收情况、业内地位、市场占有率、产品竞争力、企业成长性等信息,对客户开展精准营销,进而进行银行产品的个性化推荐。

(2) 风险管理。银行可以把授信和授后管理过程中获取的各种数据进行建模,借助大数据软件进行分析,对市场风险、操作风险等进行预测,进行风险管理和控制。例如小企业贷款风险评估和识别欺诈交易。

(3) 用户画像。用户画像可以理解为将数据化后的用户信息抽象成代表真实用户群体的虚拟画像,主要分为个人客户画像和企业客户画像。通过构建用户画像,可以指导金融产品的优化、改进服务质量,利于金融产品的精准营销。

3. 医疗行业

随着医疗信息化的普及与快速发展,医疗数据已具备大数据的基本特征。通过对医疗数据的处理和分析,不但能够帮助医生进行疾病诊断和经营决策,帮助患者享受更加便利的服务,同时能够预测流行疾病的爆发趋势、降低医疗成本等。

(1) 辅助临床决策。电子病历的应用,使每一个病人都有自己的电子记录,这些记录成为医学研究的重要参考数据。通过大数据平台可以连续地检测数据,并利用大数据技术构建疾病诊断模型,更好地分析患者信息,辅助医生进行临床决策。

(2) 健康状况预测。可穿戴设备是医疗行业的一大创新,这些可穿戴设备持续不断地收集健康数据并存储在云端。通过大数据技术对健康数据进行分析处理,并结合气候、睡眠质量、身体基本情况等因素,可得到人体疾病可能性预测。

4. 交通领域

大数据技术的发展为交通领域解决问题提供了新的思路和方法,从而有效地提高了人们日常出行的便利性,在交通领域中,大数据的相关应用具体有如下三个方面。

(1) 车辆定位。通过车载终端提供的数据,使得公司总部能够有效跟踪定位车辆位置,进而能够有效实现对车辆的监督管理和行车线路优化,更好地实现交通安全、通畅的目的。

(2) 信息收集。运输公司通过部署一系列的运输大数据应用,从而能够采集到包括油耗、胎压等在内的多种数据,并通过分析这些数据来优化车队管理、降低能耗,节省大量的运营成本。

（3）交通调控。基于实时交通报告可实测和预测拥堵。当交通管理人员发现某地即将发生交通拥堵时，可以及时调整信号灯让车流以最高效率运行。

5. **能源行业**

大数据在能源行业的应用越来越深入，主要包括以下几个方面。

（1）智能电网。智能电网利用大量传感器终端收集数据并传送至调度中心，进而通过信息处理技术进行数据分析，即可实现对电网的自动化控制，调节运行状态，为电力运输提供决策建议。大数据技术在智能电网中的应用可以使得电力系统更加高效可靠。

（2）清洁能源可用性预测。相关大数据技术的应用，使得技术人员能够将天气数据与大数据分析技术相结合，进而通过预测未来时间内风力变化情况来达到预测风力发电量的目的，使得风力发电的清洁能源能够更好地被传输、使用。

（3）智能电表。智能电表的出现使得供电公司能够更便捷地获得用户用电数据，并且能够根据采集到的用电数据，根据用电高峰与低谷，制定更有效的电力收费方式，节省用户的费用支出。

6. **政府机构**

基于大数据应用的中国智慧城市建设是大数据在政府机构层面应用的主要体现。智慧城市包含了电子政务、智慧能源、智慧交通、智慧医疗等多个领域，而这些都要依托于大数据，因此大数据是智慧城市的基础，也是智慧城市发展的重要推动力。

1.7 我国的大数据发展战略

当前世界正处在全球数字化的时代，数据将有可能成为另一种类型的国家核心资产，在此背景下，一个国家对于数据的分析计算、解释应用的能力也将成为综合国力的重要组成部分。早在 2012 年，联合国发布的大数据政务白皮书就指出，各国可以通过使用丰富的数据资源对经济社会进行实时分析来帮助政府更好地响应经济社会的运行。

中国是人口大国、制造业大国、互联网大国和物联网大国，因此成为数据强国的潜力极大。2010 年中国数据占全球比例为 10%，2013 年占比为 13%，2020 年占比将达 18%，届时，中国的数据规模将位居世界第一。

在此背景下，为了更好地抓住大数据发展带来的契机，充分利用大数据提升国家治理能力和国际竞争力，近 5 年来我国推出了一系列促进大数据发展的国家级政策和措施。2014 年 3 月大数据首次写入政府工作报告，2015 年 8 月国务院常务会议通过了《关于促进大数据发展的行动纲要》，2016 年 3 月发布的“十三五”规划纲要中指出实施国家大数据战略，2016 年 12 月工信部发布《大数据产业发展规划（2016—2020 年）》，2017 年 10 月中共“十九大”提出推动大数据与实体经济深度融合。实施国家大数据战略提出了五个方面的具体要求：一是推动大数据技术产业创新发展，二是构建以数据为关键要素的数字经济，三是运用大数据提升国家现代化治理水平，四是运用大数据促进、保障和改善民生，五是切实保障国家数据安全与完善数据产权保护制度。把大数据作为基础性战略资源，全面实施促进大数据发展行动，加快推动数据资源共享开放和开发应用，助力产业转型升级和社会治理创新。

国家大数据战略配套政策措施的制定和实施，将有效推动我国大数据产业发展环境的优化，互联网的高速发展也将带动社会各领域对大数据服务需求的进一步扩大。同时，物联网的发展极大提高了数据的获取能力，云计算与人工智能深刻地融入数据分析体系，新技术在各个领域的融合创新将不断涌现。

小结

随着各行各业数据量的增长，大数据的价值逐渐体现，大数据技术的利用也将带动社会各领域的进步与发展。为了让读者简单了解大数据，本章首先阐述了大数据的相关定义、来源、主要特征和大数据技术的发展历程。然后，详细介绍了大数据的关键技术和计算模式。最后，重点介绍了大数据对思维方式的影响、大数据的应用领域和我国的大数据发展战略。

通过本章的学习，读者能够对大数据及其相关技术有深入了解，理解学习大数据的意义，并为后续学习分布式系统架构 Hadoop 奠定了基础。

习题

1. 大数据有哪些主要特征？
2. 大数据的关键技术有哪些？
3. 大数据的计算模式有哪些？
4. 大数据有哪些应用领域？

即测即评

扫描二维码，测试本章学习效果。

第2章 Hadoop及环境搭建

Hadoop是一款开源、分布式计算平台,可运行在大规模集群上。在业内很多企业和科研机构都在从事Hadoop的应用和研究,Hadoop已经成为大数据的代名词,学习大数据往往从Hadoop开始。本章首先对Hadoop系统的基本概念、发展历史、特点和常用组件进行详细的阐述;然后介绍虚拟机技术及Linux操作系统的安装与使用方法;最后详细讲解伪分布式模式、分布式模式下Hadoop集群的安装配置步骤。

2.1 Hadoop生态系统

2.1.1 Hadoop简介

Hadoop是Apache基金会旗下的开源分布式系统基础架构,用户可以在不了解分布式底层细节的情况下,开发分布式并行应用程序。Hadoop是基于Java语言开发的,具有良好的跨平台特性,其核心是分布式文件系统HDFS(Hadoop distributed file system)、分布式并行编程模型MapReduce以及分布式资源管理框架Yarn。HDFS的高容错性、高伸缩性等优点允许用户将Hadoop部署在价格低廉的硬件上。它提供高吞吐量(high throughput)来访问应用程序的数据,十分适合那些有着超大数据集的应用程序。HDFS为海量数据提供了存储,而MapReduce为海量数据提供了计算。用户可以充分利用Hadoop集群,组织计算机资源,进行分布式计算和存储,完成海量数据的分析处理。

对Hadoop的运用,最早是雅虎、Facebook、Twitter、AOL、Netflix等网络公司,目前,其应用领域已经扩展到多种行业,如零售、金融、医疗、教育、环境、农业和智慧城市等行业。国内应用和研究Hadoop的企业也越来越多,包括阿里巴巴、百度、腾讯、网易、奇虎360、华为和中国移动等著名企业,很多科研院所也投入到Hadoop的应用和研究中。

2.1.2 Hadoop发展历史

Hadoop最初是由Apache Lucene项目的创始人Doug Cutting开发的文本搜索库。Hadoop起源于2002年的Apache Nutch项目,是以Lucene为基础实现的一个开源的网络搜索引擎(Lucene为Nutch提供了文本搜索和索引的API)。Nutch除了有搜索功能之外,还有数据抓取功能。Nutch的目标就是要以Lucene为核心建立一个完整的搜索引擎,并且能达到商业搜索引擎的目标。Nutch 可以维持 10 亿网页的规模索引,但对超过 10 亿的规模扩张存在结构的局限性,因此 Nutch 就面临了一个极大的挑战。

2003 年,谷歌公司在 19 届 ACM 操作系统原理研讨会(SOSP)上公开发表了题为“The Google File System”的论文,介绍了谷歌研发的面向大规模数据密集型应用的分布式文件系统,简称 GFS。文中所描述的架构可以解决大规模数据存储的问题。Doug Cutting 借鉴论文中的大部分观点,用以解决他们在网络抓取和索引过程中产生的文件存储需求。2004 年,开发了 Nutch 分布式文件系统 NDFS(Nutch distributed file system),这是 HDFS 的前身。

2004 年,谷歌公司在 OSDI(operating systems design and implementation)会议上发表了另一篇具有深远影响的论文“MapReduce:Simplified Data Processing on Large Clusters”,向全世界介绍了 MapReduce 分布式编程思想。受到启发的 Doug Cutting 等人开始尝试开源实现 MapReduce 计算框架,并将它与 NDFS 结合,以支持 Nutch 引擎的主要算法。

2006 年 2 月,开发人员将 NDFS 和 MapReduce 从 Nutch 引擎中分离出来,形成 Lucence 的子项目,成为一套完整独立的软件,由 Doug Cutting 命名为 Hadoop。同年,Doug Cutting 加盟雅虎公司。

2008 年 1 月,Hadoop 正式成为 Apache 的顶级项目,它被包括雅虎在内的很多互联网公司所采用。

2008 年 4 月,Hadoop 打破世界纪录,成为最快排序 1 TB 数据的系统。在 910 个节点的群集上,Hadoop 在 209 秒内排序了 1 TB 的数据,同年 11 月又将时间缩短到 68 秒。在 2009 年 5 月,雅虎团队使用 Hadoop 对 1 TB 的数据进行排序只花了 62 秒。

2011 年,雅虎将 Hadoop 开发团队独立,成立子公司 Hortonworks,专注优化 Hadoop 服务。同年 11 月 Hadoop 1.0.0 版本发布。

2012 年,Yarn 框架被提出,Yarn 与 Hadoop 原有框架有着很大的不同,从此 Hadoop 的研究达到了新的高度。

2013 年,Hortonworks 公司决定将 Hadoop 完全开源,同年 10 月 Hadoop 2.2.0 版本发布。

2014 年,Hadoop 对 Yarn 框架进行了完善,进一步扩展了整个集群的功能,仅一年时间 Hadoop 从 2.3.0 版本发展到 2.6.0 版本。

2015 年 4 月,Hadoop 2.7.0 版本发布。

2016 年,Hadoop 生态圈得到广泛应用,9 月 Hadoop 3.0.0 - alpha1 版本发布,自 Hadoop 3.x 起停止对 JDK 1.7 及之前的版本提供支持。

2017 年 12 月,Hadoop 3.0.0 版本发布。Hadoop 3.0 精简了内核,去除了过期的 API,由 webhdfs 替代 hftp。Hadoop 3.0 对文件系统进行扩充,支持 Microsoft Azure 分布式文件系统。

Hadoop 3.x 允许用户运行多个备用 NameNode,提高了分布式集群容错性,同时在 DataNode 内部添加了负载均衡机制。

2.1.3 Hadoop 的特点

Hadoop 为用户提供一个简易架构和易使用的分布式计算平台，用户可以轻松利用 Hadoop 开发、运行程序。Hadoop 主要有以下特点。

（1）高可靠性。Hadoop 使用的冗余数据存储机制维护多个副本，即使一个副本发生故障，其他副本也可以正常提供服务。

（2）高扩展性。Hadoop 的硬件基础是普通 PC 服务器组成的集群，允许进行节点拓展。当现有集群不足以完成存储和计算任务时，用户可以方便地将集群扩展到数以千计的节点的规模。

（3）高容错性。Hadoop 在集群中的多个节点上存储文件副本，并且能够将失败的任务自动重新进行分配。

（4）高效性。Hadoop 的分布式计算思想利用大规模的分布式并行处理系统对海量数据进行处理分析，能够在节点间进行动态的传输数据，保证各个节点负载的动态平衡，充分发挥集群的性能。

（5）低成本。目前，Hadoop 已完全开源，基本可以免费使用。同时 Hadoop 对于集群硬件的要求并不苛刻，普通廉价的商用服务器基本可以满足分析处理的要求，普通用户很容易低成本地搭建 Hadoop 运行环境。

（6）高兼容性。Hadoop 是使用 Java 语言实现的开源框架，具有十分良好的跨平台特性。同时 Hadoop 支持 Python、C 等多种编程语言的程序，并不仅仅局限于 Java 程序。

2.1.4 Hadoop 生态系统

Hadoop 生态系统经过不断地完善，包含分布式文件系统、数据仓库处理工具 Hive 等多个子项目，如图 2.1 所示。下面介绍部分常用子项目。

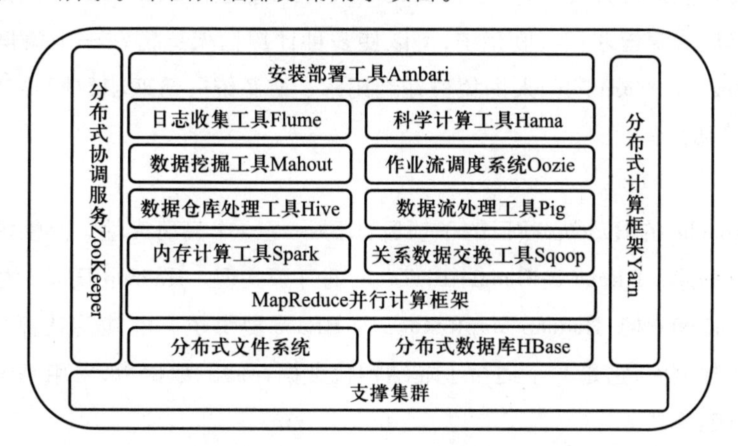

图 2.1　Hadoop 生态系统

1. HDFS

HDFS是Hadoop的核心组件。HDFS是谷歌文件系统GFS的开源实现,负责集群中数据的存储和读取,以分布式架构对文件进行组织,是Hadoop生态系统数据管理的基础。它能够检测和应对硬件的故障,具有高度的容错性。同时它支持传统的层次型文件组织结构,可以通过文件的路径对文件进行创建、读取等操作。其分布式的特点简化了传统文件一致性模型,通过流的形式进行数据交换,在稳定性的基础上拥有较高的吞吐率,适合那些需要处理海量数据的应用程序。

从最终用户的角度来看,它就像传统的Linux文件系统一样,用户可以通过HDFS提供的终端命令,操作其中的目录和文件,而不必关心底层数据的组织形式。HDFS还提供了一套专门的API,可以通过编程的方式访问文件系统。

2. MapReduce

MapReduce来源于Google MapReduce的开源实现,是Hadoop的核心计算模型,用于大规模数据集(大于1 TB)的计算。MapReduce本质上是并行的,将运行于大规模集群的分布式并行计算过程高度抽象到Map和Reduce两个函数中,其中Map函数对数据集上的独立元素进行指定的操作,生成“键—值”对形式的中间结果,键值对的具体形式由开发人员指定;Reduce函数则对中间结果中相同“键”的所有“值”进行规约,以得到最终结果。

MapReduce能自动完成计算任务的并行化处理,自动划分计算数据和计算任务,在集群节点上自动分配和执行任务以及收集计算结果。MapReduce将数据分布存储、数据通信、容错处理等并行计算所涉及的系统底层的复杂细节交由系统负责处理,这些对软件开发人员完全透明,从而大大减轻了软件开发人员的负担。

3. Yarn

Yarn是Hadoop 2.0新增的组件,基本思想是将Hadoop 1.x中JobTracker的资源管理和作业调度两个主要功能进行分离,解除了在Hadoop 1中只能运行MapReduce框架的限制。Yarn是一个通用的集群资源管理和调度系统,可以使多种计算框架运行在一个集群中,如Spark、MapReduce和Tez等。Yarn的引入为集群在利用率、资源统一管理和数据共享等方面带来了巨大的益处。

4. HBase

HBase是Apache的Hadoop项目的子项目,HBase是一个高可靠性、高性能、面向列、可伸缩的分布式数据库。HBase是Google BigTable的开源实现。Hadoop HDFS为HBase提供了高可靠性的底层存储支持,Hadoop MapReduce为HBase提供了高性能的计算能力。HBase不同于一般的关系数据库,它是一个适合于非结构化数据存储的数据库,采用基于列而不是关系型数据库基于行的模式。

5. Hive

Hive最初是由Facebook公司的Jeff Jammerbacher领导的团队开发的一个开源项目,是一个基于 Hadoop 的数据仓库工具,提供了一系列的工具,可以存储、查询和分析在 Hadoop 中的大规模数据。Hive 提供了类似关系数据库 SQL 的查询工具 HQL,可以将 HQL 语句转换为 MapReduce 任务在 Hadoop 集群上运行。HQL 的优点是学习成本低,具有关系数据库 SQL 基础就可以,不必开发专门的 MapReduce 应用,十分适合数据仓库的统计分析。

6. Pig

Pig 是一种数据流语言和运行环境。Pig Latin 是 Pig 定义的一种类似于 SQL 的数据流语言。通过 Pig Latin,可以完成排序、过滤、求和、关联等操作,并且支持自定义函数。Pig 自动把 Pig Latin 脚本转换成一系列 MapReduce 作业在 Hadoop 集群上运行,不必编写专门的 MapReduce 程序,降低了对大型数据集进行分析的门槛。

7. Sqoop

Sqoop 是一个用来将 Hadoop 和关系型数据库中的数据相互迁移的工具,可以将 MySQL、Oracle、PostgreSQL 等关系型数据库中的数据导入 Hadoop(HDFS、HBase、Hive),也可以将 Hadoop 中的数据导入关系型数据库中。数据的导入和导出本质上也是通过 MapReduce 作业实现的,充分利用了 MapReduce 的并行化和容错性。

8. Flume

Flume 是 Cloudera 提供的一个高可用、高可靠和分布式的海量日志采集聚合和传输系统,支持在日志系统中定制各类数据发送方,用于收集数据;同时,Flume 提供对数据进行简单处理并写到各种数据接受方的能力。

9. Mahout

Mahout 是一个机器学习和数据挖掘算法库,包含许多算法实现,包括聚类、分类、推荐过滤、频繁子项挖掘等。Mahout 把以前运行于单机上的这些算法转化为 MapReduce 模式,大大提升了算法可处理的数据规模和性能,帮助开发人员更加方便快捷地创建智能应用程序。除了算法,Mahout 还包含数据的输入/输出工具、与其他存储系统(如 MongoDB 或 Cassandra)集成等数据挖掘支持架构。

10. ZooKeeper

ZooKeeper 是一个分布式的、开放源码的应用程序协调服务,是 Google 的 Chubby 一个开源的实现。ZooKeeper 是一个为分布式应用提供一致性服务的软件,提供的服务包括统一命名、状态同步、集群管理、配置同步等。Hadoop 的许多组件依赖 ZooKeeper,如 HBase、Yarn 和 Flume 等。

11. Oozie

在 Hadoop 中执行数据处理工作,有时候需要把多个作业连接到一起,来完成更大型的任务。针对上述需求,雅虎开发了开源工作流调度引擎 Oozie,用于管理和协调多个运行在 Hadoop 平台上的作业。对于 Oozie 来说,工作流就是一系列的操作,如,Hadoop MapReduce、Spark、Sqoop 和 Pig 等。这些操作通过有向无环图 DAG 的机制控制,其中指定了动作执行的顺序，一个操作的输入依赖于前一个操作的输出，只有前一个操作完全完成后，才能开始下一个操作。Oozie 工作流系统可以提高数据处理流程的柔性，提高 Hadoop 集群的效率，并降低开发和运营人员的工作量。

2.1.5 Hadoop 的运行模式

1. 本地独立模式

Hadoop 的默认模式为单机模式，即本地模式。单机模式只在一台机器上运行，存储不使用分布式文件系统 HDFS，而是直接采用本地文件系统，无须进行其他配置即可运行。当首次解压 Hadoop 的安装包时，Hadoop 无法了解硬件安装环境，便保守地选择了单机模式。在这种默认模式下 Hadoop 所有 XML 配置文件内容均为空。因为不需要与其他节点交互，单机模式无须使用 HDFS，也不会启动任何守护进程，Map 和 Reduce 任务作为同一个进程的不同部分来执行。现阶段该模式主要用于开发调试 MapReduce 程序。

2. 伪分布式模式

Hadoop 在单节点上以伪分布式的方式运行，该模式存储采用分布式文件系统 HDFS，同一节点既作为名称节点 NameNode，也作为数据节点 DataNode。Hadoop 启动 NameNode、DataNode、JobTracker 和 TaskTracker 等进程，这些守护进程全部在同一台机器上运行，是相互独立的 Java 进程。该模式主要考虑用户没有足够的机器去部署一个完全分布式的环境。

3. 分布式模式

Hadoop 的守护进程运行在由多台主机搭建的集群上，是真正的生产环境。存储采用分布式文件系统 HDFS。集群中的节点可以分成两大类角色：master 和 slave，由一个 NameNode 和若干个 DataNode 组成。其中 NameNode 作为主服务器，管理文件系统的命名空间和客户端对文件系统的访问；集群中的 DataNode 管理存储的数据。

2.2 虚拟化技术

虚拟化是指通过虚拟化技术将一台物理计算机虚拟为多台逻辑计算机。在一台计算机上同时运行多个逻辑计算机，每个逻辑计算机可运行不同的操作系统，并且应用程序都可以在相互独立的空间内运行而互不影响。借助虚拟机，用户可以在多台虚拟机之间共享单台物理机的资源，从而实现资源的高效利用。

虚拟化技术是一种调配计算资源的方法，它将应用系统的不同层面（硬件、软件、数据、网络存储等）一一隔离起来，从而打破数据中心、服务器、存储、网络数据和应用的物理设备之间的划分，实现架构动态化，集中管理和动态使用物理资源及虚拟资源，以提高系统结构的弹性和灵活性，达到降低成本、改进服务、减少管理风险等目标。

2.2.1 常用虚拟化软件

1. VMware Workstation

VMware Workstation 是一款桌面虚拟计算机软件，允许用户在一个物理宿主机上安装多个不同操作系统的虚拟机，是降低开发成本、测试和部署新的应用程序的优秀解决方案。VMware Workstation 以其自身在虚拟网络、实时快照、拖曳共享文件夹和支持 PXE 等方面的强大功能，广受 IT 开发人员的青睐。

本书使用 VMware Workstation 12 版本，该版本发布于 2015 年 8 月，借助对最新版本的 Windows 和 Linux，最新的处理器和硬件的支持以及连接到 VMware vSphere 和 vCloud Air 的能力，它是提高工作效率、节省时间和云计算的完美工具。

2. VirtualBox

VirtualBox 是一款免费的开源虚拟机软件，它是由德国 Innotek 公司开发，由 Sun Microsystems 公司出品的虚拟机软件，后 Sun 公司被 Oracle 公司收购后正式更名为 Oracle VirtualBox。VirtualBox 使用简单、性能优异，其宿主机操作系统支持 Linux、Mac 和 Windows 三大主流操作系统平台。

3. KVM

KVM 是一种针对 Linux 内核的虚拟化基础架构，支持具有硬件虚拟化扩展功能的处理器（如 Intel VT 技术或者 AMD V 技术）上的原生虚拟化。广泛支持各种处理器和操作系统，包括 AR-OS、BSD、Haiku、Linux、ReactOS 和 Windows 等。

2.2.2 VMware Workstation 安装

（1）选择 VMware Workstation 软件安装包，双击运行，单击“下一步”按钮，如图 2.2 所示。

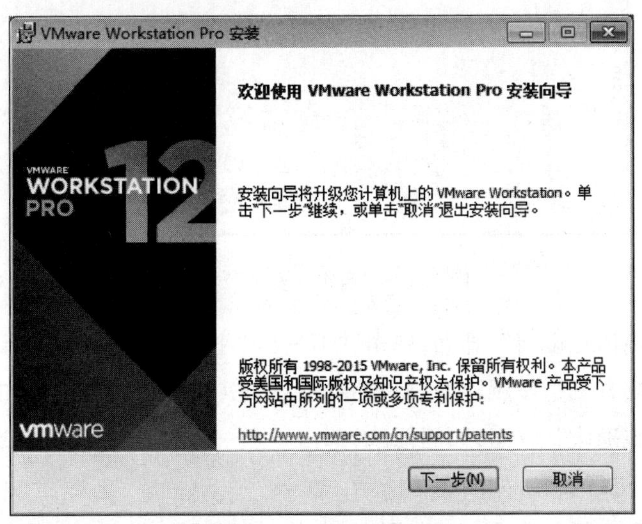

图 2.2　VMware Workstation 安装界面

（2）进入 VMware“最终用户许可协议”界面，勾选“我接受许可协议中的条款”复选框，单击“下一步”按钮，如图 2.3 所示。

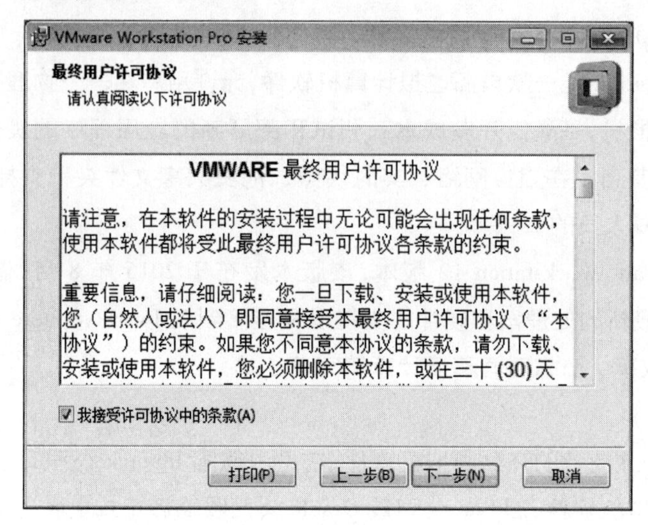

图 2.3 “最终用户许可协议”界面

（3）进入“自定义安装”界面，单击“更改”按钮选择要安装的路径，单击“下一步”按钮，如图 2.4 所示。

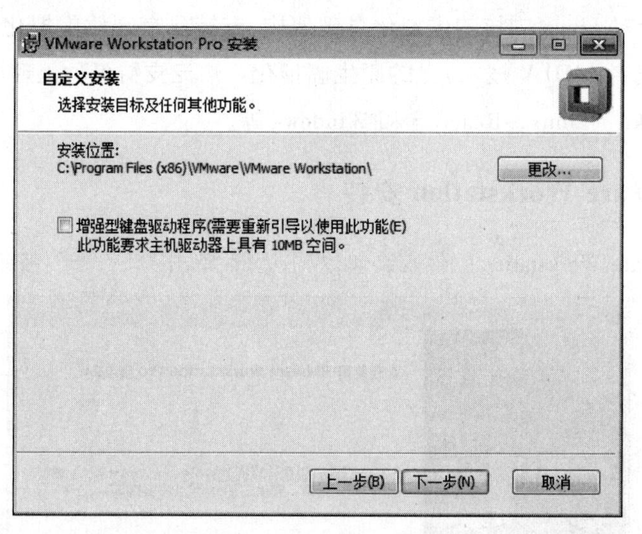

图 2.4 “自定义安装”界面

（4）进入“用户体验设置”界面，单击“下一步”按钮，如图 2.5 所示。

（5）进入“快捷方式”设置界面，设置完成后单击“下一步”按钮，如图 2.6 所示。

（6）进入“安装确认”界面，如需修改，单击“上一步”按钮返回修改，若无配置问题则单击“安装”按钮，进行安装，如图 2.7 所示。

（7）进入如图 2.8 所示的“安装”界面，安装过程需要几分钟，请耐心等待。

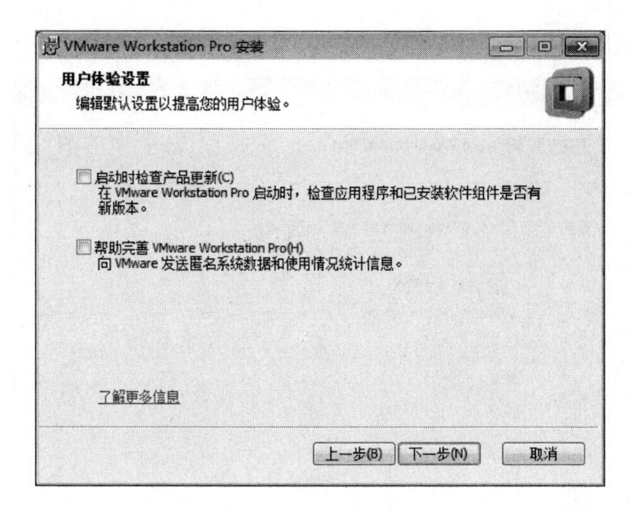

图 2.5 “用户体验设置”界面

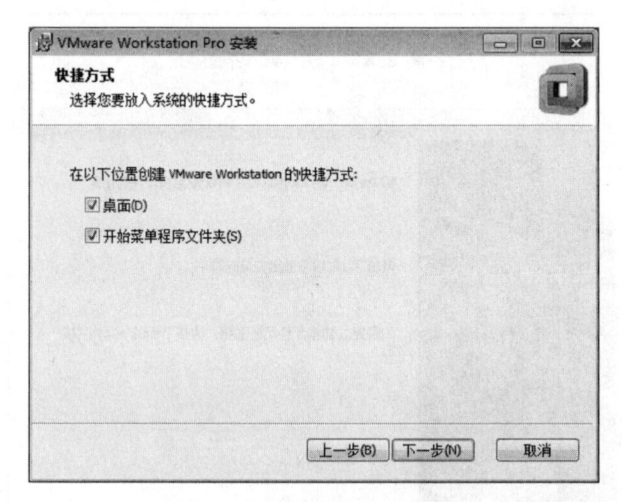

图 2.6 “快捷方式”创建界面

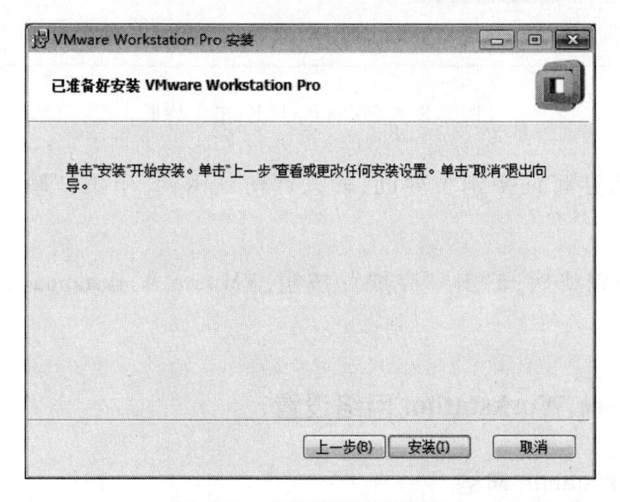

图 2.7 “安装确认”界面

(8) 进入“安装向导已完成”界面,单击“许可证”按钮,如图 2.9 所示。

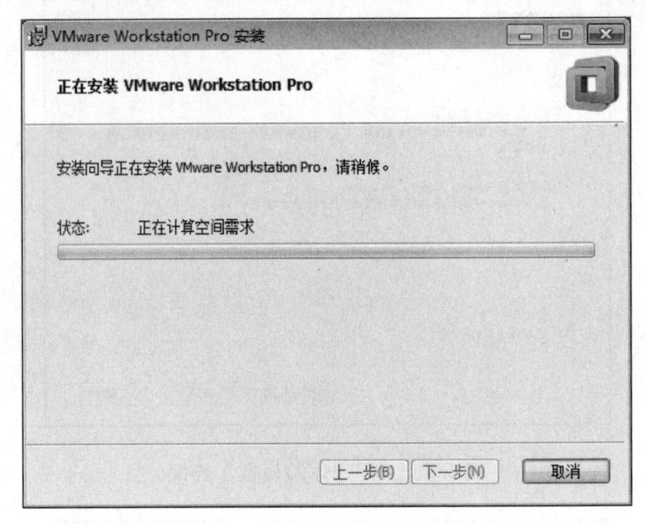

图 2.8 “安装”界面

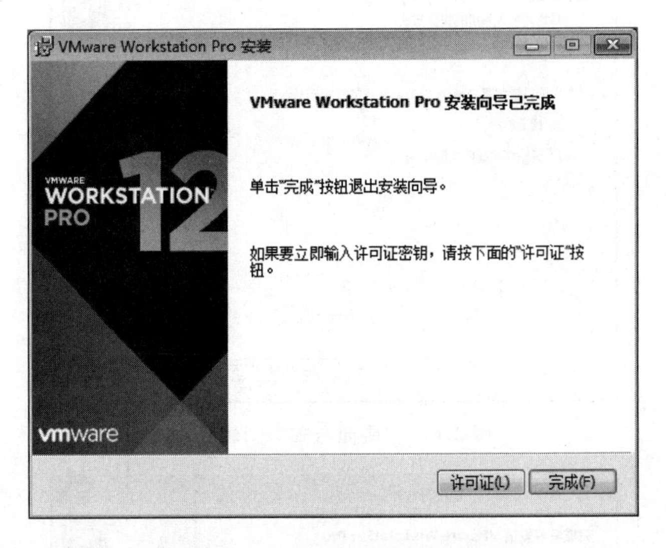

图 2.9 “安装向导已完成”界面

(9) 进入“输入许可证密钥”界面,输入许可证密钥,单击“输入”按钮,如图 2.10 所示。

(10) 安装向导完成后,单击“完成”按钮,VMware Workstation 安装完成,如图 2.11 所示。

2.2.3 VMware Workstation 网络设置

1. VMware Workstation 网络

VMware Workstation 提供三种网络模式,分别是 Bridged 模式、NAT 模式和 Host-only

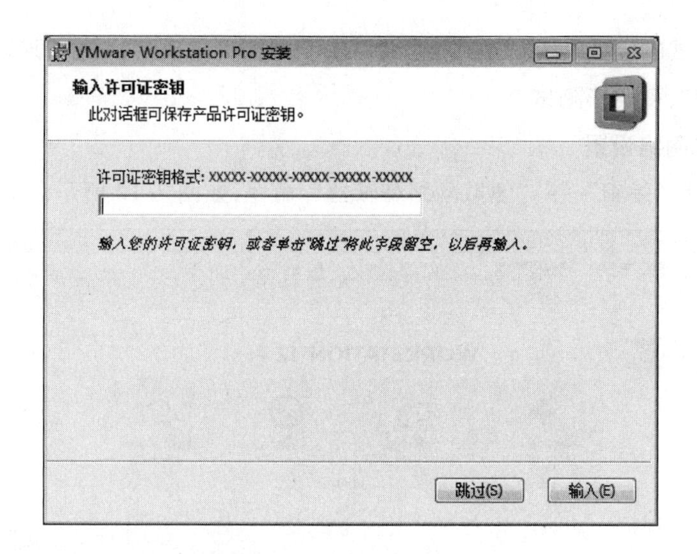

图 2.10 “输入许可证密钥”界面

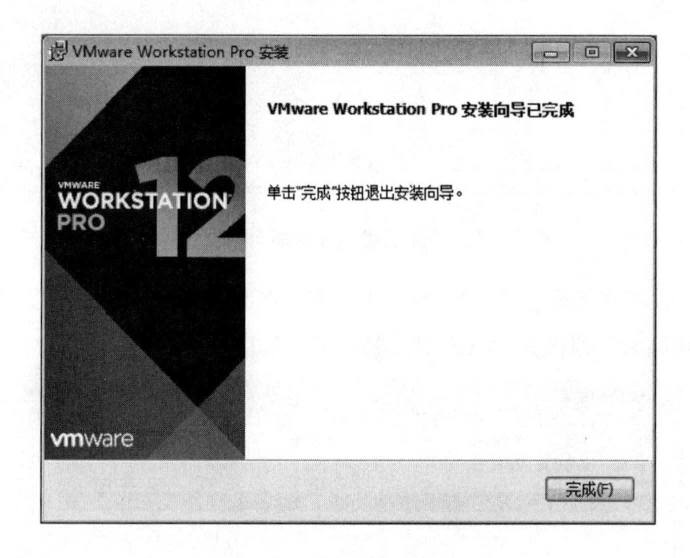

图 2.11 “安装完成”界面

模式。

（1）Bridged 模式。即桥接模式。在这种模式下，VMware Workstation 将物理机的网络适配器与虚拟机的虚拟网卡利用虚拟网桥进行桥接。虚拟机在桥接模式下，可以看作在局域网中添加一台独立的计算机，但需要手动为虚拟机配置 IP 地址和子网掩码。值得注意的是，需要将虚拟机与物理机配置在同一网段。

（2）NAT 模式。即网络地址转换模式。VMware Workstation 创建虚拟机时默认使用 NAT 模式，无须进行额外的配置。该模式下虚拟机借助 NAT 功能，通过宿主物理机所在的网络单向访问外网，而主机以外的网络不能访问虚拟机。

（3）Host-only 模式。即仅主机模式。仅主机模式是一种封闭的网络连接模式。一般情况下，使用仅主机模式的虚拟机无法连接到互联网，但虚拟机之间可以进行通信，可以将真实环境与虚拟环境隔离，多用于测试。

2. NAT 模式网络设置

(1) 依次选择“编辑”→“虚拟网络编辑器”命令，如图 2.12 所示。

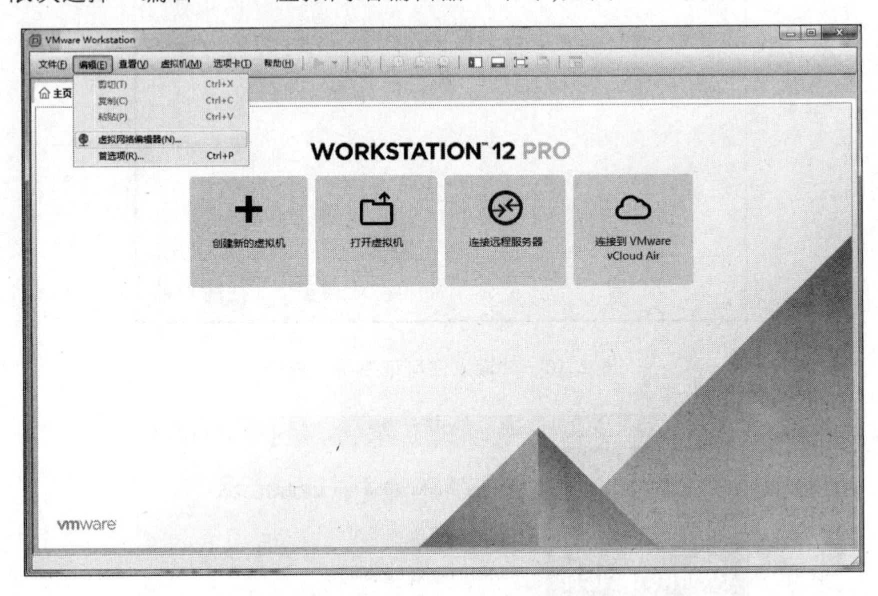

图 2.12 选择“虚拟网络编辑器”界面

(2) 打开“虚拟网络编辑器”对话框选择 VMnet8 选项，将“子网 IP”修改为“192.168.56.0”，并将“子网掩码”修改为“255.255.255.0”，如图 2.13 所示。

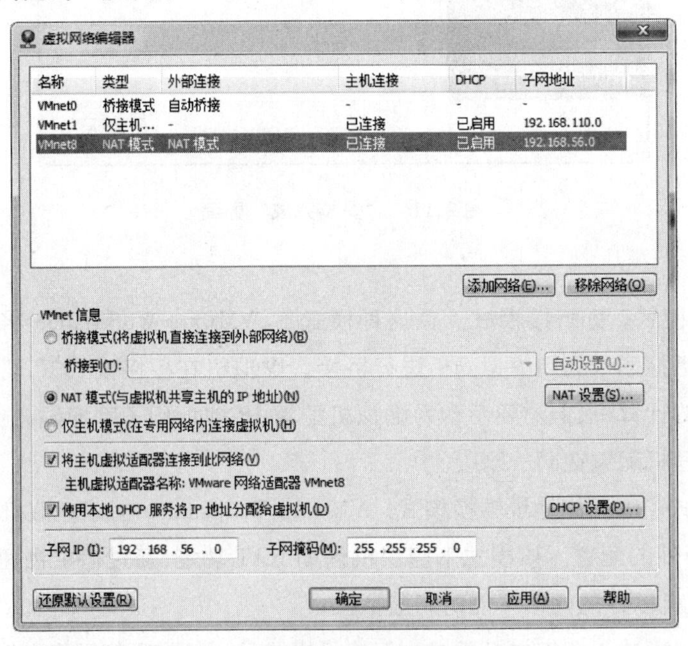

图 2.13 “虚拟网络编辑器”对话框

(3) 单击“NAT 设置”按钮,打开“NAT 设置”对话框,将网关修改为“192.168.56.2”,如图 2.14 所示。

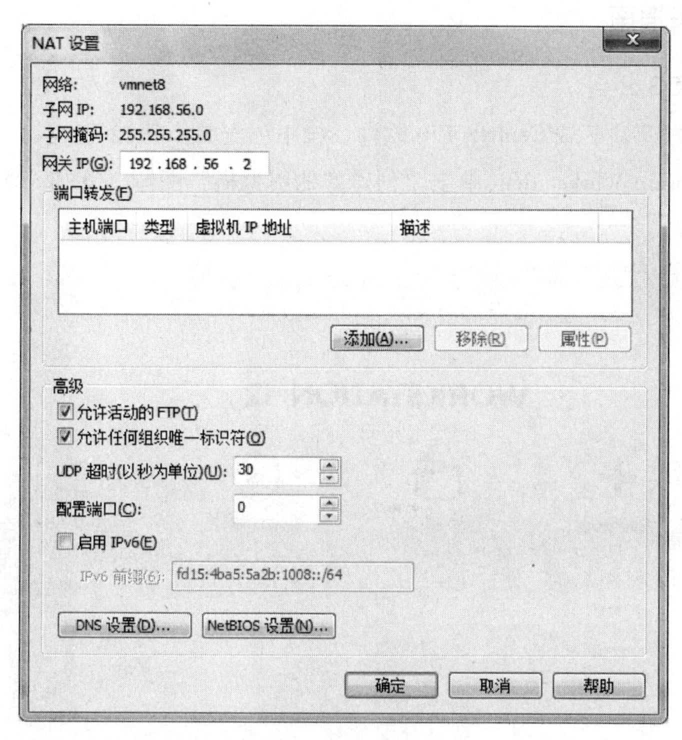

图 2.14 “NAT 设置”对话框

2.3 Linux 操作系统安装及常用操作

2.3.1 Linux 简介

Linux 是一套免费试用和自由传播的类 UNIX 操作系统。早期 AT&T 公司以几乎免费的价格将 UNIX 源码授权学术机构用于研究学习。随后,AT&T 公司意识到 UNIX 潜在的巨大商业价值,遂从 UNIX 版本 7 开始,将 UNIX 的源码私有化。为了方便操作系统的教学,荷兰计算机教授 Andrew S. Tanenbaum 开发完成 Minix 操作系统,发布在互联网上给全世界的学生免费使用。1991 年芬兰大学生 Linus Torvalds 对 Minix 操作系统进行改进,这便是 Linux 的雏形。Linus 决定借助互联网自由扩散 Linux,吸引了一批高水平程序员加入 Linux 内核的开发和修订,使得 Linux 在短期得到了快速的发展。

Linux 是一个支持多用户、多任务、多线程和多 CPU 的操作系统,最大的特色是源代码完全公开,在符合 GNU、GPL 的原则下,任何人都可以自由取得、发布甚至修改源代码。一些组织和公司将 Linux 内核、软件、文档包装,就形成了 Linux 的发行版本,例如,Red Hat 系列、Debian 和 Ubuntu 等。

2.3.2 安装指南

1. 安装 CentOS

从 CentOS 官方网站下载 CentOS 7.0 软件。按下述安装步骤进行安装。

(1) 打开 VMware Workstation,单击“创建新的虚拟机”图标,如图 2.15 所示。

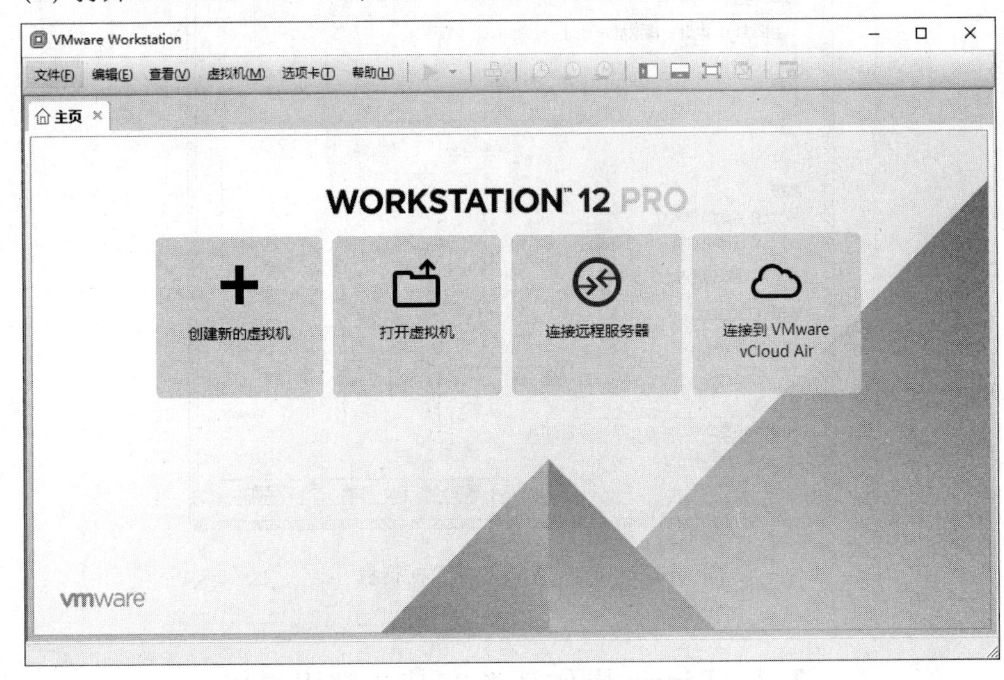

图 2.15 VM 启动界面

(2) 打开“新建虚拟机向导”对话框,选择“典型”类型的配置,单击“下一步”按钮,如图 2.16 所示。

(3) 选择安装来源。本书选择安装程序光盘映像文件(iso),选择后单击“下一步”按钮,如图 2.17 所示。

(4) 进入“简易安装信息”界面,填写简易安装信息(为了方便后续使用,建议全名、用户名、密码均设置为相同,本书使用 jmxx),然后单击“下一步”按钮,如图 2.18 所示。

(5) 进入如图 2.19 所示界面,设置虚拟机名称(本书使用 master)以及在硬盘中的安装位置,单击“下一步”按钮。

(6) 进入“指定磁盘容量”界面,选择将虚拟磁盘拆分为多个文件。如果计算机配置较高,建议将磁盘大小设置为 40 GB,然后,单击“下一步”按钮,如图 2.20 所示。

(7) 进入如图 2.21 所示界面,勾选“创建后开启此虚拟机”,单击“完成”按钮,等待进入系统。

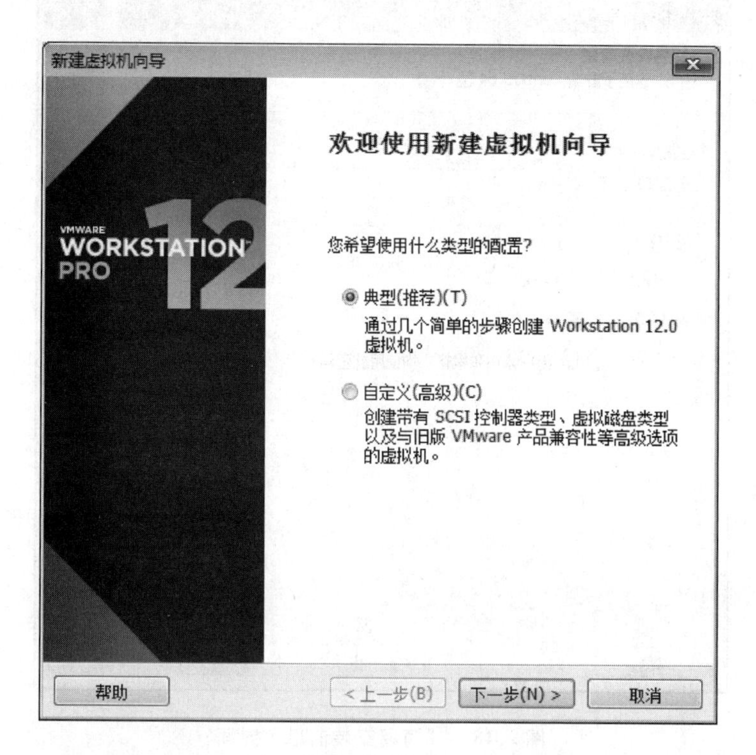

图 2.16 “新建虚拟机向导”对话框

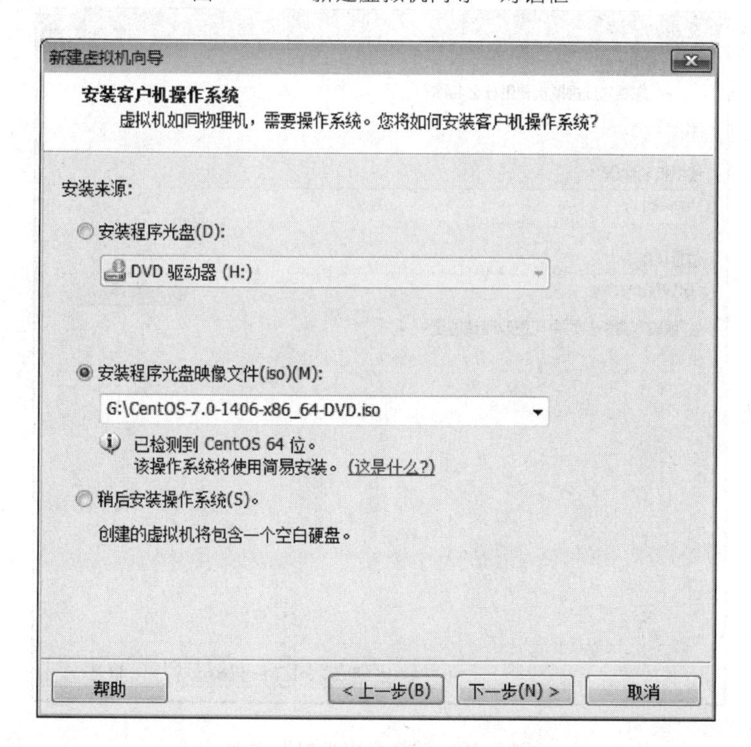

图 2.17 “选择安装来源”界面

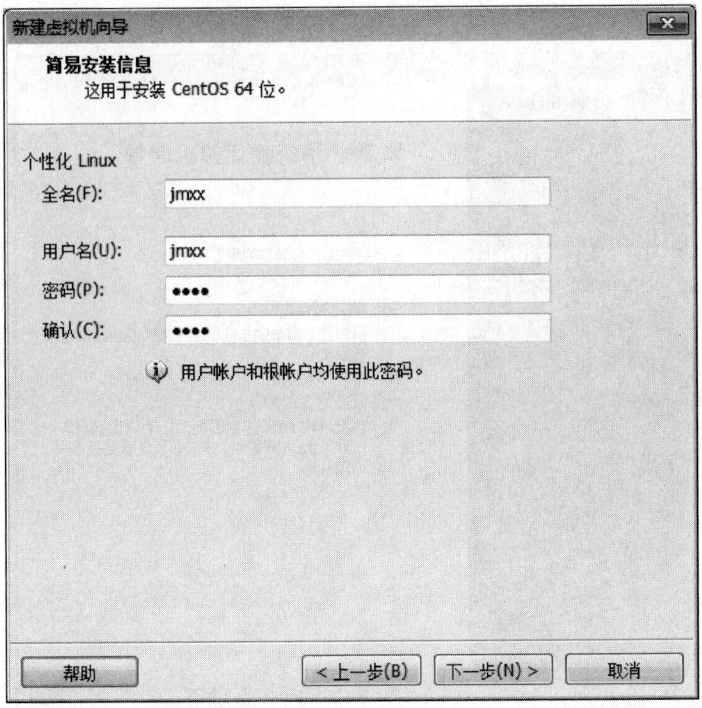

图 2.18 “简易安装信息”界面

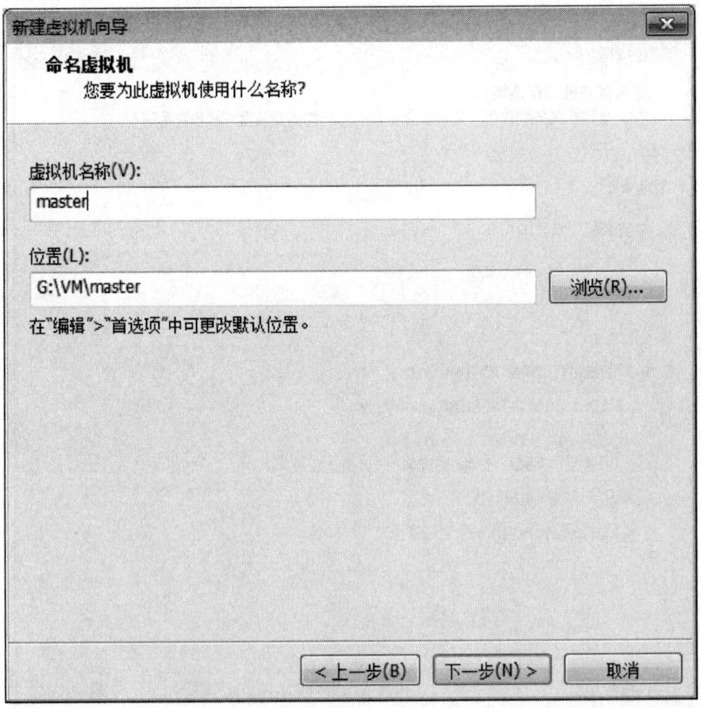

图 2.19 “命名虚拟机”界面

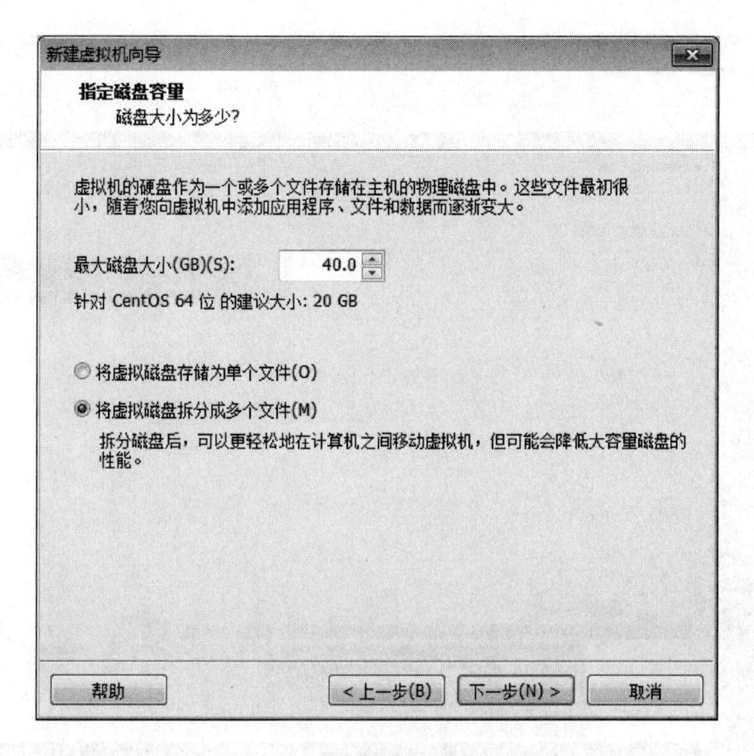

图 2.20 “指定磁盘容量”界面

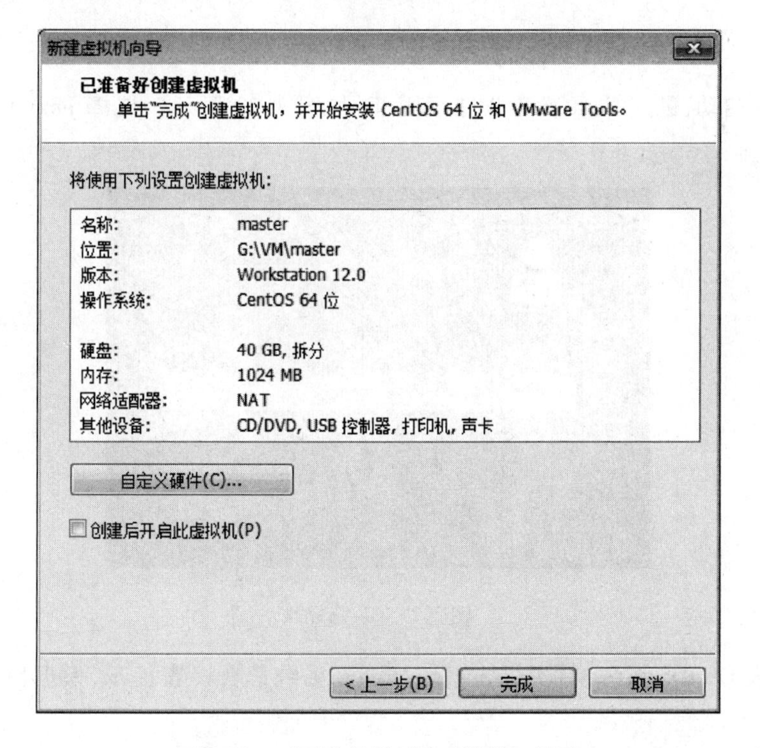

图 2.21 “已准备好创建虚拟机”界面

(8) 等待进入系统,这一过程可能需要几分钟时间,如图 2.22 所示。

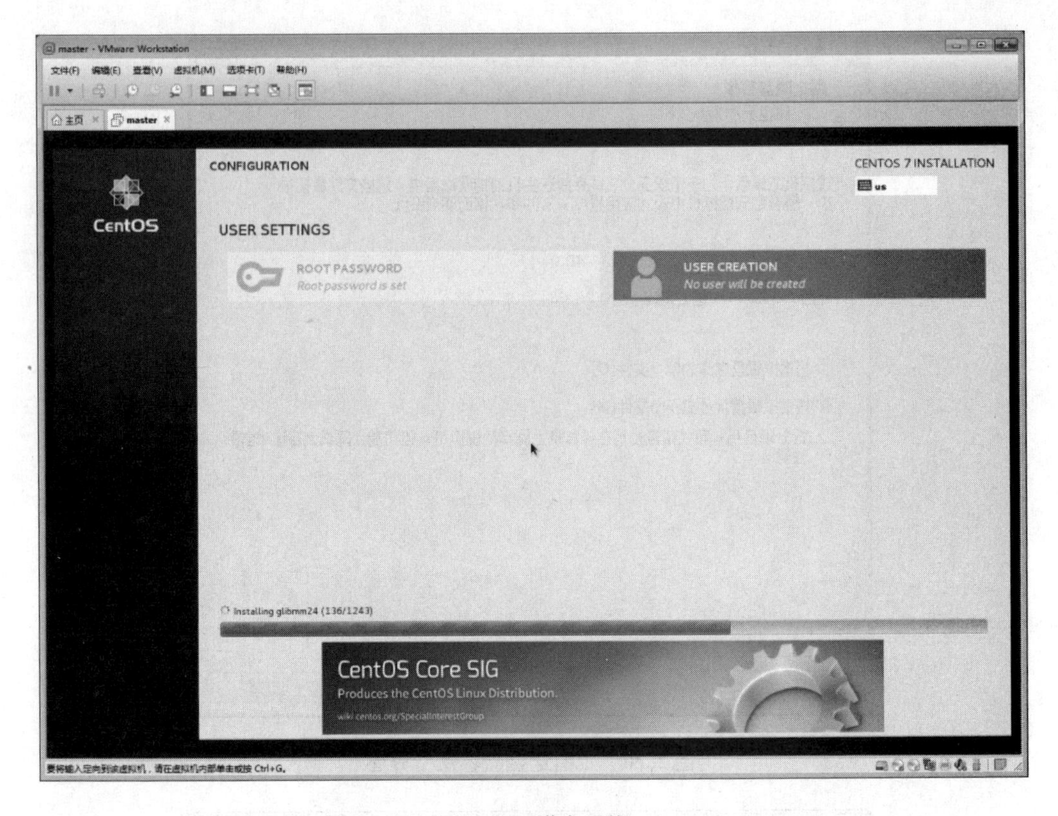

图 2.22 进入系统

(9) 系统启动,进入 CentOS 7.0 登录界面,如图 2.23 所示。选择 jmxx 用户,输入口令"jmxx"登录。

图 2.23 系统登录

(10) 进入 CentOS 系统,首次进入系统如遇到系统语言设置提示,根据自身需求设置即可,如图 2.24 所示。

2. **克隆** slave

(1)选择刚创建好的 master 节点,从 VM ware Workstation 菜单依次选择"虚拟机"→

图 2.24 CentOS 7.0 系统界面

“管理”→“克隆”命令。打开“克隆虚拟机向导”对话框,单击“下一步”按钮,如图2.25所示。

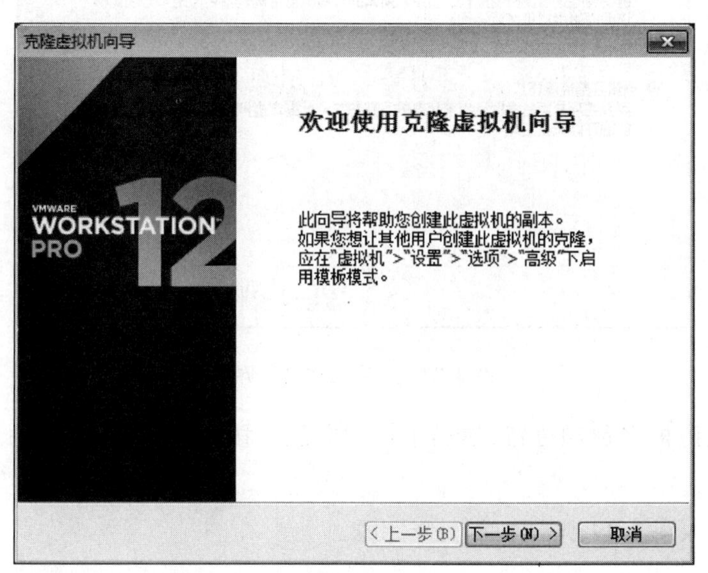

图 2.25 “克隆虚拟机向导”对话框

(2) 选择克隆自“虚拟机中的当前状态”,然后单击“下一步”按钮,如图 2.26 所示。

(3) 选择“创建完整克隆”,单击“下一步”按钮,如图 2.27 所示。

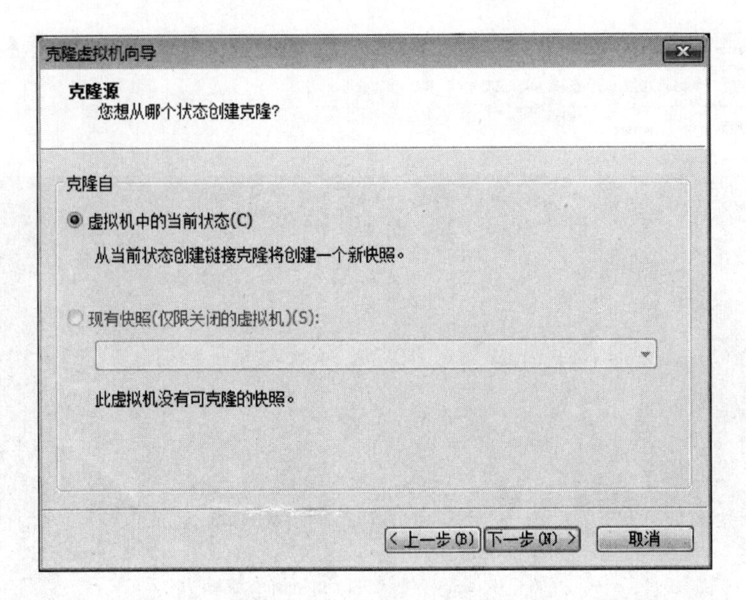

图 2.26 “克隆源”界面

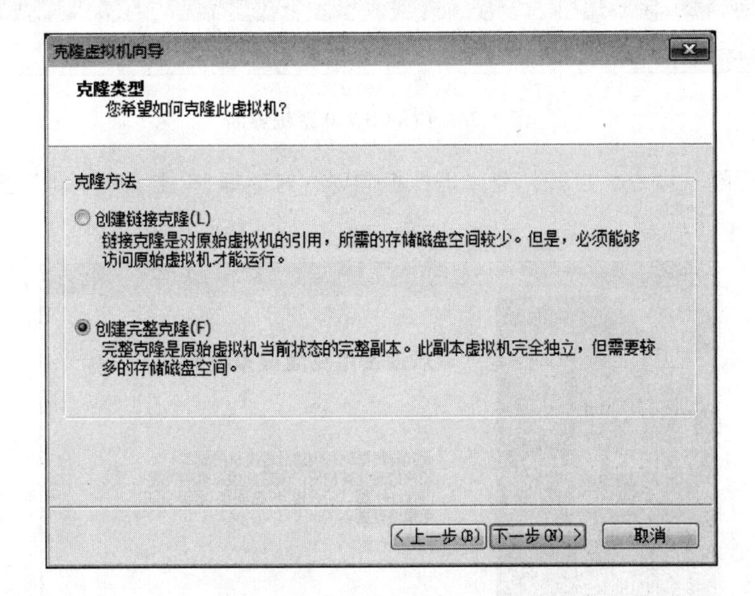

图 2.27 “克隆类型”界面

（4）设置虚拟机名称和位置，然后单击“完成”按钮，进行虚拟机的克隆，如图 2.28 所示。

（5）直至进入图 2.29 所示界面，克隆完成。

2.3.3 常用操作

本节介绍 Linux 的基本操作和常用命令，方便读者在短期内掌握阅读本书所需要的常用命令，Linux 命令的一般格式如下：

图 2.28 “新虚拟机名称”界面

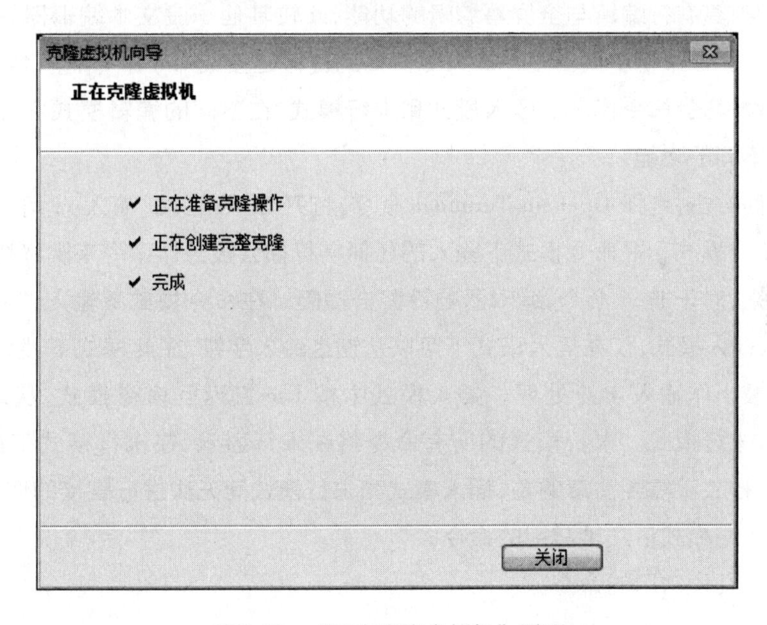

图 2.29 “正在克隆虚拟机”界面

命令名 [选项][参数 1][参数 2]…

1. **基本操作**

(1) 操作界面切换。完整安装的 CentOS 7.0 默认进入可视化图形界面,可按 Ctrl + Alt + F2 至 Ctrl + Alt + F6 键进入字符终端。按 Alt + F2 至 Alt + F6 键在字符终端进行切换,按 Alt + F1 键返回可视化图形界面。

(2) 关机。可以使用如下命令对 Linux 系统进行关机操作,关机命令效果相同,选择一个使用即可。

poweroff

shutdown -h now

init 0

(3) 重启。可以使用如下命令对 Linux 系统进行重启操作。

reboot

shutdown -r now

init 6

(4) 查看历史命令。可以使用上下方向键或者 PageDown 和 PageUp 键。如果想要查看所有历史命令,可以使用 history 命令。

(5) 补全命令。在终端中,按 Tap 键,bash 试图将已输入的字符补全为完整的命令,自动补全目录或文件名。如不成功,按 Tab 键两次将列出所有与当前字符匹配的名称。

2. vi 编辑器

vi 是"visual interface"的简称,是 Linux 中最为常用的编辑器。在 Linux 中常用的 vim 是 vi 的改良版,同时具有行编辑与全屏幕编辑的功能,vi 较其他一般文本编辑器有所不同,是一种多模式编辑器。vi 命令本质上是 vim 命令文件的符号链接或 vim 命令的别名。

vi 共有三种模式:命令模式、插入模式和末行模式,在不同的编辑模式下,即使相同的按键也可能出现不同的功能。

在图形界面右击,选择 Open in Terminal 命令,打开 Shell 终端,输入 vi 可以打开 vi 编辑器,默认进入命令模式。在命令模式下输入的任何字符都会被当作命令来解释执行,但是命令不会被显示出来,对于非 vi 命令,编辑器响铃警告提醒。在命令模式下输入"a""i""o""s"字符进入插入模式,仅在插入模式下可以从键盘输入字符,在此模式下,除了 Esc 外的所有的字符都将被当作输入字符处理。插入模式中按 Esc 键返回命令模式,从命令模式输入":"字符进入末行模式。末行模式的所有命令将在末行显示,在末行模式下按 Esc 或回车键,将返回命令模式。需要注意的是,插入模式与末行模式间无法进行直接的切换。

下面介绍不同模式下几种常用的命令。

命令模式下几种常用的命令:

PageUp	向上翻屏
PageDown	向下翻屏
Ctrl + g	移动到最后一行
nG	定位到 n 行,n 为数字,例如,"30G"定位到第 30 行
/word	查找字符串 word
ndd	删除 n 行
nx	删除 n 个字符
ndw	删除 n 个单词

nyy　　复制从光标开始的 n 行

p　　粘贴到光标处

cc　　修改一行

>>　　当前行右移 1 个制表符

<<　　当前行左移 1 个制表符

u　　取消上一次操作

.　　重复上一次操作

末行模式下几种常用的命令：

set nu　　显示行号

set nonu　　不显示行号

r filename　　读取另一个文件添加到光标下一行

w　　存盘

w filename　　另存

wq　　存盘退出

q!　　不存盘退出

w!　　强制存盘

3. 文件内容操作命令

(1) grep。grep 命令用来在文本文件中查找指定模式的词或短语，并在标准输出上显示包括指定字符串模式的所有行。

命令格式：

grep　[OPTIONS] PATTERN [FILE…]

grep　[OPTIONS] [-e PATTERN | -f FILE] [FILE…]

常用选项：

-E　　支持扩展的正则表达式

-P　　支持 Perl 风格的正则表达式

-b　　在输出的每一行前面显示包含匹配字符串的行在文件中的位置，用字节偏移量来表示

-c　　只显示文件中包含匹配字符串的行的总数

-i　　匹配比较时不区分字母的大小写

-r　　以递归方式查询目录下的所有子目录中的文件

-x　　只显示整个行都严格匹配的行

-w　　只显示含有完全匹配的单词的行

-n　　在输出包含匹配模式的行之前，加上该行的行号

-v　　只显示不包含匹配字符串的文本行

-h　　查询多文件时不显示文件名

示例:

```
grep -c  "www" a.txt                # 查找 a.txt 文件中含有字符串 www 的行数
grep -n  "www" a.txt                # 显示 a.txt 文件中含有字符串 www 的行,并加
                                    # 行号
grep -v  "www" a.txt                # 只显示不包含字符串 www 的行
grep -x  "www" a.txt                # 显示整行只含有 www 的行
grep     "www[0-9]\{1,\}" a.txt     # 基本正则表达式
grep -E  "www[0-9]+" a.txt          # 扩展正则表达式
grep -P  "www\d+" a.txt             # Perl 风格的正则表达式
```

(2) wc。wc 命令用来统计文件的字节数、字数、字符数和行数。

示例:

```
wc  -c  a.txt     # 统计字节数
wc  -w  a.txt     # 统计字数
wc  -m  a.txt     # 统计字符数
wc  -l  a.txt     # 统计行数
```

(3) cat。cat 命令用于显示文本文件的内容,可以将文件内容附加到另一个文件中。

示例:

```
cat  student.txt                # 显示 student.txt 文件的内容
cat  student.txt    >a.txt      # 将 student.txt 文件的内容重定向到文件 a.txt 中。如果
                                # a.txt 已经存在,其内容将被覆盖;否则,创建新文件 a.txt
cat  a1.txt a2.txt  >a.txt      # 将 a1.txt 和 a2.txt 文件的内容重定向到文件 a.txt 中
cat  student.txt    >>a.txt     # 将 student.txt 文件的内容追加到文件 a.txt 原有内容的
                                # 尾部
```

(4) more。使用 cat 命令时,如果文件太长,文本会在屏幕上迅速地闪过,用户只能看到文件的最后一部分。使用 more 命令可以一页一页地分屏显示文件的内容,并在终端底部打印出"--More--",显示出已显示文本占全部文本的百分比。操作命令有:按 Enter 键可以向下移动一行,按 Space 键可以向下移动一页;按 q 键可以退出 more 命令。

选项:

-num 指定分页显示时每页的行数

+num 指定从文件的第 num 行开始显示

(5) less。less 命令是 more 命令的改进版,比 more 命令的功能强大。more 命令只能向下翻页,而 less 命令可以向下、向上翻页。操作命令:

/字符串　　　　向下搜索"字符串"的功能

?字符串　　　　　向上搜索“字符串”的功能

n　　　　　　　　重复前一个搜索

N　　　　　　　　反向重复前一个搜索

h　　　　　　　　显示帮助界面

q　　　　　　　　退出 less 命令

Space　　　　　　滚动一行

Enter　　　　　　滚动一页

PageDown　　　　向下翻动一页

PageUp　　　　　向上翻动一页

(6) head。head 命令用于查看文本文件的开头部分,行数由选项值决定,默认值是 10。

选项:

-c 显示文件前面 num 个字节

-n 显示文件前面 num 行,不指定此选项默认显示前 10 行

示例:

```
head  -n5  a.txt     # 显示文件 a.txt 的前 5 行
head  -c5  a.txt     # 显示文件 a.txt 的前 5 个字节
```

(7) tail。tail 命令用于查看文本文件的末尾若干行,行数由选项值决定,默认值是 10。

示例:

```
tail  -n5  a.txt     # 显示文件 a.txt 的最后 5 行
tail  -c5  a.txt     # 显示文件 a.txt 的最后 5 个字节
```

4. **文件的操作**

(1) cp。cp 命令用于文件和目录的复制,可以一次复制一个文件,也可以将多个文件一次性复制到某一目录下,使用 -r 选项可以将指定目录递归式地复制到另外的目录下。主要选项:

-a　　尽可能地将原文件的状态、权限等属性按照原状保留

-f　　强行复制文件或目录,不论目标文件或目录是否已存在

-i　　覆盖既有文件或目录之前先询问用户,提示是否覆盖

-n　　不覆盖已存在的目标文件

示例:

```
cp  a1.txt  /root/a.bak          # 将当前目录下 a1.txt 文件复制到/root 下,并改名为 a.bak
cp  a1.txt  a2.txt /tmp          # 将 a1.txt 和 a2.txt 文件复制到/tmp 下,不改名
cp  -r  /root/test /home/st1     # 将/root/test 目录及该目录下的所有文件和目录复制到
                                 # /home/st1 目录下
```

(2) mv。mv 命令用于移动文件或目录。

```
mv  a1.txt  t.txt     # 移动文件 a1.txt 到 t.txt,相当于改名操作
mv  *.c    test1     # 将所有的文件名末尾是.c 的文件复制到 test1 目录下
```

(3) pwd。pwd 命令用来显示用户的当前工作目录的绝对路径,不需要任何参数。

(4) cd。cd 命令用于切换目录,其选项是要切换到的目标目录,可以使用相对路径或绝对路径。如果省略选项,会切换到该用户的主目录(家目录)。该命令的使用前提是用户必须拥有进入该目录的权限。

```
cd  /usr/local      # 切换到目录/usr/local
cd ..               # 切换到上级目录
cd ~                # 切换到用户主目录
cd                  # 切换到用户主目录
```

(5) mkdir。mkdir 命令用来在 Linux 系统中创建目录,要求创建目录的用户具有写权限,并且目录名不能是已有的目录或文件名称,其选项如下:

-m 对新建目录设置存取权限

-p 表示在创建的路径中存在尚未创建的上级目录,则可以自动创建这些上级目录,所以这个选项常用来创建多层级目录

示例:

```
mkdir  test                      # 在当前目录下创建 test 目录
mkdir  -m  700  tdir             # 创建 tdir 目录,只有该目录属主具有读写和执行权限
mkdir  test1  test2              # 在当前目录下创建 test1 和 test2 目录
mkdir  -p  /root/a1/a12/a123     # 创建多层级目录/root/a1/a12/a123
```

(6) rmdir。rmdir 命令用于删除一个或多个空目录。删除目录时,必须对该目录的父目录具有写权限。

示例:

```
rmdir test          # 删除空目录 test
```

(7) rm。rm 命令用来删除文件,-r 选项用来递归式删除目录。

```
rm  a.txt           # 删除 a.txt 文件
rm  -r  test        # 将 test 目录及其下的文件和目录全部删除
```

(8) ls。ls 命令用于查看文件和目录,其选项如下:

-a 输出目录下所有文件和目录,包括以 "." 开头的隐藏文件

-l 输出文件详细信息,包括文件的权限、所有者、文件大小、修改时间及文件名

-c 输出文件名,并根据 ctime(文件最后更改的时间)排序

-t 输出文件名,并根据 mtime(文件最后修改的时间)排序

-F 输出当前目录下的文件名及其类型。以/结尾表示为目录名;以 * 结尾表示为可执行文件;以@结尾表示为符号连接

-R　递归式地列出子目录下的文件和目录信息

示例：

ls -l　test *　　# 输出所有以 test 开头的文件的详细信息

ls -a　/root　　# 输出/root 下的所有文件和目录信息，包括隐藏文件

(9) touch。touch 命令一是用于把已存在文件的访问时间和修改时间更新为系统当前的时间(默认方式)；二是用来创建新的空文件。

示例：

touch　a.txt　　# 如果文件 a.txt 不存在则创建新的空文件，否则用当前时间更改 a.txt 文
　　　　　　　　# 件的访问时间

touch　-a　-t　201712011034　a.txt　# 用指定的时间更新 a.txt 的访问时间

touch　-m　-t　201712011034　a.txt　# 用指定的时间更新 a.txt 的修改时间

(10) find。find 命令用于查找符合条件的文件或目录，其格式如下：

find　[路径名]　[匹配表达式]

路径名是用空格隔开的要搜索文件的目录名清单，匹配表达式包含要寻找的文件匹配规范或说明。表达式是从左向右求值的，只要表达式中的测试结果为真，则进行下一个测试。

find 命令的匹配表达式主要有以下几种类型：

-name filename　　查找指定名称的文件

-user　username　　查找属于指定用户的文件

-group　grpname　　查找属于指定组的文件

-print　　显示查找结果

-inum　n　　查找索引节点号为 n 的文件

-type　　查找指定类型的文件。文件类型有以下几种：b(块设备文件)、c(字符设备文件)、d(目录)、p(管道文件)、l(符号链接文件)、f(普通文件)

-atime　n　　查找 n 天前被访问过的文件。"+n"表示超过 n 天前被访问的文件；"-n"表示 n 天之内被访问的文件

-mtime　n　　查找 n 天曾被修改内容的文件或目录

-ctime　n　　类似于 atime，但检查的是文件索引节点被改变的时间

-amin　n　　查找在指定 n 分钟曾被访问过的文件或目录

-mmin　n　　查找在指定 n 分钟被修改过的文件或目录

-cmin　n　　类似于 amin，但检查的是文件索引节点被改变的时间

-perm　mode　　查找与给定权限匹配的文件，必须以八进制的形式给出访问权限

-newer　file　　查找比指定文件新的文件，即最后修改时间离现在较近

-exec　command {} \;　　对匹配指定条件的文件执行 command 命令

-ok　command {} \;　　与 exec 相同，但执行 command 命令时请求用户确认

find 命令提供的搜索条件可以是一个用逻辑运算符 not、and 和 or 组成的复合条件。

示例：

```
find ./tmp -name "*.php"-exec rm -f {} \;    # 从/tmp 目录查找*.php 文件并将
                                             # 其删除
find . -atime +5 -print                      # 从当前目录查找5 天前访问过的文件
find . -name "*.txt" -print                  # 从当前目录查找*.txt 文件
find . -perm 755 -print                      # 从当前目录查找权限是 755 的文件
find . -name "*.txt" -and -amin -5           # 从当前目录查找文件名为*.txt 并且
                                             # 5 分钟之内访问过的文件
```

(11) gzip gunzip。gzip 命令用来压缩文件。文件经压缩之后，其名称后面会多出“.gz”扩展名。gunzip 命令用来对.gz 文件解压缩。

-v 选项表示显示压缩文件的压缩比和解压缩时的信息。

示例：

```
gzip a.bak               # 将 a.bak 文件压缩，文件名为 a.bak.gz
gzip -d a.bak.gz         # 压缩文件 a.bak.gz 解压缩
gzip -l a.bak.gz         # 详细显示压缩文件 a.bak.gz 里的文件信息
gunzip -v a.bak.gz       # 解压缩
```

(12) tar。tar 是用于文件打包的命令，可以把一系列的文件归档到一个大文件中，也可以把档案文件解开以恢复数据。

命令语法如下：

tar [选项] 档案文件 文件列表

tar 命令的常用选项：

-c 生成档案文件

-v 列出归档解档的详细过程

-f 指定档案文件名称

-r 将文件追加到档案文件末尾

-z 以 gzip 格式压缩或解压缩文件

-d 比较档案与当前目录中的文件

-x 解开档案文件

示例：

```
tar -cvf a.tar *.c         # 将当前目录下的.c 文件归档到文件 a.tar 中，并显示归档过程
tar -czf b.tar *.c         # 将当前目录下的.c 文件归档到文件 b.tar 中，并使用 gzip 压缩
tar -tvf a.tar             # 查看文件 a.tar 的内容
tar -rf a.tar file.txt     # 将文件 file.txt 追加到 a.tar 中
```

tar -xvf a.tar # 从归档文件 a.tar 中恢复数据并显示恢复过程

5. **进程操作**

(1) ps。ps 命令用来查看系统中当前正在运行的进程的信息。其主要选项如下：

-e 显示所有进程

-f 全格式

-l 长格式

a 显示终端上的所有进程,包括其他用户的进程

h 不显示标题

r 只显示正在运行的进程

x 显示没有控制终端的进程

u 面向用户格式

示例：

```
ps  aux          # 查看系统所有进程信息
ps  ax           # 查看不与终端有关的进程
ps  -u  st1      # 查看 st1 用户的进程
ps  -elf         # 以长格式显示所有进程信息
```

(2) kill。kill 命令用来向进程发送信号。

示例：

```
kill  -l            # 列出全部的信号名称
kill  -2   2077     # 向 2077 号进程发送 2 号信号 SIGINT,相当于按 Ctrl + C 键
kill  -9   2077     # 向 2077 号进程发送 9 号信号 SIGKILL,相当于杀死进程
kill  -19  2077     # 向 2077 号进程发送 19 号信号 SIGSTOP,相当于按 Ctrl + Z 键
```

6. **用户管理及网络配置**

(1) chmod。chmod 命令用于改变文件或目录的访问权限。

系统用 4 种字母来表示不同的用户：

u 文件所有者

g 同组用户

o 其他用户

a 所有用户

操作权限使用下面三种字符的组合表示法：

r read,可读

w write,写入

x execute,执行

操作符号包括以下 3 种：

\+ 添加某种权限

\- 除去某种权限

= 赋予给定权限并取消原来的权限

示例：

```
chmod  ug+x  a.sh       # 为 a.sh 文件所有者和同组用户添加"执行"权限
chmod  a+w  a.sh        # 为 a.sh 文件全部用户设置"写"权限
chmod  g-x  a.sh        # 为 a.sh 文件同组用户去掉"执行"权限
```

使用数字表示法修改权限：权限由 9 个二进制数组成，分成三组，分别是 u、g 和 o。每组内由 3 个二进制数字表示文件权限，第 1 位表示 r 权限（可读），第 2 位表示 w 权限（可写），第 3 位表示 x 权限（执行），如果在某一位有权限用 1 表示，否则用 0 表示。这样这三组权限正好可以用 3 个八进制数表示。

示例：

```
chmod  744  a.sh      # 设置 a.sh 文件的所有者拥有"读写执行"全部权限，同组用户
                      # 和其他用户为"读写"权限
```

（2）chown。使用 chown 命令可以更改文件和目录的所有者和所属的组。

示例：

```
chown  st1  a.sh                 # 将 a.sh 文件的所有者设置为 st1
chown  st1:student  a.sh         # 将 a.sh 文件的所有者设置为 st1，所属组设为 student
chown  -R  st1  /home/tt         # 将/home/tt 目录及其下的目录与文件的所有者设为 st1
```

（3）passwd。passwd 命令用来设置用户的认证信息，包括用户密码、密码过期时间等。普通用户只能修改自己的密码，root 用户可以修改普通用户的密码。

常用的选项：

-d 删除密码

-l 锁住密码

-u 解开已上锁的账号

示例：

```
passwd  st1           # 给 st1 用户设置密码
passwd  -d  st1       # 删除 st1 用户密码，意味着 st1 登录时不必输入密码
passwd  -l  st1       # 将账号 st1 密码锁定，st1 将无法在终端登录
```

（4）useradd。useradd 命令用来创建新用户。主要选项如下：

-b 指定家目录的父目录

-d 指定家目录

-g 指定用户的首组 ID

-G 指定用户的辅组 ID 列表

-m　创建主目录

-s　指定默认 Shell

-u　指定 UID

示例：

useradd　st1 # 创建用户 st1，所属组 st1，默认主目录为/home/st1

useradd　-m -d　/home/st3　st2　# 创建用户 st2，设其主目录为/home/st3，并创建目录

（5）groupadd。groupadd 命令用来添加组。

示例：

groupadd　student　　# 添加 student 组

（6）ifconfig。ifconfig 命令有以下几种作用。

查看网络配置。

ifconfig　　　　# 查看网络配置

ifconfig eth0　　　# 查看 eth0 有关的网络配置

配置 ip 地址。

格式：

ifconfig 网卡名 ip 地址 netmask 子网掩码

示例：

ifconfig　eth0　192.168.56.168　netmask　255.255.255.0

配置虚拟网卡 IP 地址。

格式：

ifconfig 网卡名:虚拟网卡 id ip 地址 netmask 子网掩码

示例：

ifconfig　eth0:1　192.168.56.128　netmask　255.255.255.0

禁用和启用网卡。

格式：

ifconfig　网卡名称　down　　# 禁用网卡

ifconfig　网卡名称　up　　# 启用网卡

2.4　Hadoop 伪分布式模式的安装

Hadoop 伪分布式模式安装前需要进行 JDK 的安装，具体操作见 2.5.5 节。

2.4.1　Hadoop 安装配置

本节内容均需 jmxx 用户身份进行操作。

1. **上传安装包**

本书使用 Hadoop 2.9.0 版本，将下载好的 Hadoop 安装包 hadoop-2.9.0.tar.gz 复制到/home/jmxx 目录下。

2. **解压安装** Hadoop

（1）解压安装包并修改目录名称。

```
[jmxx@localhost~]$ tar  xvf  hadoop-2.9.0.tar.gz
[jmxx@localhost~]$ mv  hadoop-2.9.0  hadoop
```

（2）修改环境变量。

```
[jmxx@localhost~]# vi  ~/.bashrc
```

在文件中添加如下内容：

```
export  HADOOP_HOME=/home/jmxx/hadoop
export  PATH=$PATH:${HADOOP_HOME}/bin:${HADOOP_HOME}/sbin:$PATH
```

3. **配置核心组件** core-site.xml

使用 gedit 或 vi 编辑 core-site.xml 文件。

```
[jmxx@localhost~]$ gedit  /home/jmxx/hadoop/etc/hadoop/core-site.xml
```

将内容修改如下：

```
<?xml version="1.0" encoding="UTF-8"?>
<?xml-stylesheet type="text/xsl" href="configuration.xsl"?>
<configuration>
    <property>
        <name>fs.defaultFS</name>
        <value>hdfs://localhost:9000</value>
    </property>
    <property>
       <name>hadoop.tmp.dir</name>
       <value>/home/jmxx/hadoopdata/tmp</value>
    </property>
</configuration>
```

4. **配置文件系统** hdfs-site.xml

使用 gedit 或 vi 编辑 hdfs-site.xml 文件。

```
[jmxx@localhost~]$ gedit /home/jmxx/hadoop/etc/hadoop/hdfs-site.xml
```

将内容修改为：

```
<?xml version="1.0" encoding="UTF-8"?>
<?xml-stylesheet type="text/xsl" href="configuration.xsl"?>
```

```
< configuration >
  < property >
      < name > dfs. replication < /name >
      < value > 1 < /value >
  < /property >
  < property >
      < name > dfs. datanode. data. dir < /name >
      < value > /home/jmxx/hadoopdata/data < /value >
  < /property >
  < property >
      < name > dfs. namenode. name. dir < /name >
      < value > /home/jmxx/hadoopdata/name < /value >
  < /property >
  < property >
      < name > dfs. permissions < /name >
      < value > false < /value >
  < /property >
< /configuration >
```

5. 配置文件系统 mapred-site.xml

由于 Hadoop 配置文件中没有 mapred-site.xml，先复制 mapred-site.xml.template 文件，再进行修改。

```
[ jmxx@ localhost ~ ] $ cp /home/jmxx/hadoop/etc/hadoop/mapred-site. xml. template /home/jmxx/hadoop/etc/hadoop/mapred-site. xml
```

使用 gedit 或 vi 编辑 mapred-site.xml 文件。

```
[ jmxx@ localhost ~ ] $ gedit /home/jmxx/hadoop/etc/hadoop/mapred-site. xml
```

将内容修改为：

```
< ? xml version = "1.0" ? >
< ? xml-stylesheet type = " text/xsl"  href = " configuration. xsl" ? >
< configuration >
  < property >
      < name > mapreduce. framework. name < /name >
      < value > yarn < /value >
  < /property >
< /configuration >
```

6. **配置文件系统** yarn-site.xml

使用 gedit 或 vi 编辑 yarn-site.xml 文件。

```
[jmxx@localhost~]$ gedit /home/jmxx/hadoop/etc/hadoop/yarn-site.xml
```

将内容修改为:

```
<?xml version="1.0" encoding="UTF-8"?>
<?xml-stylesheet type="text/xsl" href="configuration.xsl"?>
<configuration>
    <property>
        <name>yarn.nodemanager.aux-services</name>
        <value>mapreduce_shuffle</value>
    </property>
</configuration>
```

7. **配置** SSH **免密登录**

(1) 生成密钥。

```
[jmxx@localhost~]$ ssh-keygen -t rsa
```

出现系列提示,连续按 Enter 键,直至生成密钥。

(2) 复制公钥文件。

```
[jmxx@localhost~]$ cat ~/.ssh/id_rsa.pub >> ~/.ssh/authorized_keys
```

(3) 修改 authorized_keys 文件权限。

```
[jmxx@localhost~]$ chmod 600 ~/.ssh/authorized_keys
```

(4) 验证免密登录。

```
[jmxx@localhost~]$ ssh localhost
```

如无须输入密码即可登录 localhost,说明配置成功,如图 2.30 所示。

```
jmxx@localhost:~
File Edit View Search Terminal Help
[jmxx@localhost ~]$ ssh localhost
Last login: Sun Apr  7 01:53:05 2019 from localhost
[jmxx@localhost ~]$
```

图 2.30 免密登录

2.4.2 Hadoop 启动

1. **建立工作目录**

Hadoop 在 Linux 操作系统中运行,利用 Linux 本地文件系统来存储相关信息。

```
[jmxx@localhost~]$ mkdir hadoopdata
```

[jmxx@ localhost ~] $ mkdir hadoopdata/tmp

[jmxx@ localhost ~] $ mkdir hadoopdata/data

[jmxx@ localhost ~] $ mkdir hadoopdata/name

2. **格式化文件系统**

格式化文件系统只需在 master 节点进行,且只需一次,以后启动集群无须再进行格式化操作。

[jmxx@ localhost bin] $ hdfs namenode -format

如果格式化过程不报错,则格式化成功,如图 2.31 所示。

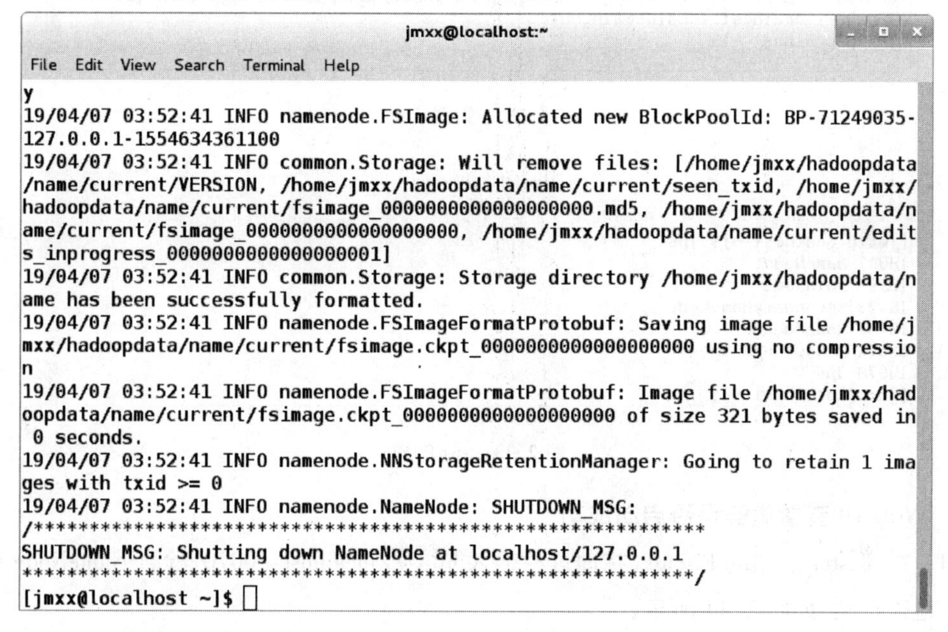

图 2.31 格式化成功

3. **启动与关闭 Hadoop**

启动:

[jmxx@ localhost ~] $ start-dfs. sh

[jmxx@ localhost ~] $ start-yarn. sh

结果如图 2.32 所示。

关闭集群使用命令:stop-yarn. sh 和 stop-dfs. sh。

2.4.3 集群验证

1. **查看进程**

[jmxx@ localhost ~] $ jps

节点运行 jps 命令后显示进程共 6 个,分别是 NameNode、DataNode、SecondaryNameNode、NodeManager、ResourceManager 和 Jps,如图 2.33 所示。

```
[jmxx@localhost ~]$ start-dfs.sh
Starting namenodes on [localhost]
localhost: starting namenode, logging to /home/jmxx/hadoop/logs/hadoop-jmxx-name
node-localhost.localdomain.out
localhost: starting datanode, logging to /home/jmxx/hadoop/logs/hadoop-jmxx-data
node-localhost.localdomain.out
Starting secondary namenodes [0.0.0.0]
0.0.0.0: starting secondarynamenode, logging to /home/jmxx/hadoop/logs/hadoop-jm
xx-secondarynamenode-localhost.localdomain.out
[jmxx@localhost ~]$ start-yarn.sh
starting yarn daemons
starting resourcemanager, logging to /home/jmxx/hadoop/logs/yarn-jmxx-resourcema
nager-localhost.localdomain.out
localhost: starting nodemanager, logging to /home/jmxx/hadoop/logs/yarn-jmxx-nod
emanager-localhost.localdomain.out
[jmxx@localhost ~]$
```

图 2.32　集群启动

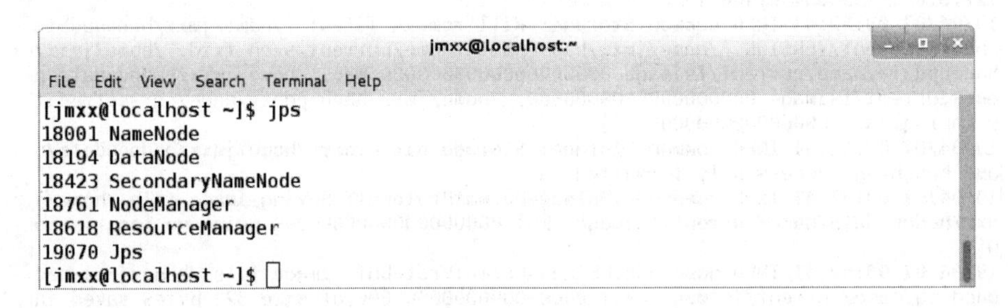

图 2.33　jps 结果

2. Web UI 查看集群是否启动成功

（1）在 master 上启动 Firefox，在地址栏输入 http://localhost:50070，检查 NameNode 和 DataNode 是否正常，如图 2.34 所示。

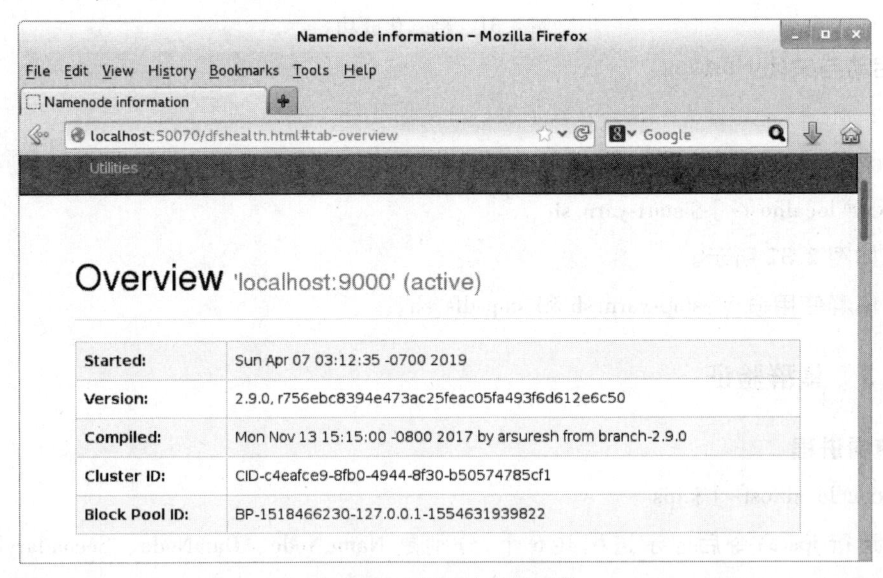

图 2.34　Web UI 查看集群

（2）在 master 上启动 Firefox，在地址栏输入 http://localhost:8088/，检查 Yarn 运行是否正常，如图 2.35 所示。

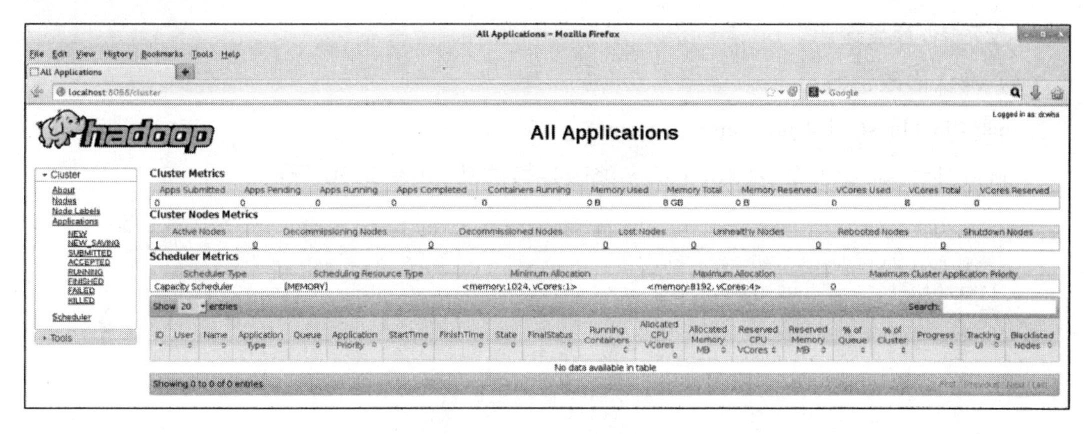

图 2.35　Yarn 运行情况

2.5　分布式模式集群的安装

集群中共三个节点：1 个 master 节点和 2 个 slave 节点，IP 地址如表 2.1 所示。

表 2.1　集 群 信 息

主机名	IP 地址
master	192.168.56.128
slave1	192.168.56.129
slave2	192.168.56.130

2.5.1　配置主机信息

以下操作需要以 root 身份登录，master、slave1 和 slave2 节点均需进行配置。

1. master 节点

（1）登录 root 用户并修改 network 文件。

[root@ localhost ~] # vi　/etc/sysconfig/network

进入 vi 编辑界面，修改为如下内容：

NETWORK = yes　　　　　　　　　# 启动网络

HOSTNAME = master　　　　　　　# 主机名

修改完毕，存盘退出。

（2）修改 hostname 文件。

[root@ localhost ~] # vi　/etc/hostname

将内容修改为：

master

修改完毕，存盘退出。

(3) 确认修改生效。

[root@ localhost ~] # hostname master

重新打开终端，输入命令测试主机名修改是否成功，如图 2.36 所示。

```
jmxx@master:~
File Edit View Search Terminal Help
[jmxx@master ~]$ hostname
master
[jmxx@master ~]$
```

图 2.36 修改主机名

[root@ master ~] # hostname

master

2. slave1、slave2 节点

修改方式与 master 节点相同，只需分别将 “master” 改为 “slave1” “slave2” 即可。

2.5.2 配置网络

本节提供图形界面和命令行两种配置方式，选择其中一种方式配置即可。

1. 图形工具配置

(1) 进入网络连接。使用图形工具修改网络配置，通过菜单依次选择 Applications→Sundry→Network Connections 命令，如图 2.37 所示。

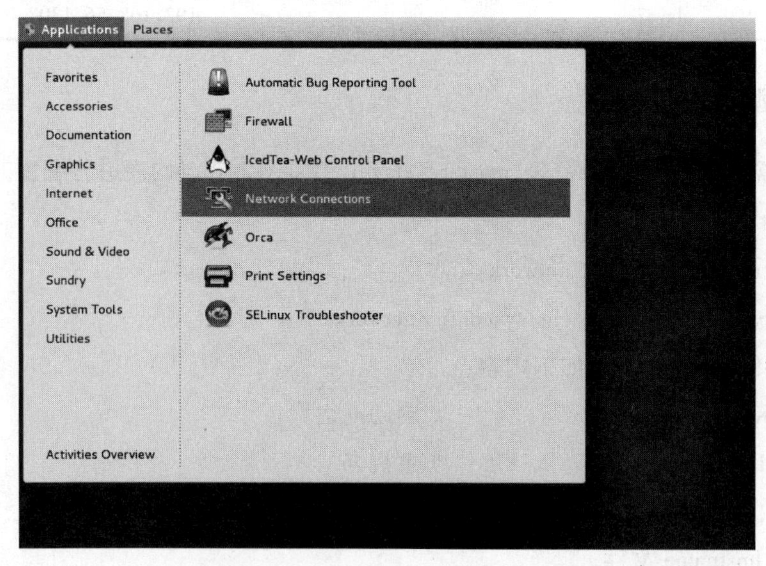

图 2.37 选择 Network Connections 命令

（2）网络设备选择。进入如图 2.38 所示界面，单击 Edit 按钮。

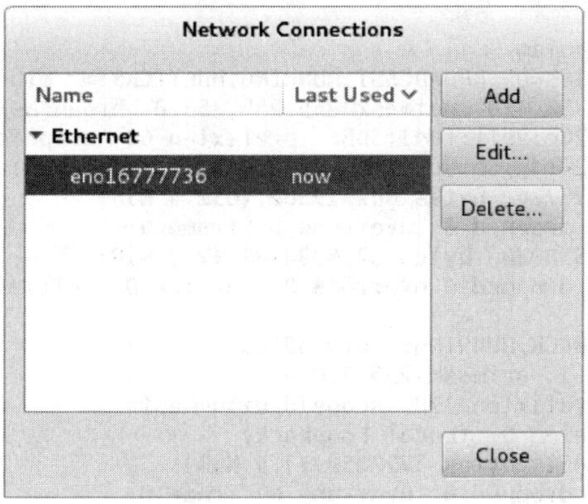

图 2.38 “网络设备选择”界面

（3）配置网络。进入图 2.39 所示界面，选择 IPv4 Settings 选项卡，在 method 下拉列表框中选择 Manual 选项，配置 IP 地址、子网掩码、网关选项。

Address：192.168.56.128

Netmask：255.255.255.0

Gateway：192.168.56.2

单击 Save 按钮将修改结果保存，然后关闭退出。

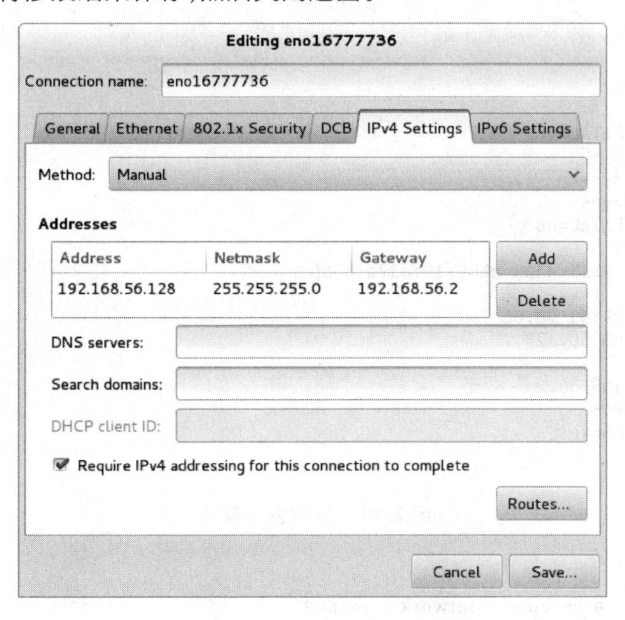

图 2.39 “网络配置”界面

（4）查看网络配置。通过 ifconfig 命令，查看配置结果，如图 2.40 所示。

2. **命令行配置**

（1）修改配置文件。网卡用于访问 Internet，CentOS 7.0 以后网卡默认关闭，需要手动

```
jmxx@master:~
File  Edit  View  Search  Terminal  Help
[jmxx@master ~]$ ifconfig
eno16777736: flags=4163<UP,BROADCAST,RUNNING,MULTICAST>  mtu 1500
        inet 192.168.56.128  netmask 255.255.255.0  broadcast 192.168.56.255
        inet6 fe80::20c:29ff:fe41:3b8c  prefixlen 64  scopeid 0x20<link>
        ether 00:0c:29:41:3b:8c  txqueuelen 1000  (Ethernet)
        RX packets 675726  bytes 642219362 (612.4 MiB)
        RX errors 0  dropped 0  overruns 0  frame 0
        TX packets 1338020  bytes 3206394181 (2.9 GiB)
        TX errors 0  dropped 0 overruns 0  carrier 0  collisions 0

lo: flags=73<UP,LOOPBACK,RUNNING>  mtu 65536
        inet 127.0.0.1  netmask 255.0.0.0
        inet6 ::1  prefixlen 128  scopeid 0x10<host>
        loop  txqueuelen 0  (Local Loopback)
        RX packets 6451  bytes 1720858 (1.6 MiB)
        RX errors 0  dropped 0  overruns 0  frame 0
        TX packets 6451  bytes 1720858 (1.6 MiB)
        TX errors 0  dropped 0 overruns 0  carrier 0  collisions 0

[jmxx@master ~]$ 
```

图 2.40　查看网络配置

启用。

[root@ master~] # vi　/etc/sysconfig/network-scripts/ifcfg-eno16777736

（2）按图 2.41 内容修改，存盘退出。

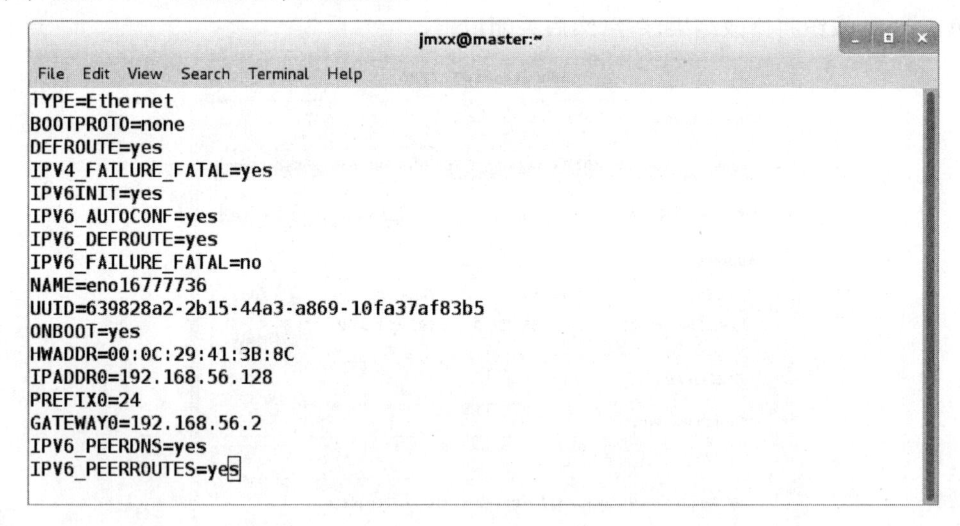

jmxx@master:~
File Edit View Search Terminal Help
TYPE=Ethernet
BOOTPROTO=none
DEFROUTE=yes
IPV4_FAILURE_FATAL=yes
IPV6INIT=yes
IPV6_AUTOCONF=yes
IPV6_DEFROUTE=yes
IPV6_FAILURE_FATAL=no
NAME=eno16777736
UUID=639828a2-2b15-44a3-a869-10fa37af83b5
ONBOOT=yes
HWADDR=00:0C:29:41:3B:8C
IPADDR0=192.168.56.128
PREFIX0=24
GATEWAY0=192.168.56.2
IPV6_PEERDNS=yes
IPV6_PEERROUTES=yes

图 2.41　修改网卡配置

（3）重启网络服务。

[root@ master~] # service　network　restart

3. slave1、slave2 节点配置

步骤相同，目标 IP 如下：

slave1：192. 168. 56. 129

slave2：192. 168. 56. 130

2.5.3 关闭防火墙

CentOS 不再使用 iptables 作为默认的防火墙,改用 Firewall 作为默认防火墙。关闭防火墙操作需要以 root 身份登录,master、slave1 和 slave2 节点均需要进行操作。

1. 查看防火墙状态

[root@ master~] # firewall-cmd --state

出现如图 2.42 所示结果,说明防火墙软件正在运行。

```
jmxx@master:~
File Edit View Search Terminal Help
[root@master ~]# firewall-cmd  --state
running
[root@master ~]#
```

图 2.42 防火墙状态

2. 关闭防火墙

将 CentOS 防火墙关闭。

[root@ master~] # systemctl stop firewalld. service # 关闭防火墙

[root@ master~] # systemctl disable firewalld. service # 禁止防火墙开机启动

3. 验证配置结果

再次使用命令:firewall-cmd --state,出现如图 2.43 所示结果,表明关闭成功。

```
jmxx@master:~
File Edit View Search Terminal Help
[root@master ~]# firewall-cmd --state
not running
[root@master ~]#
```

图 2.43 验证防火墙状态

2.5.4 修改 hosts 文件

本节操作需要以 root 身份登录,master、slave1 和 slave2 节点均需要配置。

[root@ master~] # vi /etc/hosts

输入如下内容,保存退出。

192.168.56.128 master

192.168.56.129 slave1

192.168.56.130 slave2

2.5.5 JDK 安装

本节操作需要以 root 身份登录,master、slave1 和 slave2 节点均需配置。

1. 删除原生 JDK

CentOS 为用户默认安装 OPEN JDK,需要将其删除后重新安装所需 JDK。

(1) 查看原有 Java 组件。

[root@ master~] # rpm -qa|grep java

结果如图 2.44 所示。

```
jmxx@master:~
File Edit View Search Terminal Help
[root@master ~]# rpm -qa | grep java
python-javapackages-3.4.1-5.el7.noarch
javapackages-tools-3.4.1-5.el7.noarch
java-1.7.0-openjdk-headless-1.7.0.51-2.4.5.5.el7.x86_64
tzdata-java-2014b-1.el7.noarch
java-1.7.0-openjdk-1.7.0.51-2.4.5.5.el7.x86_64
[root@master ~]#
```

图 2.44 查看原生 JDK

(2) 删除 Java 组件, *.noarch 文件无须删除。

[root@ master~] # rpm -e --nodeps java-1.7.0-openjdk-headless-1.7.0.51-2.4.5.5.el7.x86_64

[root@ master~] # rpm -e --nodeps java-1.7.0-openjdk-1.7.0.51-2.4.5.5.el7.x86_64

2. 创建安装目录

[root@ master~] # mkdir /usr/java

3. 上传 JDK

使用 SSH Secure Shell Client 上传 jdk - 8u181 - linux - x64.tar 到/usr/java 目录下,本书选用的版本为 jdk - 8u181 - linux - x64。

4. 安装 JDK 文件

解压安装 JDK。

[root@ master Desktop] # cd /usr/java/

[root@ master java] # tar xvf jdk-8u181-linux-x64.tar.gz

为了方便后期使用,将目录"jdk1.8.0_181"名称改为"jdk"。

[root@ master java] # mv jdk1.8.0_181 jdk

5. 配置环境变量

该步骤以 jmxx 身份登录。

(1) 打开配置文件。

[jmxx@ master~] $ vi ~/.bashrc

(2) 在文件最后添加两行。

export JAVA_HOME =/usr/java/jdk

export PATH = $PATH: ${JAVA_HOME}/bin

6. 生效配置文件

[jmxx@ master~] $ source ~/. bashrc

7. 验证 JDK

[jmxx@ master~] $ java -version

如图 2.45 所示,JDK 配置成功。

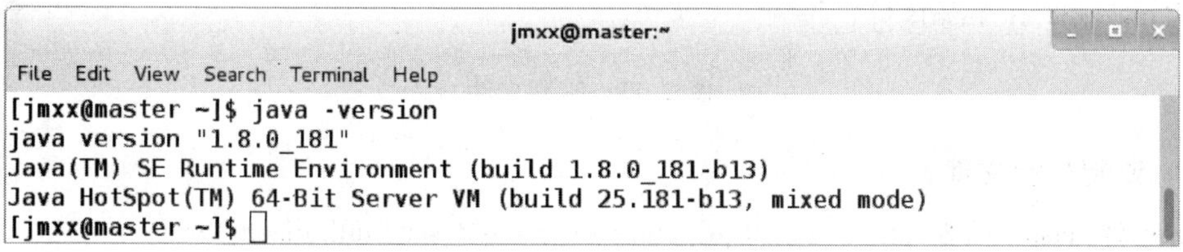

```
jmxx@master:~
File Edit View Search Terminal Help
[jmxx@master ~]$ java -version
java version "1.8.0_181"
Java(TM) SE Runtime Environment (build 1.8.0_181-b13)
Java HotSpot(TM) 64-Bit Server VM (build 25.181-b13, mixed mode)
[jmxx@master ~]$ 
```

图 2.45 JDK 验证

2.5.6 配置 SSH 免密登录

本节需要以 jmxx 身份登录,master、slave1 和 slave2 节点均需配置。

1. master 节点

(1) 在 master 节点生成密钥。

[jmxx@ master~] $ ssh-keygen -t rsa

出现系列提示,连续按 Enter 键,直至生成密钥,如图 2.46 所示。

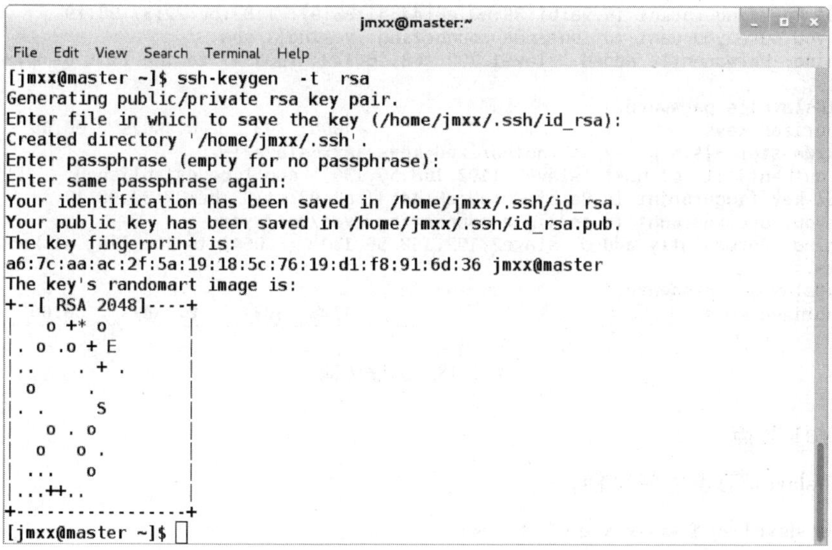

```
jmxx@master:~
File Edit View Search Terminal Help
[jmxx@master ~]$ ssh-keygen  -t  rsa
Generating public/private rsa key pair.
Enter file in which to save the key (/home/jmxx/.ssh/id_rsa):
Created directory '/home/jmxx/.ssh'.
Enter passphrase (empty for no passphrase):
Enter same passphrase again:
Your identification has been saved in /home/jmxx/.ssh/id_rsa.
Your public key has been saved in /home/jmxx/.ssh/id_rsa.pub.
The key fingerprint is:
a6:7c:aa:ac:2f:5a:19:18:5c:76:19:d1:f8:91:6d:36 jmxx@master
The key's randomart image is:
+--[ RSA 2048]----+
|   o +* o        |
|. o .o + E       |
|..     . + .     |
| o      .        |
|. .       S      |
|   o . o         |
|  o   o .        |
| ...    o        |
|...++..          |
+-----------------+
[jmxx@master ~]$ 
```

图 2.46 生成密钥

(2) 查看密钥。

[jmxx@ master~] $ cd ~/. ssh

[jmxx@ master. ssh] $ ls -l

结果如图 2.47 所示,id_rsa 文件是私钥,id_rsa.pub 文件是公钥。

```
jmxx@master:~/.ssh
File Edit View Search Terminal Help
[jmxx@master ~]$ cd ~/.ssh
[jmxx@master .ssh]$ ls -l
total 8
-rw-------. 1 jmxx jmxx 1675 Apr  2 01:38 id_rsa
-rw-r--r--. 1 jmxx jmxx  393 Apr  2 01:38 id_rsa.pub
[jmxx@master .ssh]$
```

图 2.47　密钥文件

(3) 复制公钥文件。

[jmxx@ master~] $ cat　~/.ssh/id_rsa.pub　>> ~/.ssh/authorized_keys

(4) 修改 authorized_keys 文件权限。

[jmxx@ master~] $ chmod　600　~/.ssh/authorized_keys

(5) 将 authorized_keys 文件复制到 slave1、slave2 节点。

[jmxx@ master~] $ scp　~/.ssh/authorized_keys　jmxx@ slave1: ~/

[jmxx@ master~] $ scp　~/.ssh/authorized_keys　jmxx@ slave2: ~/

出现确认提示,输入 yes,出现输入密码要求,输入 jmxx 即可,如图 2.48 所示。

```
jmxx@master:~
File Edit View Search Terminal Help
[jmxx@master ~]$ scp  ~/.ssh/authorized_keys jmxx@slave1:~/
The authenticity of host 'slave1 (192.168.56.129)' can't be established.
ECDSA key fingerprint is 9a:bf:39:a0:e0:44:41:a8:97:cf:03:bc:22:37:98:f9.
Are you sure you want to continue connecting (yes/no)? yes
Warning: Permanently added 'slave1,192.168.56.129' (ECDSA) to the list of known
hosts.
jmxx@slave1's password:
authorized_keys                                   100%  393     0.4KB/s   00:00
[jmxx@master ~]$ scp  ~/.ssh/authorized_keys jmxx@slave2:~/
The authenticity of host 'slave2 (192.168.56.130)' can't be established.
ECDSA key fingerprint is 9a:bf:39:a0:e0:44:41:a8:97:cf:03:bc:22:37:98:f9.
Are you sure you want to continue connecting (yes/no)? yes
Warning: Permanently added 'slave2,192.168.56.130' (ECDSA) to the list of known
hosts.
jmxx@slave2's password:
authorized_keys                                   100%  393     0.4KB/s   00:00
```

图 2.48　远程传输

2. slave1 节点

(1) 在 slave1 节点生成密钥。

[jmxx@ slave1 ~] $ ssh-keygen　-t　rsa

出现一系列的提示,连续敲击回车,直到密钥文件生成。

(2) 将 authorized_keys 文件移动到.ssh 目录下,并修改权限。

[jmxx@ slave1 ~] $ mv　~/authorized_keys　~/.ssh/

[jmxx@ slave1 ~] $ chmod　600　~/.ssh/authorized_keys

3. slave2 节点

操作与 slave1 节点相同。

4. 测试 SSH 免密登录

在 master 节点进行测试。

[jmxx@ master~] $ ssh slave1

如图 2.49 所示,免密登录配置成功,输入 exit 命令退出远程登录。

图 2.49 免密登录

2.5.7 Hadoop 安装配置

本节内容均需以 jmxx 用户身份进行操作。

1. 上传安装包

本书使用 Hadoop 2.9.0 版本,将下载好的 Hadoop 安装包 hadoop-2.9.0.tar.gz 上传到 master 节点/home/jmxx 目录下。

2. 解压安装 Hadoop

(1) 解压安装包并修改目录名称。

[jmxx@ master~] $ tar xvf hadoop-2.9.0.tar.gz

[jmxx@ master~] $ mv hadoop-2.9.0 hadoop

(2) 修改环境变量。

[jmxx@ master~] # vi ~/.bashrc

在文件中添加如下内容。

export HADOOP_HOME=/home/jmxx/hadoop

export PATH=$PATH:${HADOOP_HOME}/bin:${HADOOP_HOME}/sbin:$PATH

3. 配置环境变量 hadoop-env.sh

使用 gedit 或 vi 编辑修改文件 hadoop-env.sh。

[jmxx@ master~] $ gedit /home/jmxx /hadoop/etc/hadoop/hadoop-env.sh

需要将

export JAVA_HOME=${JAVA_HOME}

修改为

export JAVA_HOME=/usr/java/jdk # JDK 的安装路径

将

```
export  HADOOP_CONF_DIR = ${HADOOP_DEV_HOME}/etc/hadoop
```

修改为

```
export  HADOOP_CONF_DIR = /home/jmxx/hadoop/etc/hadoop # Hadoop 的安装路径
```

然后使环境变量生效。

```
[jmxx@master~]$ source  /home/jmxx/hadoop/etc/hadoop/hadoop-env.sh
```

4. **配置核心组件** core-site.xml

使用 gedit 或 vi 编辑修改文件 core-site.xml。

```
[jmxx@master~]$ gedit  /home/jmxx/hadoop/etc/hadoop/core-site.xml
```

将内容修改为

```
<?xml version="1.0" encoding="UTF-8"?>
<?xml-stylesheet type="text/xsl" href="configuration.xsl"?>
<configuration>
   <property>
       <name>fs.defaultFS</name>
       <value>hdfs://master:9000</value>
   </property>
   <property>
       <name>hadoop.tmp.dir</name>
       <value>/home/jmxx/hadoopdata/tmp</value>
   </property>
</configuration>
```

说明:

fs.default.name 描述集群中 NameNode 节点的 URI(包括协议、主机名称、端口号),主机 master,端口号 9000。这是系统默认的 HDFS 的(NameNode)路径地址。

hadoop.tmp.dir 是 Hadoop 文件系统依赖的基本配置,很多配置路径都依赖它,它的默认位置是/tmp/{$user}。对于 Linux 系统,在系统重启或 Hadoop 系统重启时,/tmp 下的目录很可能会被系统清理,所以 hadoop.tmp.dir 应该指向一个永久目录,而不可以采用系统临时目录。

5. **配置文件系统** hdfs-site.xml

使用 gedit 或 vi 编辑修改 hdfs-site.xml 文件。

```
[jmxx@master~]$ gedit  /home/jmxx/hadoop/etc/hadoop/hdfs-site.xml
```

将内容修改为

```
<?xml version="1.0" encoding="UTF-8"?>
<?xml-stylesheet type="text/xsl" href="configuration.xsl"?>
<configuration>
```

```
  < property >
      < name > dfs. replication < /name >
      < value > 1 < /value >
  < /property >
  < property >
      < name > dfs. datanode. data. dir < /name >
      < value > /home/jmxx/hadoopdata/data < /value >
  < /property >
  < property >
      < name > dfs. namenode. name. dir < /name >
      < value > /home/jmxx/hadoopdata/name < /value >
  < /property >
  < property >
      < name > dfs. permissions < /name >
      < value > false < /value >
  < /property >
< /configuration >
```

说明：

dfs. replication 指定系统里面的文件块的数据备份个数，应小于集群中的 DataNode 节点数量，默认值为 3。

dfs. datanode. data. dir 指定数据块在 Linux 本地文件系统上的物理存储位置。dfs. namenode. name. dir 指定 HDFS 名字空间 namespace 元数据信息的存储位置。

6. **配置文件系统 yarn-site. xml**

使用 gedit 或 vi 编辑修改 yarn-site. xml 文件。

[jmxx@ master~] $ gedit   /home/jmxx/hadoop/etc/hadoop/yarn-site. xml

将内容修改为

```
< ? xml version = "1. 0" ? >
< configuration >
  < property >
      < name > yarn. nodemanager. aux-services < /name >
      < value > mapreduce_shuffle < /value >
  < /property >
  < property >
      < name > yarn. resourcemanager. address < /name >
```

```
        <value>master:18040</value>
    </property>
    <property>
        <name>yarn.resourcemanager.scheduler.address</name>
        <value>master:18030</value>
    </property>
    <property>
        <name>yarn.resourcemanager.resource-tracker.address</name>
        <value>master:18025</value>
    </property>
    <property>
        <name>yarn.resourcemanager.admin.address</name>
        <value>master:18141</value>
    </property>
    <property>
        <name>yarn.resourcemanager.webapp.address</name>
        <value>master:18088</value>
    </property>
</configuration>
```

7. 配置文件系统 mapred-site.xml

由于 Hadoop 配置文件中没有 mapred-site.xml，先复制 mapred-site.xml.template 文件，再进行修改。

```
[jmxx@master ~]$ cp  /home/jmxx/hadoop/etc/hadoop/mapred-site.xml.template /home/jmxx/hadoop/etc/hadoop/mapred-site.xml
[jmxx@master~]$ gedit  /home/jmxx/hadoop/etc/hadoop/mapred-site.xml
```

将内容修改为

```
<?xml version="1.0"?>
<?xml-stylesheet type="text/xsl"  href="configuration.xsl"?>
<configuration>
    <property>
        <name>mapreduce.framework.name</name>
        <value>yarn</value>
    </property>
</configuration>
```

8. **修改 slaves 文件**

使用 gedit 或 vi 编辑修改 slaves 文件。

[jmxx@ master~] $ vi /home/jmxx/hadoop/etc/hadoop/slaves

将内容修改为

slave1

slave2

9. **复制 Hadoop 到 slave 节点**

需要将配置完成的 Hadoop 远程复制到 slave1、slave2 节点。

[jmxx@ master~] $ scp -r hadoop slave1:~/

[jmxx@ master~] $ scp -r hadoop slave2:~/

2.6 分布式模式集群的启动和验证

本节操作需要以 jmxx 身份登录。

2.6.1 建立工作目录

Hadoop 在 Linux 操作系统中运行,利用 Linux 本地文件系统来存储相关信息。必须为三个节点创造相同的目录结构。

[jmxx@ master~] $ mkdir hadoopdata

[jmxx@ master~] $ mkdir hadoopdata/tmp

[jmxx@ master~] $ mkdir hadoopdata/data

[jmxx@ master~] $ mkdir hadoopdata/name

2.6.2 格式化文件系统

格式化文件系统只需要在 master 节点进行,且只需一次,之后启动集群无须再进行格式化操作。

[jmxx@ master~] $ cd /home/jmxx/hadoop/bin/

[jmxx@ master bin] $ hdfs namenode -format

如图 2.50 所示,表示格式化成功。

2.6.3 启动与关闭集群

启动:

[jmxx@ master~] $ start-dfs.sh

[jmxx@ master~] $ start-yarn.sh

```
jmxx@master:~
File Edit View Search Terminal Help
19/04/01 22:36:59 INFO util.GSet: Computing capacity for map NameNodeRetryCache
19/04/01 22:36:59 INFO util.GSet: VM type       = 64-bit
19/04/01 22:36:59 INFO util.GSet: 0.029999999329447746% max memory 966.7 MB = 29
7.0 KB
19/04/01 22:36:59 INFO util.GSet: capacity      = 2^15 = 32768 entries
19/04/01 22:37:00 INFO namenode.FSImage: Allocated new BlockPoolId: BP-326888181
-192.168.56.128-1554183420070
19/04/01 22:37:00 INFO common.Storage: Storage directory /home/jmxx/hadoopdata/n
ame has been successfully formatted.
19/04/01 22:37:00 INFO namenode.FSImageFormatProtobuf: Saving image file /home/j
mxx/hadoopdata/name/current/fsimage.ckpt_0000000000000000000 using no compressio
n
19/04/01 22:37:00 INFO namenode.FSImageFormatProtobuf: Image file /home/jmxx/had
oopdata/name/current/fsimage.ckpt_0000000000000000000 of size 321 bytes saved in
 0 seconds.
19/04/01 22:37:00 INFO namenode.NNStorageRetentionManager: Going to retain 1 ima
ges with txid >= 0
19/04/01 22:37:00 INFO namenode.NameNode: SHUTDOWN_MSG:
/************************************************************
SHUTDOWN_MSG: Shutting down NameNode at master/192.168.56.128
************************************************************/
```

图 2.50　格式化成功

如图 2.51 所示,集群启动成功。

```
jmxx@master:~
File Edit View Search Terminal Help
[jmxx@master ~]$ start-dfs.sh
Starting namenodes on [master]
master: starting namenode, logging to /home/jmxx/hadoop/logs/hadoop-jmxx-namenod
e-master.out
slave1: starting datanode, logging to /home/jmxx/hadoop/logs/hadoop-jmxx-datanod
e-slave1.out
slave2: starting datanode, logging to /home/jmxx/hadoop/logs/hadoop-jmxx-datanod
e-slave2.out
Starting secondary namenodes [0.0.0.0]
0.0.0.0: starting secondarynamenode, logging to /home/jmxx/hadoop/logs/hadoop-jm
xx-secondarynamenode-master.out
[jmxx@master ~]$ start-yarn.sh
starting yarn daemons
starting resourcemanager, logging to /home/jmxx/hadoop/logs/yarn-jmxx-resourcema
nager-master.out
slave1: starting nodemanager, logging to /home/jmxx/hadoop/logs/yarn-jmxx-nodema
nager-slave1.out
slave2: starting nodemanager, logging to /home/jmxx/hadoop/logs/yarn-jmxx-nodema
nager-slave2.out
[jmxx@master ~]$
```

图 2.51　集群启动

关闭集群使用命令:stop-yarn.sh 和 stop-dfs.sh。

2.6.4 验证集群启动情况

1. master 节点

master 节点运行 jps 命令后显示进程共 4 个,分别是 SecondaryNameNode、ResourceManager、Jps 和 NameNode,如图 2.52 所示。

[jmxx@ master　sbin] $ jps

```
jmxx@master:~
File Edit View Search Terminal Help
[jmxx@master ~]$ jps
45970 ResourceManager
46376 Jps
45785 SecondaryNameNode
45534 NameNode
[jmxx@master ~]$ 
```

图 2.52　master 节点 jps 结果

2. slave 节点

[jmxx@ slvae1 ~] $ jps

slave 节点运行 jps 命令后显示进程共 3 个，分别是 NodeManager、DataNode 和 Jps，如图 2.53所示。

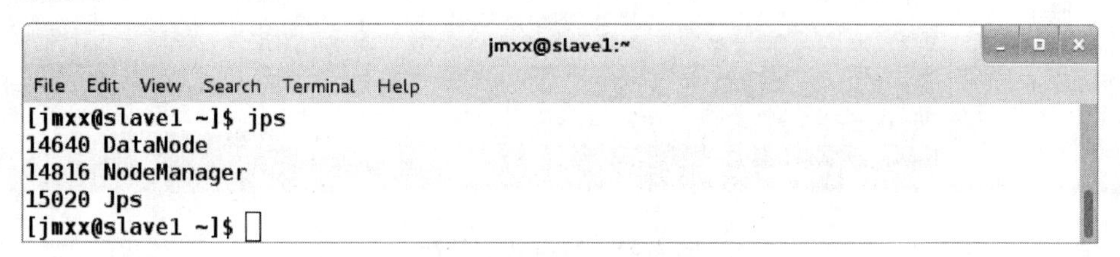

图 2.53　slave 节点 jps 结果

3. Web UI 查看集群是否启动成功

(1) 在 master 上启动 Firefox，在地址栏输入 http://master:50070，检查 NameNode 和 DataNode 是否正常，如图 2.54 所示。

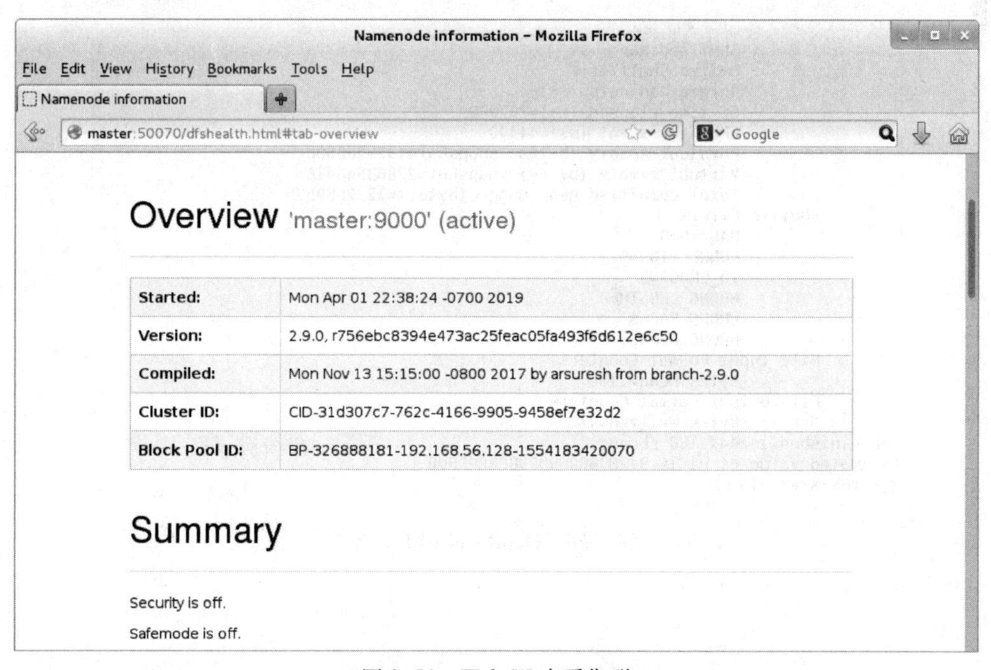

图 2.54　Web UI 查看集群

(2) 在 master 上启动 Firefox，在地址栏输入 http://master:18088/，检查 Yarn 运行是否正常，如图 2.55 所示。

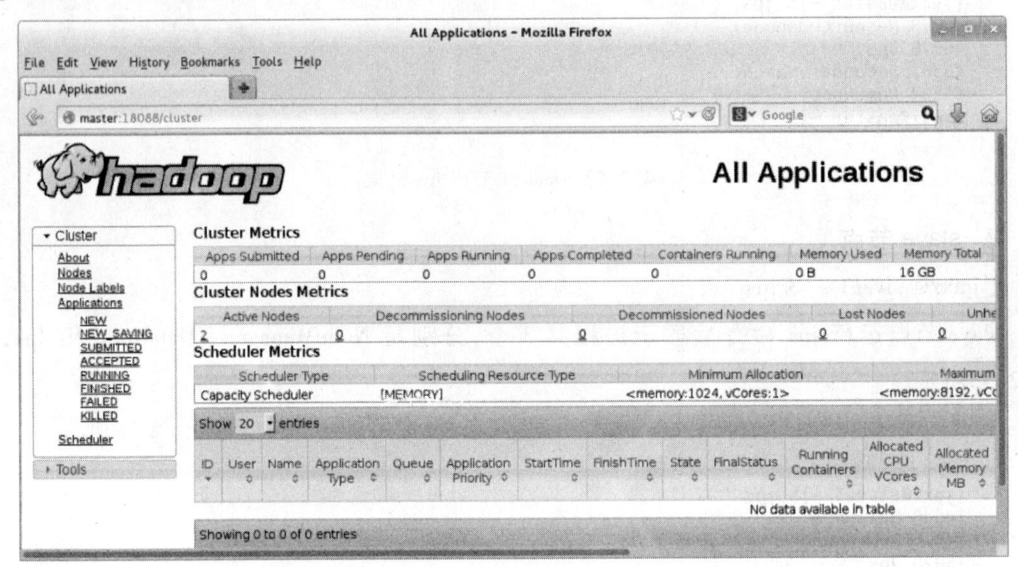

图 2.55 Yarn 运行情况

(3) 运行 PI 示例程序，检查集群能否正常工作。结果如图 2.56 所示。

[jmxx@ master ~] $ hadoop jar ~/hadoop/share/hadoop/mapreduce/hadoop-mapreduce-examples-2.9.0.jar pi 10 10

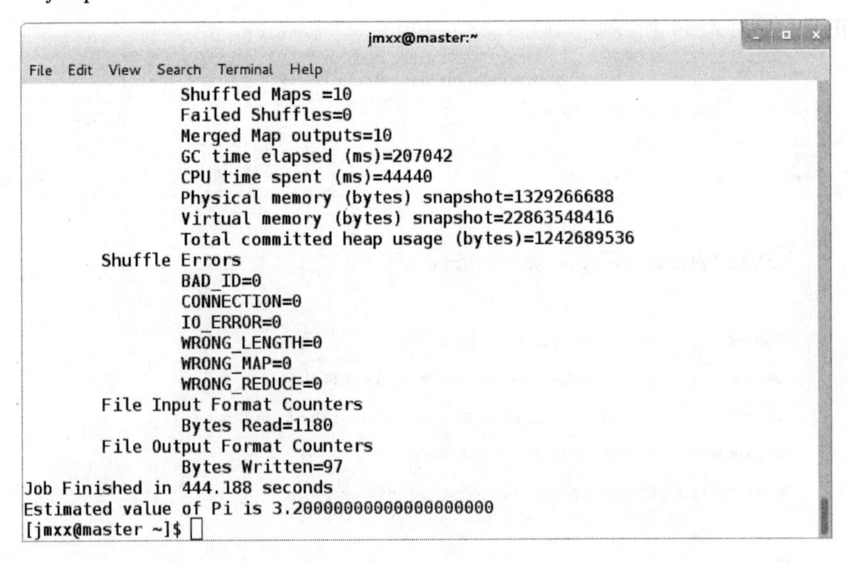

图 2.56 MapReduce PI 示例

小结

Hadoop 是当前流行的分布式框架，在业界得到广泛的部署和应用，已经成为事实上的行业标准。本章首先介绍了 Hadoop 的发展过程、特点，Hadoop 生态环境的各种组件以及 Hadoop 的三种运行模式。然后详细说明了常见虚拟化软件、虚拟机下 CentOS 的安装步骤和使用方法。最后重点讲解了 Hadoop 的伪分布式模式和分布式模式的配置步骤以及安装完成后的各种验证方法。通过本章学习，一方面读者对 Hadoop 系统及其组件有了初步的了解，另一方面读者能够快速搭建基于 Linux 的 Hadoop 实验环境，熟悉有关的操作命令，为今后进行 Hadoop 系统维护和编程开发打下基础。

习题

1. Hadoop 有哪些特性？
2. Hadoop 生态环境包括哪些组件，各自的功能是什么？
3. 简述常用的虚拟化软件。
4. 为什么要设置 SSH 免密码登录？
5. 简述 Hadoop 的三种运行模式以及各自的适用场景。
6. 在 CentOS 7 中如何关闭防火墙？

即测即评

扫描二维码，测试本章学习效果。

实验一　Hadoop 环境的搭建

一、 实验目的

1. 掌握 VMware Workstation 的安装和使用方法。
2. 掌握在虚拟机中安装 CentOS 7.0 的方法。

3. 熟悉并掌握 Linux 常用命令。

4. 掌握 Hadoop 伪分布式、分布式安装步骤。

5. 验证 Hadoop 集群并运行示例程序。

二、实验内容

1. 虚拟机环境下安装 CentOS 7.0。

(1) 安装 VMware Workstation。

(2) 虚拟机中安装 CentOS 7.0。

2. 安装 Hadoop 集群。

(1) 完成虚拟机克隆。

(2) 完成 Linux 系统配置。

(3) 下载 Hadoop 2.9.0 并安装。

(4) 配置 Hadoop 配置文件。

(5) 建立工作目录。

(6) 启动集群。

(7) 验证集群启动情况。

(8) 运行 PI 示例程序。

3. 使用 Linux 操作系统,熟悉常见指令。

(1) 使用 cat、more、less、head、tail 命令显示文件内容。

(2) 使用 pwd、cd、mkdir 和 rmdir 命令进行目录操作。

(3) 使用 wc 命令统计文件的字节数、字数、字符数和行数。

(4) 使用 cp 命令和 mv 命令对文件进行操作。

(5) 熟练使用 find、grep 命令进行文件查找和内容检索。

(6) 使用 tar 命令完成包操作。

(7) 使用 ps、kill 命令显示进程和信号操作。

(8) 使用 chmod 命令改变文件或目录的访问权限。

(9) 使用命令进行用户增加、修改和删除操作。

第3章 分布式文件系统 HDFS

HDFS 作为 Hadoop 核心组件之一,提供了高可用分布式文件系统的数据存储功能,主要用于需要处理海量数据的应用场景。本章首先介绍 HDFS 的相关背景、基本概念、体系结构和运行机制。接着,讲解 HDFS 的常用 Shell 命令和管理工具的使用方法,并详细说明 Hadoop 开发环境的配置步骤。最后,深入讲解 HDFS 开发所使用的 API 和编程实例。通过本章的学习,读者会对 HDFS 有比较系统的认识,得到基本的实践训练。

3.1 HDFS 原理

3.1.1 HDFS 简介

分布式文件系统 HDFS 是 Hadoop 的核心组件之一,主要解决海量数据的存储问题,是谷歌文件系统 GFS 的开源实现。HDFS 与其他分布式文件系统相比存在明显的优势,其具有的高容错的特点,提供了在由成百上千个廉价的计算机组成的集群上进行分布式存储的能力。HDFS 能够提供高吞吐率的数据访问,支持以流的形式访问文件系统中的数据。从最终用户的角度来看,它就像传统的 Linux 文件系统一样,用户可以通过 HDFS 提供的终端 Shell 命令操作其中的目录和文件,而不必关心底层数据的组织形式。HDFS 还提供了一套专门的 API,通过编程的方式实现对文件系统的访问。

1. HDFS 设计目标

HDFS 主要的设计思路和目标如下。

(1) 支持超大规模数据集。HDFS 不仅可存储 GB 级到 TB 级别大小的单个文件,还可以在一个文件系统中存储高达数千万数量的文件。一个集群能够拓展到上千个节点,每个节点存储着文件系统的部分数据。整个文件系统的容量可随集群中节点的增加而线性扩展。

(2) 流式数据访问。运行在 HDFS 上的应用程序和普通的应用程序不同,需要流式访问它们的数据集。HDFS 的设计中更多考虑到了数据批处理,而不是用户交互式处理。HDFS 应用要求能够保证数据访问的高吞吐量,而不是低延迟。

(3) 简化一致性模型。HDFS 采用了“一次写入多次读取”的文件访问模型。一个文件经过创建、写入和关闭之后就不能够改变。这一假设简化了数据在多个节点上的一致性问题,并且使高吞吐量的数据访问成为可能。HDFS 不支持在已写入数据的任意位置上的更新操作,但允许在文件尾部添加新的数据,当然删除文件是可以的。

(4) 强大的容错能力。HDFS 集群由通用、廉价的普通服务器组成,实际应用中常常会发生硬件故障,进而导致节点失效,也就是说硬件故障在这种普通硬件集群中是一种常态。这就要求 HDFS 具有正确检测硬件故障并自动快速恢复的机制。

(5) 移动计算比移动数据便捷。移动一个应用请求的计算,离它操作的数据越近效率就越高,可以显著地减少网络拥塞和提高系统的总体吞吐量,对海量的数据处理效果尤其明显,而移动数据的代价是相当大的。HDFS 提供了接口,以便让应用程序将执行代码移动到数据存储的地方(数据节点)上执行。

(6) 跨异构硬件和软件平台的可移植性。HDFS 在设计时就考虑了跨平台的可移植性,这种特性便于 HDFS 作为大规模数据平台的推广和应用。

2. HDFS 的局限性

(1) 不适合低延迟数据访问。HDFS 主要是为了处理大型数据集,达到较高的数据吞吐量而设计的,这就可能以高延迟作为代价。目前对于有低时延要求的应用程序,HBase 或 Spark 是一个较好的选择。

(2) 无法高效存储大量小文件。名称节点 NameNode 在内存中存储整个文件系统的元数据,因此 HDFS 的文件数量就会受到 NameNode 节点内存大小的限制。还有一个问题就是,用 MapReduce 处理大量的小文件时,由于 FileInputFormat 不会对小文件进行划分,所以每一个小文件都会被当作一个 Input Split 并分配一个 Map 任务,导致 Map 任务过多而效率低下。可以通过采用 SequenceFile、MapFile、Har 等方式对小文件进行归档处理,来提高 Hadoop 处理小文件的性能。

(3) 不支持多用户写入及任意位置修改文件。HDFS 不支持多用户对同一文件进行并行写操作,而且写操作只能在文件末尾进行,即追加操作,不支持在文件任意位置的修改操作。

3.1.2 HDFS 体系结构和基本概念

HDFS 体系结构如图 3.1 所示,图中涉及三个角色:名称节点 NameNode、数据节点 DataNode 和客户端 Client。

分布式文件系统 HDFS 采用主从模式(master/slave)的体系结构,HDFS 由一个名称节点 NameNode 和若干个数据节点 DataNode 组成。NameNode 作为主服务器,管理文件系统的元数据,DataNode 则负责存储实际的数据。客户端通过 NameNode 获取文件的元数据信息,而真正的文件读写操作则由客户端直接与 DataNode 进行交互。

NameNode 和 DataNode 对应的程序可以运行在廉价的普通商用服务器上。HDFS 由 Java 语言编写,支持 JVM 的机器都可以运行 NameNode 和 DataNode 对应的程序。虽然一般情况下是 GNU/Linux 系统,但是因为 Java 的可移植性,HDFS 也可以运行在很多其他平台之上。一个典型的 HDFS 部署情况是,NameNode 程序单独运行于一台服务器节点上,其余的服务器节点,

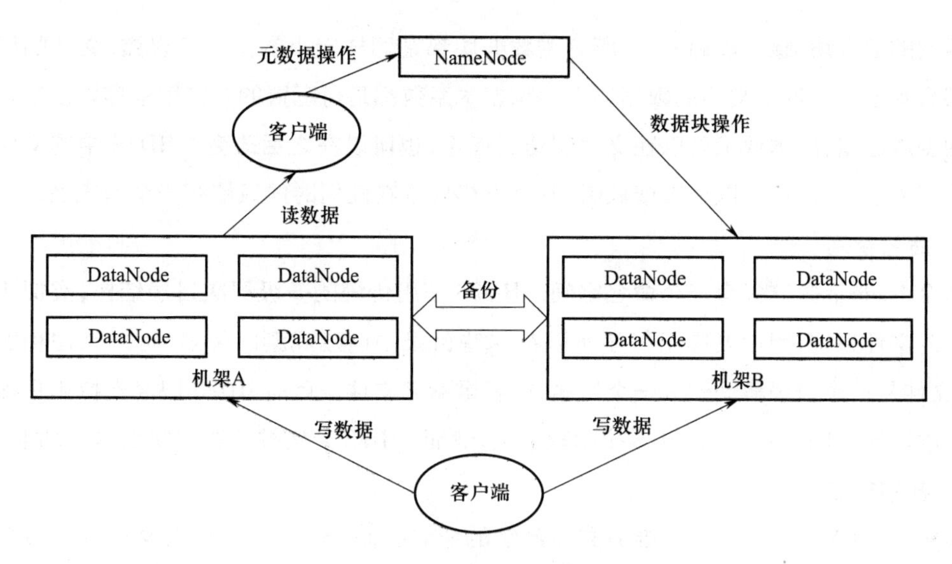

图 3.1 HDFS 体系结构

每一台运行一个 DataNode 程序。该体系结构并不排除在同一台服务器上运行多个 DataNode 程序,但是这种部署方式在实际应用中很少见。

1. 数据块

在传统的文件系统中,为了提高磁盘的存取效率,往往以块(block)为单位进行存取,如 Linux 的 ext3 文件系统中,块大小默认为 4 096 字节。文件系统通过一个块大小的整数倍的数据块,来使用磁盘上的数据。HDFS 也同样采用块的概念,不过容量更大,HDFS 数据块默认大小是 128 MB(Hadoop 2.2 之前默认是 64 MB)。根据需要,数据块可以设置得更大,其目的是降低寻址开销,在处理大规模文件时获得更高性能。与普通文件系统类似,HDFS 上的文件也进行分块处理,一个文件由多个数据块组成,每个数据块作为独立的单元进行存储。与普通文件系统不同的是,HDFS 中的文件如果小于一个块大小,该文件不会占据整个数据块的存储空间。

HDFS 采用抽象的数据块的概念,对于大文件处理,带来了许多好处。

(1) 将文件拆分成多个数据块,同一文件的数据块可以分散存储到不同的数据节点上,这样可以突破单个文件的大小不能大于节点存储容量的限制。

(2) 简化了存储子系统,由于块的大小固定,这样就可以方便地计算出存储一个文件需要的数据块的数量。

(3) 便于元数据的管理,元数据信息可以和文件块内容分开存储。

(4) 每个数据块都可以将副本存储到多个节点上,更有利于分布式文件系统中复制和容错的实现。

2. 数据副本

HDFS 被设计成能够在一个大集群中跨机器、可靠地存储超大文件。它将每个文件存储成一系列的数据块,除了最后一个,所有的数据块都是同样大小的。为了容错,文件的所有数据块都会有副本。每个文件的数据块大小和副本系数都是可配置的。应用程序可以指定某个文件的副本数量,副本数量可以在文件创建时指定,也可以在之后改变。HDFS 中的文件都是一次性写入的,此后只可以追加或截断,并且严格要求在任何时候只能有一个写入者。

3. 命名空间

整个 Hadoop 集群只有一个命名空间。HDFS 使用传统的多级层次目录结构,类似于大多数现有的文件系统,用户或应用程序可以在这些目录中创建或删除目录,可以创建和删除文件,将文件从一个目录移动到另一个目录,或者重命名文件。目前 HDFS 已经支持用户配额和访问权限控制。HDFS 不支持硬链接和软链接,然而,HDFS 架构并不妨碍实现这些功能。

4. 名称节点

名称节点(NameNode)负责维护文件系统的命名空间(namespace),对文件系统命名空间或其属性的任何改变都由 NameNode 记录下来。名称节点维护着整个 HDFS 的文件系统目录树和文件的数据块索引(即每个文件对应的数据块列表)。这些信息以两种形式存储在名称节点的本地文件系统中,一种是命名空间镜像(FsImage),一种是编辑日志(EditLog)。FsImage 用于维护文件系统目录树以及文件目录树中所有的文件和目录的元数据。文件元数据包含诸如文件复制等级、修改和访问时间、访问权限、块大小以及文件含有的数据块信息。目录元数据包含修改时间、访问权限和配额等信息。EditLog 记录了所有对命名空间的更改操作,包括创建、删除、重命名、改变属性等,但是不包括打开、读取和写入数据操作。

NameNode 记录了每个文件的各个数据块所在的 DataNode 的位置信息,需要注意的是,这些位置信息并不包含在元数据里而永久保存,而是 NameNode 启动时从各个 DataNode 获取这些信息,并保存在内存块映射表中。

另外,名称节点还能获取 HDFS 整体运行状态的一些信息,如系统的可用空间、已经使用的空间、各数据节点的当前状态等。应用程序可以指定 HDFS 保留文件的副本数量,文件的副本数量称为文件的复制因子,此信息也由 NameNode 保存。

NameNode 周期性地从集群中的每个 DataNode 接收心跳信号,接收到心跳信号意味着该 DataNode 节点工作正常。

5. 数据节点

数据节点 DataNode 是分布式文件系统 HDFS 的工作节点,负责数据的存储,也负责为系统客户端提供数据块的读写服务,会根据名称节点的指令进行创建、删除和复制等操作。每个数据节点中的数据会被保存在各自节点的本地 Linux 文件系统中。当 DataNode 启动时,它会遍历本地文件系统,产生一份 HDFS 数据块和本地文件对应关系的列表,形成块报告(block report),并将其发送给 NameNode。随后的块报告会每隔一段时间发送一次,以确保 NameNode 能够掌握集群中块副本的最新状态。

6. 辅助名称节点

随着名称节点的运行,HDFS 更新操作也会不断地产生,系统 EditLog 编辑日志文件将快速增长。虽然这种状况不会对 HDFS 系统运行性能产生明显影响,但是如果 NameNode 重新启动,需要将 FsImage 文件加载到内存,并逐条执行编辑日志的每一个操作,生成一个新的 FsImage 文件。如果日志文件很大,启动操作消耗的时间就会很长。在此期间,HDFS 系统将脱机,HDFS 处于安全模式,无法向外提供服务,用户必须等待。解决方案是运行一个辅助名称节点。

辅助名称节点(secondary NameNode)的作用是定期地将名称节点的命名空间镜像文件 FsImage 和日志文件 EditLog 合并。辅助名称节点和名称节点的区别在于它不接收或记录 HDFS 的命名空间的任何实时变化,而只是根据集群配置的时间间隔,定期从 NameNode 取得某一个时间点的 FsImage 和 EditLog。这时 NameNode 暂时将新的日志记录到一个新文件 edit. new 上。辅助名称节点将取得 FsImage 和 EditLog 合并得到一个新的 FsImage,并将该新 FsImage 发送到名称节点。名称节点会替换原有的 FsImage,并将 edit. new 文件替换成原来的 EditLog 文件,这样 EditLog 文件变小了。通过这种机制,可以避免出现日志过大,导致名称节点启动时间过长的问题。另外辅助名称节点相当于给名称节点建立了一个检查点,周期性地备份元数据信息,可以确保名称节点命名空间镜像文件损坏时可以恢复。

与 NameNode 一样,每个集群都有一个辅助名称节点,在实际生产环境下,一般辅助名称节点也要独自占用一台服务器。

7. 客户端

客户端是用户和 HDFS 进行交互的手段,HDFS 提供了各种各样的客户端,包括命令行接口、Java API、Thrift 接口、C 语言库等。HDFS 提供了一套和 Linux Shell 命令格式类似的命令行工具,可以进行一些典型的文件操作,如读文件、创建文件路径、移动文件、删除文件、文件列表等,同时命令行工具也提供了本地文件和 HDFS 交互的能力。

8. 通信协议

所有 HDFS 通信协议都建立在 TCP/IP 协议之上。客户机通过可配置 TCP 端口与名称节点建立连接,通过 ClientProtocol 协议与名称节点交互。数据节点使用 DataNodeProtocol 协议与名称节点交互。ClientProtocol 和 DataNodeProtocol 抽象出远程过程调用(RPC)协议。根据设计,名称节点从不启动任何远程过程调用(RPC),只响应由数据节点或客户机发出的 RPC 请求。

3.1.3 HDFS 数据组织机制

1. 多副本存放策略

为了保证系统的容错性和可用性,HDFS 采用了多副本方式对数据进行冗余存储,副本数量即复制因子。通常一个数据块的多个副本会被分布到不同的数据节点上。多副本方式能够加快数据传输速度,容易检查数据错误和保证数据可靠性。

大型 HDFS 实例运行在跨越多个机架(rack)的计算机集群上,不同机架上的两台机器之间的网络通信需要经过交换机,同一个机架内的两台机器间的网络带宽会比不同机架的两台机器间的网络带宽大很多。通过机架感知,NameNode 可以确定每个 DataNode 所属的机架 ID。一个简单但非最优的策略是将副本放在不同机架上,这可以防止整个机架出现故障时丢失数据,并允许在读取数据时使用多个机架的带宽。此策略有利于在集群均匀分布副本,这使得在组件故障时很容易平衡负载。但是,由于写入需要将块传输到多个机架,此策略会增加写入代价。

HDFS 复制因子默认值为 3,Hadoop 默认对 3 个副本的存放策略如下。

(1) 如果是在集群内的客户机发起的写操作请求,第一个副本放在客户机所在的数据节点上。如果发出请求的客户机不在集群范围内,则从集群内选取一个磁盘不太满、CPU 负载不太重的数据节点存放第一个副本。

(2) 另一个副本放在不同(远程)机架中的节点上。

(3) 最后一个副本放在与第二个副本同一远程机架中的不同节点上。

此策略可减少机架间写入流量,通常会提高写入性能。机架故障的概率远小于节点故障的概率,此策略不会影响数据的可靠性和可用性。因为一个数据块只放在两个不同的机架上,而不是三个机架上,减少了读取数据时使用的网络带宽。

如果复制因子大于 3,则在保持每个机架的副本数低于上限的同时,随机确定第 4 个和后续副本的位置。

2. 副本选择

为了最小化全局带宽消耗和读取延迟,HDFS 尝试读取距离最近的副本。如果在读取器节点所在的机架上存在一个副本,那么该副本被优先读取。如果 HDFS 集群跨越多个数据中心,与任何远程副本相比,首选本地数据中心的副本。

3. 流水线式的数据复制

当客户端将数据写入文件时,可能要写入很多块,逐块执行以下操作,直到所有块写入完毕。

向 NameNode 申请新块,NameNode 返回存储该数据块副本的 DataNode 列表。然后客户端持续写入数据到列表的第一个数据节点。第一个数据节点开始一小块一小块地接收数据,将每个小块写入本地,同时将其传输到列表的第二个数据节点。第二个数据节点也是这样,一小块一小块地接收数据,存储小块数据,同时传输小块数据到第三个数据节点。以此类推,最后一个数据节点仅仅接收和存储。也就是说,数据节点从列表的前一个节点接收和存储数据(实际上是数据积累到一定程度才进行持久化操作),同时将数据转发到列表的下一个节点,边接收边传递边存储。这样,列表中的多个数据节点形成一条数据复制的流水线,大大提高了数据复制的效率。

4. 文件系统元数据的持久化

HDFS 的命名空间是由 NameNode 存储的。文件系统的元数据发生的每一个变化,NameNode 都会使用称为 EditLog 的事务日志持续记录下来。例如,在 HDFS 中创建一个新文件,改变一个文件的复制因子,NameNode 都会分别产生一个新的记录追加到 EditLog。NameNode 使用本地文件系统存储 EditLog。整个文件系统的命名空间,包括数据块到文件的映射、文件的属性等,都存储在一个名为 FsImage 的文件中,它同样存储在 NameNode 所在的本地文件系统上。

名称节点将整个 FsImage 文件(包含这个文件系统的命名空间和文件数据块映射)保存在内存中。当名称节点启动或者检查点触发时,从磁盘读取 FsImage 和 EditLog 文件,执行 EditLog 中的所有事务,更新内存中的 FsImage 文件,并将此新版本覆盖磁盘上旧的 FsImage 文件,然后截断 EditLog,这个过程称为检查点。检查点的目的是通过获取文件系统元数据的快照并将其保存到 FsImage 来确保 HDFS 具有文件系统元数据的一致视图。

5. 空间回收

删除某个文件时,这个文件并没有立刻被从 HDFS 中删除,HDFS 将这个文件重命名,并转移到/trash 目录下。当文件在此目录下时,该文件可以被迅速恢复(取消删除)。文件在该目录中保存的时间是可以设置的,当超过设定的时间后,NameNode 就会将该文件从命名空间中删除,同时将释放关联该文件的数据块。但是从用户执行删除操作到系统中看到剩余空间的增加会有一定的时间延迟。

3.1.4 HDFS 健壮性措施

HDFS 的主要目的是出现故障的情况下保证存储数据的可靠性,常见的三类故障有 NameNode 故障、DataNode 故障和网络割裂(network partitions)。

1. 心跳机制和重新复制

DataNode 每隔 3 秒(3 秒是默认值),周期性地向 NameNode 发送一个心跳包,将自己的状态信息告诉 NameNode。然后 NameNode 通过这个心跳包的返回信息,向 DataNode 节点传达指令。超过一段时间(超时时长)后,NameNode 对没有发送心跳包的 DataNode 标记为宕机,不会再给它发送任何新的 I/O 请求操作指令。宕机的 DataNode 上的数据块都将失效,这将造成数据块副本的数量下降,如果低于预先设置的阈值,就需要启动复制。NameNode 不断跟踪这些需要复制的数据块,并在必要时启动复制操作,将这些数据块复制到健康的数据节点上。引起复制的原因是多方面的,包括 DataNode 失效、数据副本本身损坏、DataNode 上的硬盘故障和复制因子被增大等情况。

通过 hdfs-site.xml 配置文件,心跳时间间隔可以用 dfs.heartbeat.interval 属性来设置,默认值是 3,单位为秒。heartbeat.recheck.interval 默认值为 5 000,单位为毫秒。

超时时长的计算公式如下:

timeout = 2 * heartbeat.recheck.interval + 10 * dfs.heartbeat.interval

超时时间一般设置较长，以避免由于数据节点的状态摆动而导致复制风暴。

2. 安全模式

在分布式文件系统 HDFS 启动时，进入安全模式。DataNode 上传数据块列表，NameNode 检查数据块的有效性并对数据块副本进行统计。当最小副本（dfs.replication.min 参数）条件满足时，即一定比例（dfs.safemode.threshold.pct 参数）的数据块都达到最小副本数，则自动退出安全模式；否则，进行必要的数据块复制，直到达到这个比例才能退出安全模式。

当分布式文件系统处于安全模式的状态下，文件系统中的内容不允许修改也不允许删除，即“只读”状态。

有关安全模式的几个配置参数如下。

dfs.replication：数据块应该被复制的份数。

dfs.replication.min：数据块副本的最小份数。

dfs.replication.max：数据块副本的最大份数。

dfs.safemode.threshold.pct：指定应有多少比例的数据块满足最小副本数要求，默认值为 0.999。当小于这个比例时，系统将进入安全模式，对数据块进行复制；当大于该比例时，就离开安全模式，说明系统有足够的数据块副本数，可以对外提供服务；当小于等于 0 时，意味着不进入安全模式；当大于等于 1 时，意味着一直处于安全模式。

通过命令也可以进入或离开安全模式。

```
hdfs dfsadmin -safemode enter|leave|get|wait
```

3. 数据完整性

多种原因会造成从 DataNode 获取的数据块是损坏的，比如，存储设备故障、网络故障或软件错误。HDFS 采用了数据校验和（check sum）机制来判断数据块是否损坏。当客户端创建文件时，HDFS 会计算该文件每个数据块的校验和，并将校验和作为一个单独的隐藏文件保存在同一命名空间下。传输数据时会将数据与校验和一起传输。当客户端收到数据后，可以根据数据块的内容进行校验，如果两个校验的结果不同，则说明数据块出错，这个数据块就变成无效的。如果判定数据无效，就需要从其他 DataNode 上获取该数据块的副本。同时客户端向 NameNode 报告已损坏的数据块以及正在操作的这个 DataNode，NameNode 将这个数据块副本标记为已损坏，防止以后再次将请求发送到这个 DataNode，NameNode 将这个块的有效副本复制到另一个 DataNode 上，并将损坏的数据块从所在的 DataNode 节点上删除。

4. 集群均衡

HDFS 的架构支持数据均衡策略。如果某个 DataNode 节点上的空闲空间低于某一阈值，系统按照均衡策略就会自动地将数据从这个 DataNode 移动到其他相对空闲的 DataNode 上。如果对某个特定文件的需求突然增加，那么也可能启动一个方案动态地创建额外的副本，并重新平衡集群中的其他数据。

5. 元数据磁盘损坏

FsImage 和 EditLog 是 HDFS 的核心数据结构,这些文件的损坏可以导致 HDFS 实例失效,后果非常严重。为此,NameNode 节点可以配置维护支持 FsImage 和 EditLog 多个副本的形式。任何对 FsImage 和 EditLog 更新处理都会同步更新到多个副本上。多副本的同步更新可能会降低 NameNode 每秒处理命名空间事务的数量。但是这种代价是可以接受的,因为 HDFS 应用本质上是数据密集型的,而不是元数据密集型的。

提高故障恢复能力的另一个选择是,使用多个名称节点(使用 NFS 上的共享存储)或使用分布式 EditLog 来实现高可用性,后者是推荐的方法。

6. 快照

快照支持某一特定时刻的数据的复制备份。快照既可以针对某个目录,也可以是整个文件系统,利用快照,可以让 HDFS 在数据损坏时恢复到过去一个已知正确的时间点。快照比较常见的应用场景是数据备份,以防用户出现错误或系统崩溃等情况。

3.1.5 HDFS 文件的读写过程

1. 读文件操作

在 HDFS 执行读操作时,客户端将要读取的文件发给 NameNode,NameNode 获取文件的元信息并返回给客户端。客户端根据返回的信息找到文件数据块所在的 DataNode,然后逐个获取文件的数据块,并在客户端本地进行数据追加合并,从而得到整个文件。读操作流程如图 3.2 所示。

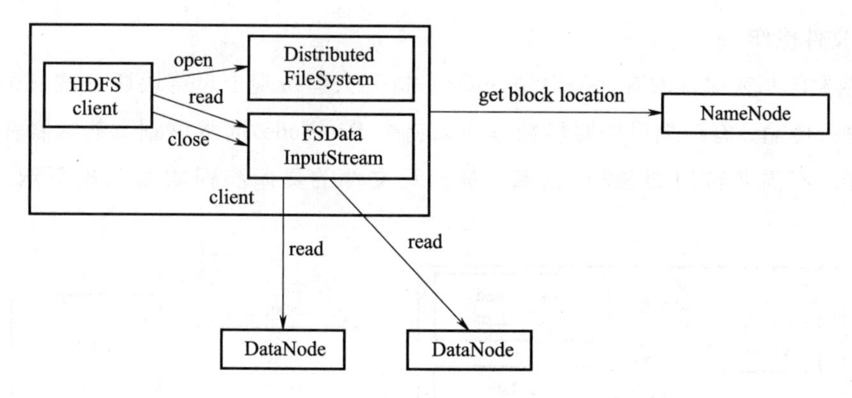

图 3.2 读操作流程示意图

读操作详细步骤如下。

(1) 客户端调用 FileSystem 对象的 open( )方法打开指定的文件。FileSystem 是 HDFS 中 DistributedFileSystem 的一个实例。

(2) DistributedFileSystem 通过使用 RPC 来调用 NameNode,以获取该文件的开始部分数据块的存储位置。对于每个数据块,NameNode 会返回存有该数据块副本的 DataNode 位置信息。根据 Hadoop 集群的网络拓扑结构,计算返回的这些 DataNode 到客户端的距离,然后按距离进行排序。HDFS 采取就近读取数据的策略,如果客户端本身就是 DataNode 节点,并存有相应数据块的副本,那么客户端直接从本地文件系统读取该数据块。

（3）HDFS 返回一个支持文件定位的输入流对象 FSDataInputStream 给客户端,用于客户端读取数据。FSDataInputStream 类封装了 DFSInputStream 对象,DFSInputStream 对象用来管理 DataNode 和 NameNode 之间的 I/O 数据流。获取数据块的位置后,客户端使用数据流的read( )方法读取数据。DFSInputStream 找出距离客户端最近的 DataNode,并连接该 DataNode。

（4）连接建立后,对数据流重复调用 read( ) 方法读取数据,直到该数据块全部读取完毕。每读取完一个数据块都会进行检验和完整性验证。如果发现块损坏,客户端向 NameNode 报告此信息,并尝试从拥有该数据块副本的其他 DataNode 继续读取数据。

（5）当正确读取完当前数据块的数据后,DFSInputStream 关闭与当前 DataNode 的连接,并为读取下一个数据块寻找最佳的 DataNode。如果这批数据块读取完毕,且整个文件读取还没有结束,DFSInputStream 就会去 NameNode 获取下一批数据块的位置信息,继续读取。

（6）当客户端所有数据读取完毕,客户端调用 FSDataInputStream 的 close( )方法,关闭所有的数据流。

值得强调的是,在应用程序访问文件时,实际的文件数据流并不会通过 NameNode 传送,而是从 NameNode 获得所需访问数据块的存储位置信息后,直接去访问对应的 DataNode 取得数据。这样设计有两点好处:一是可以允许一个文件的数据能同时在不同 DataNode 上并发访问,提高数据访问的速度; 二是可以大大减少 NameNode 的负担,避免使得 NameNode 成为数据访问瓶颈。

2. 写文件操作

整个数据的写入过程宏观上是以块为单位进行的,但微观上是将块切分成一个个数据包(packet)进行传输。客户端只需要将数据写入首个 DataNode,而数据副本的复制在 DataNode 间异步执行,不需要客户端参与,效率更高。写文件的具体流程如图 3.3 所示,详细步骤如下。

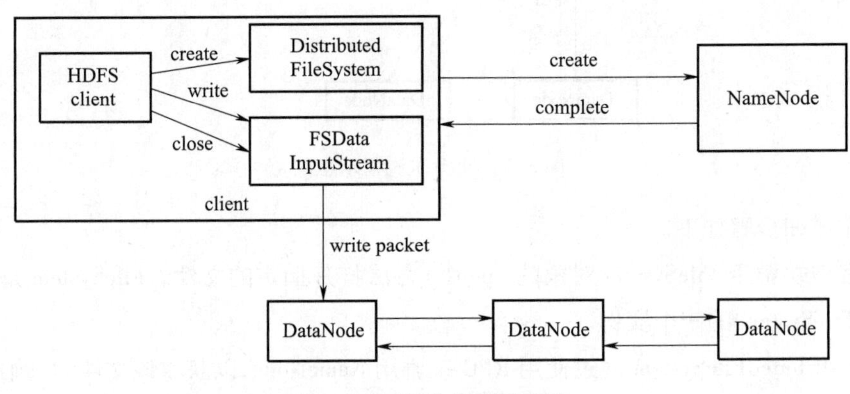

图 3.3　写操作流程示意图

（1）客户端通过调用 DistributedFileSystem 的 create( )方法，创建文件。

（2）DistributedFileSystem 通过 RPC 向 NameNode 发起调用，在文件系统的命名空间中新建一个文件，此时该文件还没有相应的数据块。创建文件前，NameNode 会做各种检查，确保文件不存在且客户端具有创建文件的权限。如果检查通过，NameNode 就会为创建的新文件做一条记录，否则创建文件失败，抛出 IOException 异常。如果创建文件成功，客户端获得一个 FS-DataOutputStream 对象，由此客户端可以开始写数据。FSDataOutputStream 对象封装了 DFSOutputStream 对象，客户端使用它处理与 NameNode 及 DataNode 之间的通信。

（3）客户端通过 FSDataOutputStream 对象，调用其 write( )方法向 HDFS 对应的文件写入数据。DFSOutputStream 将数据缓存起来，当长度满足一个 Chunk 大小（512 B）时，便会创建一个 Packet 对象，然后向该 Packet 对象中写校验和（Chunk Checksum）数据以及实际数据块 Chunk Data。每次满足一个 Chunk 大小时，都会向 Packet 中写入上述数据，直到达到一个 Packet 对象大小（64 KB），该 Packet 将被有序放入输出流内部的数据队列（dataQueue）中。如果当前数据块的所有 Packet 都发送完毕了，DFSOutputStream 会发送一个空的 Packet 表示一个块的结束。

DataStreamer 处理 dataQueue，如果发现客户端需要新的数据块，则 DataStreamer 需要从 NameNode 申请获取一个新的数据块和存储该数据块的若干个 DataNode 列表信息。这个阶段还需要建立到 DataNode 的输出流 blockStream（DataOutputStream 类型）。利用这一组 DataNode 信息建立并初始化一个管道 pipeline。假设 Block 的副本数是 3，那么 pipeline 中就会有 3 个 DataNode。

（4）DataStreamer 从数据队列头部取出 Packet（每个 Packet 都有一个序列号），使用 blockStream 写入 Packet 到 pipeline 的首个 DataNode。然后，将该 Packet 从 dataQueue 移除，并添加到确认队列（ackQueue）的尾部。

DataStreamer 依据 pipeline 中 DataNode 的顺序，进行流水线形式的写入。

（5）DFSOutputStream 维护着一个内部队列，称作确认队列（ackQueue）。完成 Packet 接收后 DataNode 要向其上游发送确认包（PipelineAck）。对于 pipeline 中的中间 DataNode 节点，收到下游 DataNode 节点的成功确认包之后，构造新的 PipelineAck 发给上游节点。最后由 pipeline 中的第一个 DataNode 构造新的 PipelineAck 发送给客户端。ResponseProcessor 线程从 DataInputStream 类型的 blockReplayStream 对象读取 PipelineAck，如果是一个成功的确认，则表示 pipeline 中所有的 DataNode 都成功接收到这个数据包。然后，ResponseProcessor 将该 PipelineAck 对应的 Packet 从 ackQueue 队列中移除，该 Packet 写入过程完成。

DFSOutputStream 的结构及其原理如图 3.4 所示。

当数据块中所有的 Packet 都发送完毕，并且都接收到 Packet 的确认包之后，则表明此次 Block 写入成功。DataStreamer 关闭当前块，关闭 pipeline。如果文件还有下一块要写入，DataStreamer 会再次向 NameNode 申请分配新的数据块，并且提交上一个数据块，重新建立

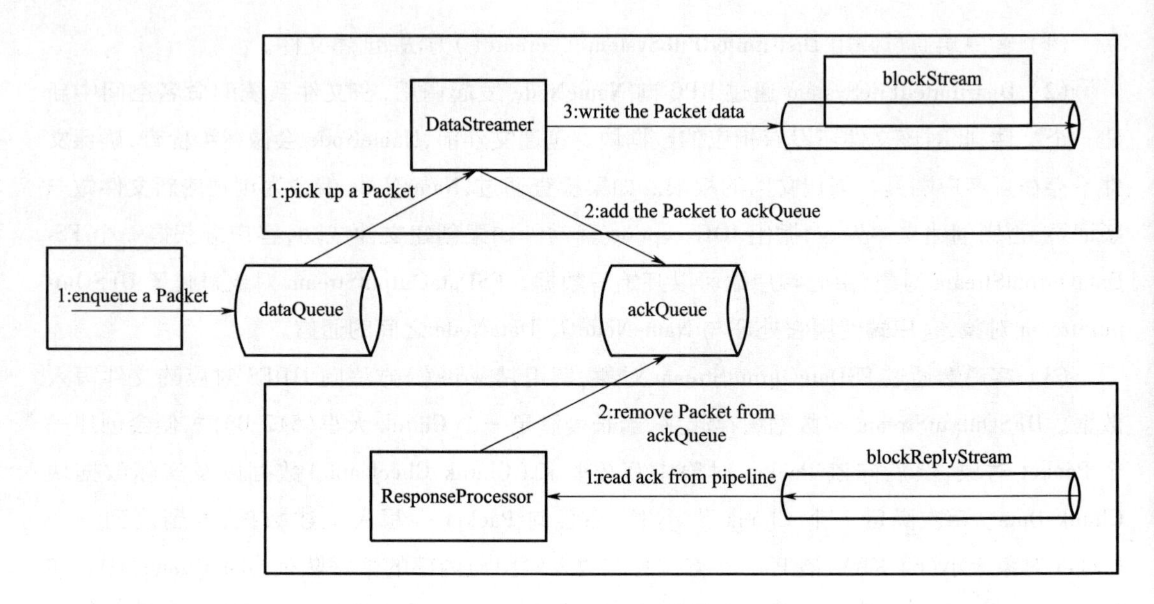

图 3.4 DFSOutputStream 示意图

pipeline。

不断执行 3 ~ 5 步，直到所有数据块全部写入完毕，客户端调用 close( ) 方法关闭文件。

（6）客户端写入完毕之后，调用 FSDataOutputStream 的 close( ) 方法，该操作将剩下的所有 Packet 写入 pipeline。此刻开始，客户端不再向输出流中写入数据。DFSOutputStream 继续等待直到所有的 Packet 写入完毕并得到回复确认。

（7）调用 DistributedFileSystem 对象的 complete( ) 方法，通知 NameNode 文件写入成功。由于 NameNode 已经知道文件由哪些块组成，所以它在返回成功前只需要等待数据块达到最小副本数，而不必等待所有的副本复制完成。

如果写入期间某个 DataNode 出现了故障，HDFS 做如下操作。

（1）首先关闭当前的 pipeline，将 ackQueue 中的所有数据包放入 dataQueue 的前端，DataStreamer 会从 dataQueue 中重新发送数据包，从而保证失败节点下游的 DataNode 不会丢失数据包。当前存放在正常 DataNode 上的数据块会被制定一个新的标识，并将该标识传递给 NameNode，以便发生故障的 DataNode 在恢复后可以删除存储的部分数据块。

（2）重新建立 pipeline，移除出现故障的 DataNode。

（3）NameNode 注意到数据块的副本数没有达到配置要求，会在新的 DataNode 安排创建一个副本，随后的文件会正常执行写入操作，以达到副本设定的数量。

3.1.6 HDFS 高可用架构

1. HA 简介

在 Hadoop 1.x 版本，每一个集群只有一个名称节点，名称节点容易造成 Hadoop 集群的单点故障。因为名称节点保存了整个 HDFS 的元数据信息，如果机器宕机，整个集群就无法访问，同时 Hadoop 生态系统中依赖于 HDFS 的各个组件也都无法正常工作。重新启动名称节点和进行数据恢复的过程也会比较耗时。另外，名称节点的软件或硬件升级，也会导致集群在短时间内不能提供服务。值得注意的是，辅助名称节点只是为名称节点建立了一个检查点，名称节点出现故障时，虽然可以利用辅助名称节点进行恢复，但检查点之后的数据会丢失，不能起到“热备份”的作用。

HDFS 2.x 采用了 HA（high availability）高可用架构，通过在同一集群中运行两个名称节点，以热备份的方式为主名称节点提供一个备用者，来解决名称节点单点故障问题，从而实现不间断对外提供服务。一旦主名称节点出现故障，可以迅速切换至备份名称节点，或者在系统维护或升级时，由管理员通过命令来实施故障转移。

2. HA 架构

HA 架构如图 3.5 所示。

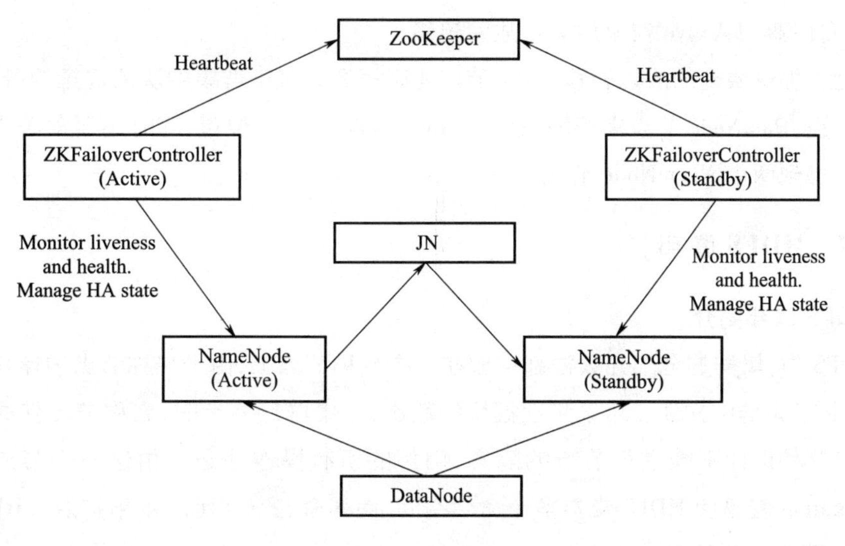

图 3.5　HA 架构

（1）系统中配置两个名称节点，其中一个名称节点处于活动（Active）状态，另外一个名称节点处于待命（Standby）状态。Active 名称节点负责集群中的所有客户端操作，而 Standby 名称节点只是作为备用节点使用。Standby 名称节点同步 Active 名称节点的状态，保存了足够多的系统元数据，以便在 Active 名称节点出现故障时快速切换到 Standby 名称节点。

（2）两种名称节点的同步，可以借助共享存储系统来实现，比如 NFS（network file system）、QJM（quorum journal manager）或者 ZooKeeper。共享存储系统是实现名称节点的高可用最为关键的部分，共享存储系统保存了名称节点在运行过程中所产生的 HDFS 的元数据。Active 名称节点和 Standby 名称节点通过共享存储系统实现元数据同步。

为了使备用节点保持其状态与 Active 节点同步，两个节点都与一组称为“JournalNodes”

(JN)的单独守护进程通信。当 Active 节点执行任何命名空间修改操作时,它会将修改记录记录到这些 JN 中。Standby 名称节点能够从 JN 读取修改记录,并且不断观察它们对日志的更改。当备用节点发现这些更改后,会将它们应用到自己的命名空间。如果进行快速故障转移,Standby 节点将确保在将自身升级为 Active 状态之前已从 JournalNodes 读取所有修改记录的内容。这可保证在发生故障转移之前完全同步命名空间状态。

(3) 主备切换控制器 ZKFailoverController 作为独立的进程运行,对名称节点的主备切换进行总体控制。ZKFailoverController 能及时检测到名称节点的健康状况,在主 NameNode 故障时借助 ZooKeeper 实现自动的主备选举和切换。

(4) 对于 HA 群集的正确操作而言,一次只有一个 NameNode 处于活动状态至关重要。否则两个节点之间的状态就会产生冲突,出现数据丢失或其他不正确的结果。为了达到这个目的,JournalNodes 一次只允许一个 NameNode 执行写入操作。在故障转移期间,要激活的 NameNode 将简单地接管写入 JournalNodes 的角色,这将有效地阻止其他 NameNode 继续处于 Active 状态,从而允许新的 Active 安全地进行故障转移。

(5) 为了提供快速的故障转移,备用节点还必须拥有关于群集中块的位置的最新信息,为了达到这一点,DataNode 节点需要配置两个 NameNode 节点的位置,同时还要发送块的位置信息和心跳信息到两个 NameNode 节点。

3.1.7 HDFS 联邦

1. HDFS 联邦简介

在 HDFS 中,集群的全部元数据都存放在一个名称节点上,由于名称节点内存容量是有上限的,这限制了集群中文件、目录和数据块的数量,当集群足够大时,名称节点就成了性能的瓶颈。而且这种设计不能进行节点的隔离,用户的所有操作都必须由这一个节点来处理。HDFS Federation 就是使 HDFS 支持多个命名空间,使得命名空间可以水平扩展。HDFS Federation 结构如图 3.6 所示。

在单个 NameNode 的 HDFS 中只有一个命名空间,它使用全部的块,而在 Federation 中,各个名称节点之间是联合的,即它们相互独立且不需要相互协调,各自分工,管理好自己的区域。分布式的 DataNode 对联合的 NameNode 来说是通用的数据块存储设备。每个数据节点要向所有的名称节点注册,并且周期性发送“心跳”信息和块报告给所有的名称节点,同时处理来自所有名称节点的指令。

在单 NameNode 的 HDFS 中只有一组块,而 Federation 的 HDFS 中有多个块池(Block Pool),每个命名空间使用一个块池。

块池是属于单个命名空间的一组块,它是当 DataNode 与 NameNode 建立联系并开始会话后自动建立的。每一个 DataNode 为所有的 Block Pool 存储块。同时,一个 NameNode 的失效不会影响其下的 DataNode 为其他 NameNode 服务。

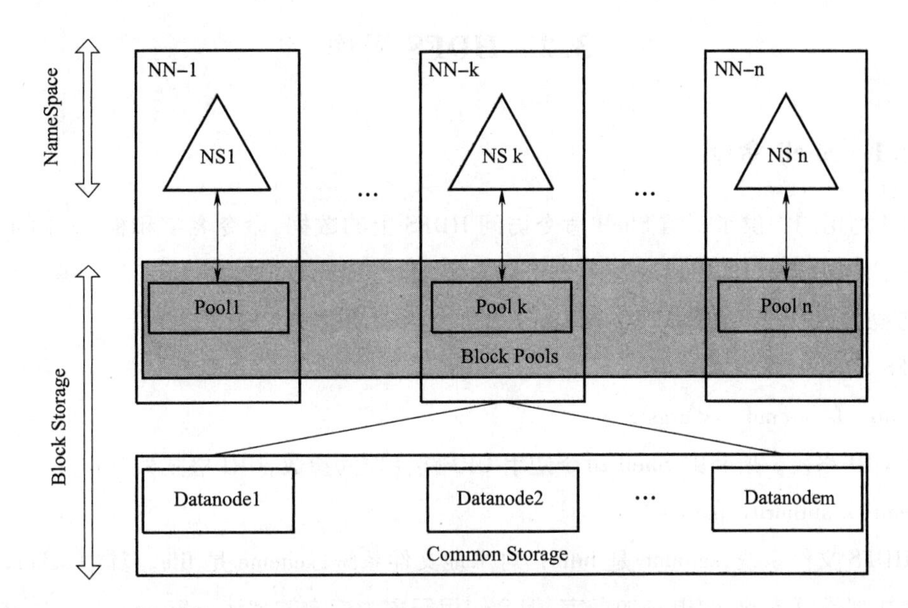

图 3.6 HDFS Federation 结构图

2. 多命名空间管理

在 HDFS Federation 中存在多个命名空间,因而对于这些命名空间的管理十分重要。在 HDFS Federation 中,采用 Client Side Mount Table 对多个命名空间进行管理,如图 3.7 所示。

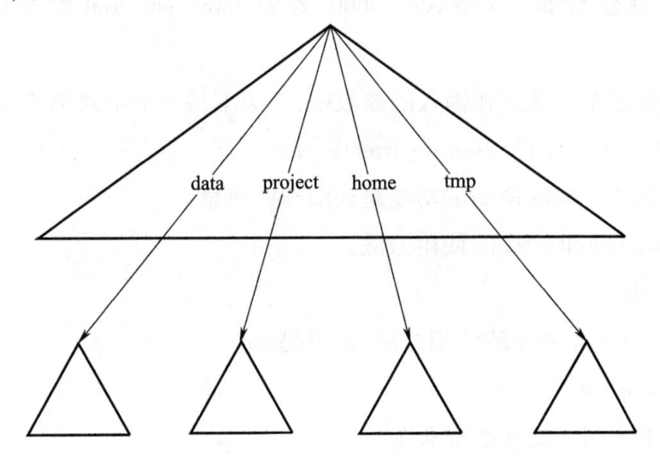

图 3.7 HDFS Federation 多命名空间管理

在图 3.7 中,下方 4 个三角形代表独立的命名空间,上方三角形代表从客户角度去访问的子命名空间。客户可以通过不同的挂载点来访问不同的命名空间。将命名空间挂载到全局 mount - table 中,可以实现数据全局共享;将命名空间挂载到个人的 mount - table,会成为应用程序可见的命名空间视图。

3.2 HDFS操作

3.2.1 Shell命令

HDFS为用户提供了一组Shell命令访问HDFS上的数据,命令名字和格式与Linux Shell命令很类似,方便学习。通过这些命令可以方便地对HDFS的文件进行复制、重命名、移动和删除等操作,也可以完成HDFS与Linux本地文件系统的交互操作。

HDFS Shell命令格式如下:

hadoop fs -cmd <args>

(1) URI路径。所有的Shell命令使用URI路径作为参数,URI格式如下:

scheme://authority/path

对HDFS文件系统,scheme是hdfs; 对本地文件系统,scheme是file。其中scheme和authority参数都是可选的,如果未加指定,就会使用配置中指定的默认scheme。

本地文件/home/jmxx/a1.txt对应的URI为file:///home/jmxx/a1.txt。

HDFS文件或目录,如/parent/child,可以表示成hdfs://master:9000/parent/child,或者更简单的形式/parent/child(假设默认的文件系统配置的是hdfs://master:9000)。

本书URI的默认值是hdfs://master:9000,对应core-site.xml配置文件中fs.defaultFS选项。

(2) 默认HDFS工作路径。在输入的参数中,如果不是一个绝对路径,那么将访问默认工作路径,默认HDFS工作路径是/user/<currentUser>。

(3) 获取帮助信息。help命令的功能是获取帮助信息。

示例:列出所有的Shell命令的使用方法。

hadoop fs -help

示例:显示某一个具体命令的使用方法,这里是cat。

hadoop fs -help cat

下面介绍常用的HDFS文件系统命令。

1. mkdir命令

mkdir用来在指定的路径中创建子目录,可以一次创建多个子目录,使用-p参数可以沿着路径创建各级父目录。命令格式如下:

hadoop fs -mkdir [-p] <paths>

示例:

[jmxx@master~]$ hadoop fs -mkdir /test　　　　# 在/下创建test目录

[jmxx@master~]$ hadoop fs -mkdir -p /t1/t2/t3　　　　# 由于/t1目录目前尚未创建,所以

\# 使用-p 参数

2. ls 命令

ls 命令的功能是显示文件和目录信息,与 Linux ls 命令类似,但不支持通配符 * 和?。命令格式如下:

hadoop fs -ls [-d] [-h] [-R] < args >

选项说明如下。

-d:将目录显示为文本文件。

-h:将文件的大小以易读的方式显示,例如,64.0MB 代替 67108864。

-R:递归显示所有子目录的信息。

命令执行之后,文件的显示信息格式如下:

文件类型 权限 副本数 用户组 文件大小 修改日期 修改时间 文件名

目录的显示信息格式如下:

文件类型 权限 副本数 用户组 修改日期 修改时间 目录名

示例:显示 HDFS 上根目录/下的信息,如图 3.8 所示。

[jmxx@ master~] $ hadoop fs -ls /

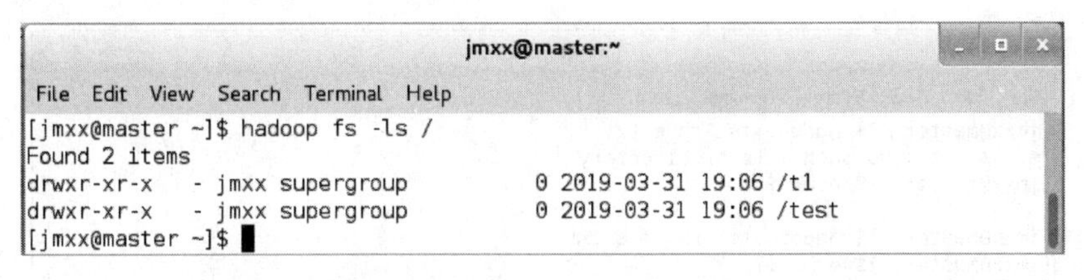

图 3.8 HDFS 根目录信息

3. touchz 命令

touchz 命令的功能是创建空文件,如果该文件已经存在且长度非 0,返回错误。格式如下:

hadoop fs -touchz URI [URI…]

示例:

hadoop fs -touchz /a1.txt # 创建空文件 a1.txt

4. cp 命令

cp 命令的功能是复制文件,如果指定了多个源文件,那么要求目标必须是目录。其格式如下:

hadoop fs -cp [-f] [-p|-p [topax]] URI [URI …] < dest >

选项说明如下。

-f:如果目标文件已经存在将被覆盖。

-p:复制之后保留原来的属性,包括时间戳、所有者、权限、ACL 和 XAttr。

示例:

[jmxx@ master~] $ hadoop fs -cp /a1.txt /test # 将 a1.txt 文件复制到/test 目录下

5. rm 命令

rm 命令的功能是删除指定的一个或多个文件,如果 HDFS 启用了垃圾箱功能,那么要删除的文件会移动到垃圾箱里。目前,Hadoop 默认没有启用垃圾箱功能,只要修改配置文件 core - site.xml 的 fs.trash.interval 参数为一个大于 0 的值,就可以使用垃圾箱功能。其格式如下:

hadoop fs -rm [-f] [-r|-R] [-skipTrash]URI [URI …]

选项说明如下。

- f: 文件不存在,执行时不显示提示信息,也不会向系统返回错误状态。

- r 或 - R: 递归地删除目录下的所有内容。

- skipTrash: 绕过垃圾箱机制,直接删除指定文件。

示例:系统中没有 a.txt 文件。

hadoop fs -rm a.txt # 显示提示信息并返回状态 1,表示错误

hadoop fs -rm -f a.txt # 运行不显示任何提示信息,没有返回状态错误状态,仍然保持为 0

执行效果如图 3.9 所示。

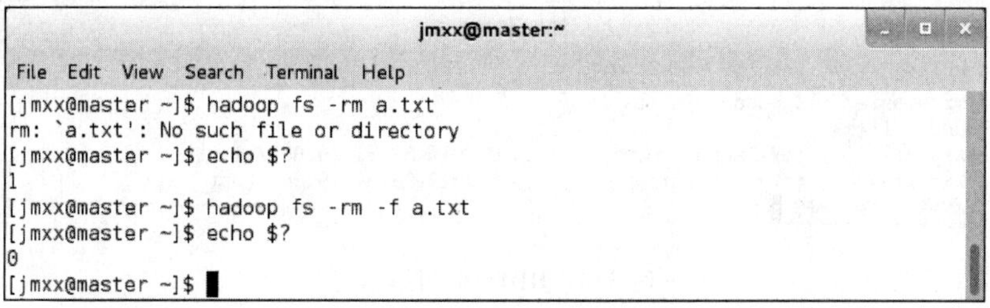

```
jmxx@master:~
File Edit View Search Terminal Help
[jmxx@master ~]$ hadoop fs -rm a.txt
rm: `a.txt': No such file or directory
[jmxx@master ~]$ echo $?
1
[jmxx@master ~]$ hadoop fs -rm -f a.txt
[jmxx@master ~]$ echo $?
0
[jmxx@master ~]$
```

图 3.9 rm - f 参数示例

6. mv 命令

mv 命令的功能是移动文件,如果指定了多个源文件,那么要求目标必须是目录。不允许跨文件系统移动。其格式如下:

hadoop fs -mv URI [URI …] < dest >

示例:

[jmxx@ master~] $ hadoop fs -mv /test/a1.txt /t1 # 移动/test/a1.txt 文件到/t1 目录下

7. cat 命令

cat 命令的功能是显示一个或多个文件内容,选项 ignoreCrc 表示关闭校验和验证,格式如下:

hadoop fs -cat [-ignoreCrc]URI [URI …]

示例:

[jmxx@ master~] $ hadoop fs -cat /a1.txt # 显示 a1.txt 文件内容

8. tail 命令

tail 命令的功能是显示文件最后 1 KB 的内容,格式如下:

hadoop fs -tail [-f]URI

-f 选项表示发现文件增长了,就会显示增加的内容,这个选项的功能与其在 Linux 一样。

9. count 命令

count 命令计算与指定文件模式匹配的路径下的目录、文件和字节数。输出有目录数 DIR_COUNT、文件数 FILE_COUNT、大小 CONTENT_SIZE、路径 PATHNAME 列。格式如下:

hadoop fs -count [-q] [-h] [-v] < paths >

选项说明如下。

-q:输出增加与配额有关的信息。

-h:将文件的大小以易读的方式显示。

-v:显示标题。

示例:

[jmxx@ master~] $ hadoop fs -count -h /t1

10. stat 命令

stat 命令按照指定的格式显示文件或目录的统计信息,命令格式如下:

hadoop fs -stat [format] < path >

format 选项可接受的格式有以下几种:%b 表示块数; %F 表示类型; %g 表示组名; %n 表示文件名; %o 表示块尺寸; %r 表示副本数, %u 表示属主名; 修改日期(%y 或%Y),%y 表示 yyyy-MM-dd HH:mm:ss 格式,%Y 表示自 1970 年 1 月 1 日以来的毫秒数,%y 是默认的格式。

示例:

[jmxx@ master~] $ hadoop fs -stat "%n %F %b %o %r %u %g %y" /test

执行后结果如下:

test directory 0 0 0 jmxx supergroup 2019-03-31 11:06:00

11. df 命令

df 命令显示空闲空间的大小, -h 选项将以更容易阅读的方式显示空闲空间的尺寸,命令格式如下:

hadoop fs -df [-h]URI [URI …]

示例:

[jmxx@ master~] $ hadoop fs -df /

执行后结果如下:

```
Filesystem                  Size          Used     Available    Use%
hdfs://master:9000   80866525184   16384   64311803904    0%
```

12. du 命令

du 命令显示目录中所有文件的大小,或者当只指定一个文件时,显示此文件的大小,命令格式如下:

```
hadoop fs -du [-s] [-h]URI[ URI … ]
```

选项说明如下。

-s:显示文件长度的总和,而不是单个文件的长度。

-h:以更容易阅读的方式显示长度,例如,M、G 或 K。

示例:

```
[jmxx@ master~] $ hadoop fs -du   /
```

结果如下:

```
0  /t1
0  /test
```

13. checksum 命令

checksum 命令返回指定文件的校验码信息,命令格式如下:

```
[jmxx@ master~] $ hadoop fs -checksum URI
```

示例:

```
[jmxx@ master~] $ hadoop fs -checksum /a1.txt
```

执行结果如下:

```
/a1.txt    MD5-of-0MD5-of-512CRC32C
000002000000000000000000fd17c0ca7fbb0971307e3567a6cc4b8d
```

14. find 命令

find 命令的功能是查找与指定表达式匹配的所有文件,并将选定的操作应用于它们。命令格式如下:

```
hadoop fs -find< path >… < expression >
```

如果没有指定路径 path,则默认为从当前工作目录开始查找。如果没有指定表达式,则默认为 -print。-name 选项表示文件名区分大小写,-iname 则不做区分。如果并列书写了多个表达式,那么它们是并且关系,每个表达式都满足,结果才为真;如果前面的表达式没有符合条件的文件,那么它后面的表达式都不执行。

示例:

```
[jmxx@ master~] $ hadoop fs -find / -iname " *.txt" -print
```

执行结果如下:

```
/a1.txt
```

/t1/a1.txt

15. put、copyFromLocal 和 moveFromLocal 命令

put 和 copyFromLocal 两个命令的功能相同,用于上传文件,文件上传之后该文件仍然保留。但是 moveFromLocal 命令文件上传之后会将该文件从本地文件系统中删除。

put 命令的功能是从本地文件系统复制一个或多个文件到目标文件系统。另外也可以从标准输入 stdin 读取数据并写入目标文件系统。在没有使用 -f 选项的情况下,如果目标文件已经存在,命令将返回错误。如果源文件不存在系统也会报错。

命令格式如下:

hadoop fs -put [-f] [-p] [-l] [-|< localsrc1 > …] < dst >

选项说明如下。

-f:覆盖已经存在的目标文件。

-p:保留访问和修改时间、所有者和权限(假定权限可以跨文件系统传播)。

-l:允许 DataNode 延迟持久化文件到磁盘,强制复制因子为 1,这将导致持久性降低,谨慎使用。

示例:运行示例之前,应确保在指定路径中存在 a1.txt(本地文件系统),否则使用 gedit 或 vim 创建、编辑它们。

(1) 将本地当前目录下的 a1.txt 复制到 HDFS 的/目录下,文件名保持不变。

[jmxx@ master~] $ hadoop fs -put a1.txt /

(2) 将本地当前目录下的 a1.txt 复制到 HDFS 的/目录下,文件名变为 c.txt。

[jmxx@ master~] $ hadoop fs -put a1.txt /c.txt

(3) 从标准输入读取数据,保存到 HDFS 的/test 目录下的 t.c 文件,如图 3.10 所示。输入时从键盘输入数据,按 Ctrl + Z 退出。

[jmxx@ master~] $ hadoop fs -put - /test/t.c

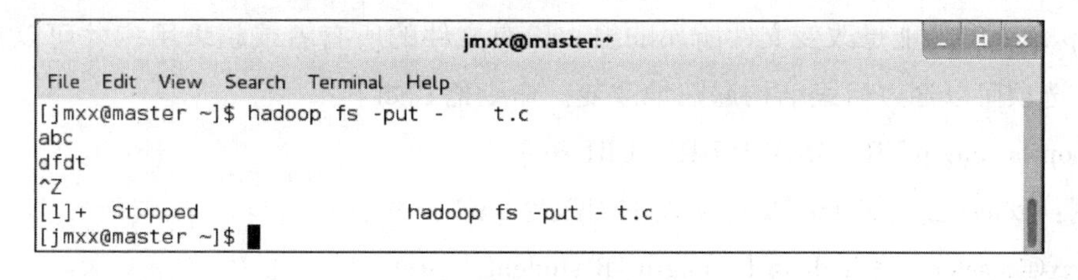

图 3.10 put 示例

16. get、copyToLocal 和 moveToLocal 命令

get 和 copyToLocal 两个命令功能相同,用于下载文件。moveToLocal 命令的功能是将文件移动到本地文件系统,复制成功之后,会将该文件从原来的文件系统中删除。

get 命令的功能是复制匹配的文件到本地文件系统。如果源文件有多个,本地目标必须是一个目录。-ignoreCrc 选项可以复制 CRC 校验失败的文件。-crc 选项可以复制文件和其

CRC 校验。命令格式如下：

hadoop fs -get [-p] [-ignoreCrc] [-crc] < src >… < localdst >

选项说明如下。

-p：保留文件访问时间、修改时间、所有者属性和权限。

-ignoreCrc：对下载文件忽略 CRC 检查。

-crc：为下载文件写 CRC 校验和。

示例：将 HDFS 上的/a1.txt 下载到本地用户主目录下，名为 a.txt。

[jmxx@ master~] $ hadoop fs -get /a1.txt ~/a.txt

17. getmerge 命令

getmerge 命令的格式如下：

hadoop fs -getmerge [-nl] < src >< localdst >

getmerge 命令需要两个参数，功能是将 src 目录下所有文件合并到本地目标文件 localdst 中，如果目标文件 localdst 已存在，将会被覆盖。-nl 选项表示合并过程中在每一个文件的末尾处增加一个换行符（LF）。

示例：将/test 目录下的所有文件合并到本地文件 m.txt 中。

[jmxx@ master~] $ hadoop fs -getmerge /test m.txt

18. chown 命令

chown 命令的功能是改变文件的所有者，-R 选项可以通过目录结构递归地改变。命令格式如下：

hadoop fs -chown [-R] [OWNER] [: [GROUP]]URI [URI]

示例：将/a1.txt 文件的所有者改为 student。

[jmxx@ master~] $ hadoop fs -chown student /a1.txt

19. chgrp 命令

chgrp 命令的功能是改变文件所属的组。只有文件的所有者或超级用户才可以执行该命令。-R 选项可以通过目录结构递归地改变。命令格式如下：

hadoop fs -chgrp [-R] GROUP URI [URI …]

示例：将/test 目录下所有文件所属的组改为 student。

[jmxx@ master~] $ hadoop fs -chgrp -R student /test

20. chmod 命令

chmod 命令的功能是更改文件的访问权限。使用 -R 选项，可以通过目录结构递归地改变访问权限。只有文件所有者或超级用户才可以执行该命令。命令格式如下：

hadoop fs -chmod [-R] < MODE [,MODE] …| OCTALMODE > URI [URI …]

示例：将/a1.txt 文件权限改为 644。

[jmxx@ master~] $ hadoop fs -chmod 644 /a1.txt

21. test 命令

test 命令的功能是检测文件,其格式如下:

hadoop fs -test -[ezd]URI

选项说明如下。

-e:检查文件是否存在,如果存在则返回 0。

-z:检查文件是否是 0 字节,如果是则返回 0。

-d:如果路径是一个目录,则返回 0,否则返回 1。

示例:

```
[ jmxx@ master~] $ hadoop fs -test -e /a.sh      # 测试/a.sh 是否存在
[ jmxx@ master~] $ echo  $ ?                     # 显示返回值
1                                                # 1 否
[ jmxx@ master~] $ hadoop fs -test -d /a.sh      # 测试/a.sh 是否是目录
[ jmxx@ master~] $ echo  $ ?                     # 显示返回值
1                                                # 1 否
```

22. setrep 命令

setrep 命令的功能是更改文件的复制因子。如果路径是一个目录,那么命令将递归地改变根目录树下所有文件的复制因子。-w 选项要求等待命令执行完毕,可能需要很长时间。命令格式如下:

hadoop fs -setrep [-w] < numReplicas >< path >

示例:将/t1 目录下所有文件的复制因子设为 3。

```
[ jmxx@ master~]hadoop fs -setrep -w 3   /t1
```

23. setfattr 命令

setfattr 命令的功能是设置文件或目录扩展属性的名和值。命令格式如下:

hadoop fs -setfattr -n name [-v value] | -x name < path >

选项和参数说明如下。

-n name:扩展属性名 。

-v value:扩展属性值。如果参数被包围在双引号内,则值是普通字符串类型。如果以 0x 或者 0X 开头,那么值是十六进制数字。如果以 0s 或者 0S 开头,则值是 base64 编码的串。

-x name:删除扩展属性。

示例:设置/t1/a1.txt 的扩展属性 user.h 的值为 xxx。

```
[ jmxx@ master~] $ hadoop fs -setfattr   -n user.h -v "xxx"   /t1/a1.txt
```

24. getfattr 命令

getfattr 命令的功能是显示文件或目录扩展属性。命令格式如下:

hadoop fs -getfattr [-R] -n name | -d [-e en] < path >

选项和参数说明如下。

-R:递归显示所有目录和文件的扩展属性。

-n name:显示指定名字的扩展属性值。

-d:显示所有扩展属性值。

-e:检索属性值后对其编码。合法的编码包括"text" "hex"和"base64"。被编码的字符串会被双引号包围,被编码为十六进制和 base64 的会有前缀 0x 和 0s。

示例:显示 /t1/a1.txt 文件的扩展属性 user.h 的值。

```
[jmxx@master~]$ hadoop fs -getfattr  -n user.h  /t1/a1.txt
```

结果如下:

```
# file: /t1/a1.txt
user.h = "xxx"
```

3.2.2 HDFS 的管理和工具使用

1. archive

Hadoop archive 是特殊的存档格式。一个 Hadoop archive 对应一个文件系统目录。Hadoop archive 的扩展名是 *.har。存档由元数据文件和具体数据文件两部分组成。元数据信息由_index 和_masterindx 文件保存,具体数据由 part-* 文件保存。_index 文件包含了存档中的文件的文件名和位置信息。

(1) 创建存档。创建存档的命令会启动 Map/Reduce job,所以必须在集群上运行。命令格式如下:

```
[jmxx@master~]$ hadoop archive-archiveName name -p<parent>[-r<replication factor>]
<src>*<dest>
```

选项和参数说明如下。

-archiveName name: 存档名,应该带.har 扩展名,例如,foo.har。

-p parent:归档文件的父目录。例如,-p /foo/bar a/b/c e/f/g,这里的/foo/bar 是 a/b/c 与 e/f/g 的父路径。

-r replication factor:复制因子,默认值是 10。

src:归档文件或目录,可以有多个。

dest:目标目录,创建的 archive 会保存到该目录下。

示例:建立存档 my.har,存放于/arc,要归档的文件是 a1.txt,归档文件的父目录是/t1。

```
[jmxx@master~]$ hadoop archive -archiveName my.har -p /t1 a1.txt /arc
```

(2) 查看存档中的文件明细。

```
[jmxx@master~]$ hadoop fs -ls  /arc/my.har
```

执行结果如下:

```
Found 4 items
-rw-r--r--   1 jmxx supergroup          0 2019-04-02 16:28 /arc/my.har/_SUCCESS
-rw-r--r--   3 jmxx supergroup        116 2019-04-02 16:28 /arc/my.har/_index
-rw-r--r--   3 jmxx supergroup         23 2019-04-02 16:28 /arc/my.har/_masterindex
-rw-r--r--   3 jmxx supergroup         24 2019-04-02 16:28 /arc/my.har/part-0
```

(3) 查看存档中的文件列表。

示例:显示存档根目录列表。

```
[jmxx@master~]$ hadoop fs -ls har:///arc/my.har
```

执行结果如下:

```
Found 1 items
-rw-r--r--   3 jmxx supergroup         24 2019-04-02 16:04 har:///arc/my.har/a1.txt
```

(4) 解开存档。存档文件作为文件系统暴露出来,所以解开归档就是复制操作。

例如,将文档 a1.txt 复制到 HDFS 的/test 目录下。

```
[jmxx@master~]$ hadoop fs  -cp  har:///arc/my.har/a1.txt  /test
```

2. fsck

fsck 是 HDFS 文件系统的检查工具,可以检查各种不一致性,可以报告文件的问题,例如,缺少文件块或复制块。不同于传统本地文件系统的 fsck 工具,此命令不能校正它检测到的错误,通常 NameNode 自动校正大多数可恢复故障。默认情况下,fsck 忽略正打开的文件。其命令格式如下:

```
hdfs fsck <path>
          [-list-corruptfileblocks|
          [-move|-delete|-openforwrite]
          [-files [-blocks [-locations|-racks]]]
          [-includeSnapshots]
```

选项和参数说明如下。

path:检查的起始目录。

-list-corruptfileblocks:打印出丢失的块和它们属于的文件列表。

-move:移动受损文件到/lost+found。

-delete:删除受损文件。

-openforwrite:打印出正在写操作的文件。

-files:打印正在检查的文件列表。

-files-blocks:打印块报告。

-files-blocks-locations:打印每个块的位置信息。

-files-blocks-racks:打印数据节点位置的网络拓扑。

-includeSnapshots:包含快照数据。

示例:

[jmxx@ master~] $ hdfs fsck /test-files

3. balancer

HDFS 的数据可能并不总是被均匀地放置在每个 DataNode。常见的原因是新的 DataNode 添加到现有集群中,人为干预将数据的副本数降低或者增加。HDFS 提供了平衡工具 balancer,可以使得 HDFS 集群达到一个平衡的状态。balancer 的命令格式如下:

```
hdfs balancer
        [-threshold< threshold >]
        [-policy< policy >]
        [-exclude [-f< hosts-file >|< comma-separated list of hosts >] ]
        [-include [-f< hosts-file >|< comma-separated list of hosts >] ]
        [-idleiterations< idleiterations >]
```

选项和参数说明如下。

(1) -policy < policy >: 可选 DataNode 和 blockpool,默认值是 DataNode。blockpool 策略比 DataNode 策略更严格。

(2) -threshold < threshold >:可取 0~100 之间的实数,单位为百分比,默认值是 10。这是一个判断集群是否平衡的目标参数,每一个 DataNode 的存储使用率和集群总的存储使用率的差值都应该小于这个阈值。也就是说,如果机器与机器之间磁盘使用率偏差都小于 threshold,那么认为 HDFS 集群已经达到了平衡状态。理论上,该参数设置得越小,整个集群就越平衡,但是在线上环境中,Hadoop 集群在进行 balancer 时,还在并发地进行数据的写入和删除,所以有可能无法到达设定的标准。

(3) -exclude -f < hosts-file >|< comma-separated list of hosts >:指定不进行平衡的 DataNode 列表。可以有两种形式,一种是 -f 指定一个文件,其内容是 DataNode 列表; 另一种是用逗号分割的 DataNode 列表。

(4) -include [-f < hosts-file >|< comma-separated list of hosts >] :指定要进行平衡的 DataNode 列表。可以有两种形式,一种是 -f 指定一个文件,其内容是 DataNode 列表; 另一种是用逗号分割的 DataNode 列表。

(5) -idleiterations < idleiterations >:退出前空闲迭代的最大数目。

示例:

[jmxx@ master~] $ hdfs balancer -threshold 8

执行时间较长,可通过 Ctrl+C 键中断程序运行。

4. dfsadmin

HDFS dfsadmin 用于集群管理,其命令部分选项如下:

```
hdfs dfsadmin
        [-report [-live ] [-dead ] [-decommissioning ] ]
        [-safemode enter|leave|get|wait ]
        [-saveNamespace ]
        [-refreshNodes ]
        [-finalizeUpgrade ]
        [-rollingUpgrade [< query > |< prepare > |< finalize >] ]
        [-setQuota< quota >< dirname > … < dirname >]
        [-clrQuota< dirname > … < dirname >]
        [-setSpaceQuota< quota >< dirname > … < dirname >]
        [-clrSpaceQuota< dirname > … < dirname >]
        [-metasave filename ]
        [-fetchImage< local directory >]
        [-help [ cmd ] ]
```

选项说明如下。

（1） -report。报告文件系统的基本信息和统计信息。 -live、 -dead、 - decommissioning 选项会对数据节点做分类(活动、死亡、退役)过滤。

示例:报告 live 数据节点的信息。

[jmxx@ master~] $ hdfs dfsadmin -report -live

（2） -safemode enter|leave|get|wait。用于对安全模式命令的处理,enter 表示进入安全模式,leave 表示离开安全模式,get 表示查看是否开启安全模式,wait 表示一直等待安全模式结束。

示例:查看是否开启安全模式。

[jmxx@ master~] $ hdfs dfsadmin -safemode get

（3） -saveNamespace。需要在安全模式下运行,将当前命名空间保存到存储目录并清理 edits log 文件,相当于建立了一个检查点。

（4） -refreshNodes。重新读取 hosts 和 exclude 文件,更新允许连到 NameNode 的或那些需要退役或重新启用的 DataNode 集合,使之生效。

（5） -finalizeUpgrade。完成升级 HDFS。数据节点删除以前版本的工作目录,NameNode 执行同样的操作。这就完成了升级过程。

（6） -rollingUpgrade [< query > |< prepare > |< finalize >] 。关于滚动升级的处理,包括 query(查询状态)、prepare(准备新的滚动升级)和 finalize(完成当前的滚动升级)。

示例:显示当前滚动升级的状态。

[jmxx@ master~] $ hdfs dfsadmin -rollingUpgrade query

(7) -setQuota< quota >< dirname >… < dirname >。设置每个目录的名称配额,配额是正的长整型数,限制在该目录树的文件名和目录名的总数量。如果 < quota >不是正整数,< dirname >目录不存在或者是一个文件,或者 < dirname >目录将立即超过新的配额,则向系统报告错误。

示例:设置/test 的名称配额为 100。

[jmxx@ master~] $ hdfs dfsadmin -setQuota 100 /test

(8) -clrQuota< dirname >… < dirname >。删除每个目录的名称配额。如果 < dirname >不存在或是文件,则向系统报告错误。如果目录原来就没有配额,不会报错。

(9) -setSpaceQuota< quota >< dirname >… < dirname >。设置每个目录的空间配额,限制了目录下文件的总大小,副本也算配额的一部分(1 GB 的数据并且共有三个副本,那么会消耗 3 GB 的空间配额)。< quota >可以写成 2G 或 5T 等方便的形式。如果 < quota >不是零和正整数,或者 < dirname >目录不存在或是文件,或 < dirname >目录将立即超过新配额,则报错。

示例:设置/test 的空间配额为 1G。

[jmxx@ master~] $ hdfs dfsadmin -setSpaceQuota 1G /test

(10) -clrSpaceQuota< dirname >… < dirname >。清除每个目录的空间配额。如果 < dirname >不存在或是文件,则向系统报告错误。如果目录原来就没有配额,不会报错。

示例:清除/test 的空间配额。

[jmxx@ master~] $ hdfs dfsadmin -clrSpaceQuota /test

(11) -metasave filename。保存 NameNode 的主要数据结构到 hadoop. log. dir 属性指定的目录下的 < filename >文件,如果该文件存在将被覆盖。当 NameNode 收到的是 DataNode 的心跳信号、等待被复制的块、正在被复制的块、等待被删除的块,< filename >会有一行内容与之对应。

(12) -fetchImage< local directory >。从 NameNode 下载最新的 FsImage,保存到本地指定的目录。

示例:下载最新的 FsImage,保存到本地 ~/imagebak 目录。

[jmxx@ master~] $ hdfs dfsadmin -fetchImage ~/imagebak

3.3 Hadoop 开发环境配置

1. 下载 Eclipse 安装包

从 Eclipse 官网下载 Eclipse 安装包。

2. 解压安装包

将 Eclipse 安装包 eclipse-jee-mars-2-linux-gtk-x86_64. tar. gz 复制到/home/jmxx/

目录下。

解压安装包有两种方式,选择其一即可。

(1) 使用终端命令解压安装包。

[jmxx@ master~] $ tar -xvf eclipse-jee-mars-2-linux-gtk-x86_64. tar. gz

命令执行之后,在当前目录下,可以发现新解压的 eclipse 目录。

(2) 在图形界面下,选择下载好的 Eclipse 压缩包,右击,在出现的菜单中选择 Extract Here 命令,开始解压。

解压完成后,还要建立 Eclipse 桌面链接。在图形界面下,进入 eclipse 目录,选择解压后的 Eclipse 文件,如图 3. 11 所示,右击选择 Make Link 命令,生成符号链接文件,如图 3. 12 所示。然后把新生成的图标 Link to eclipse 移动到桌面。这样在下次想要打开 Eclipse 时只需单击桌面上的图标 Link to eclipse 即可。

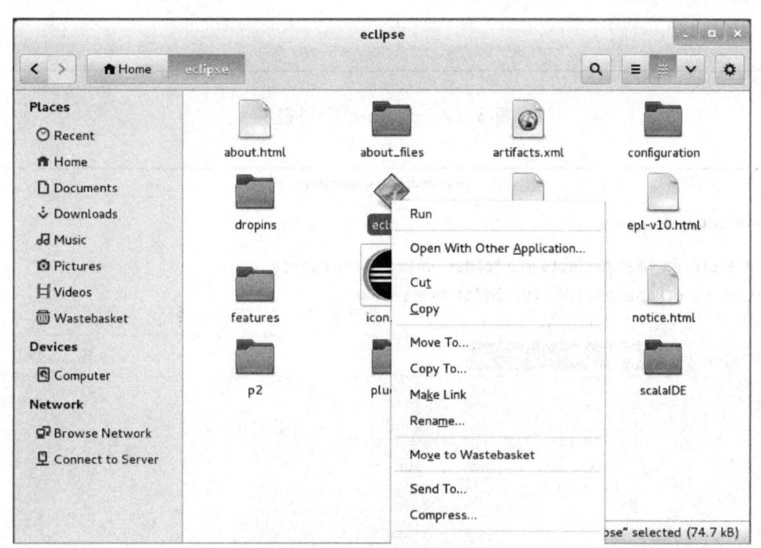

图 3. 11 选择 Eclipse 文件

3. 下载 hadoop - eclipse - plugin 插件

(1) 插件下载网址:

https://github.com/winghc/hadoop2x-eclipse-plugin/blob/master/release/hadoop-eclipse-plugin-2.6.0.jar。

(2) 将插件复制到 eclipse/plugin 目录下。

4. 配置 Hadoop

(1) 设置 Hadoop 安装路径。单击桌面上的 Eclipse 图标,或在终端下输入 ~/eclipse/eclipse命令,进入 Eclipse,首先出现 Workspace 工作区选择界面,如图 3. 13 所示。

在 Eclipse 主界面,从菜单依次选择 Windows→Preferences 命令后,出现如图 3. 14 所示的界面。在窗口左侧有 Hadoop Map/Reduce 选项,单击此选项,在窗口右侧 Hadoop 软件安装路

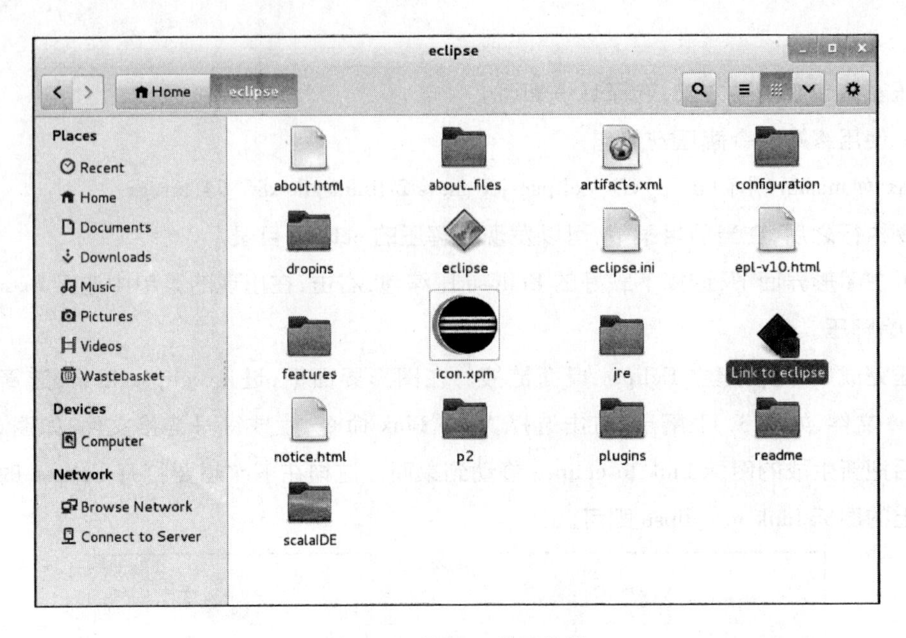

图 3.12　Eclipse 符号链接

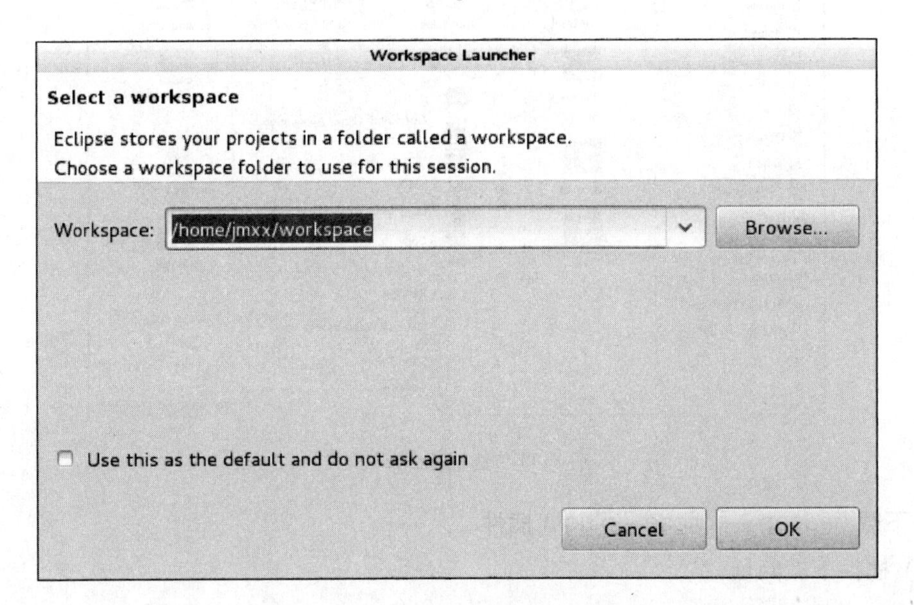

图 3.13　工作区选择

径输入框可以直接输入,也可以通过单击 Browse 按钮,在文件系统中选择设置。配置完成后,单击 OK 按钮,返回主界面。

(2) 配置 Map/Reduce Locations。在 Eclipse 主界面,从菜单依次选择 Windows→Perspective→Open Perspective→Other 命令,出现如图 3.15 所示的 Open Perspective 界面。选择 Map/Reduce 选项,单击 OK 按钮。接着新 Map/Reduce 透视图界面下部会出现 Map/Reduce Locations 选项卡,有一个明显的小象图标,单击选中该选项卡。然后在空白处右击。

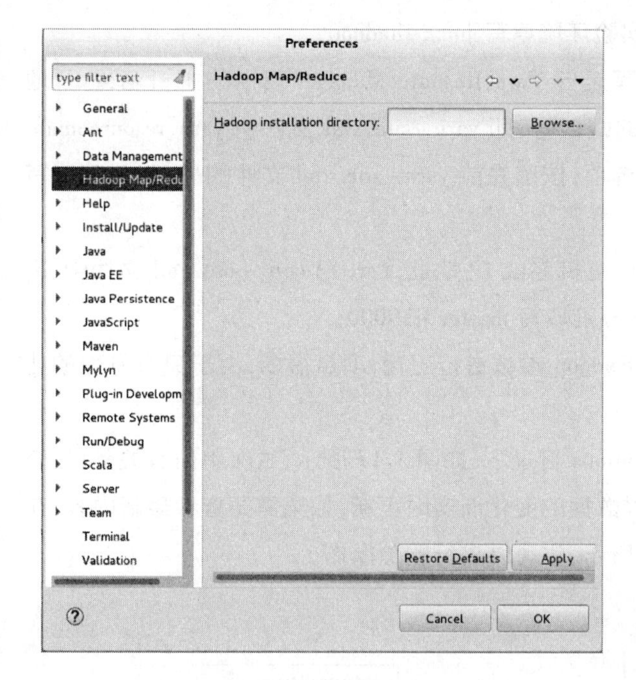

图 3.14　设置 Hadoop 安装路径

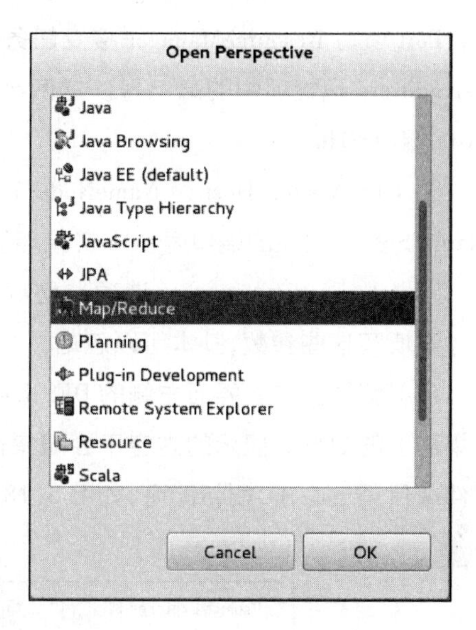

图 3.15　Open Perspective 界面

选择 New Hadoop location 选项，打开 Hadoop Location 配置界面，如图 3.16 所示。

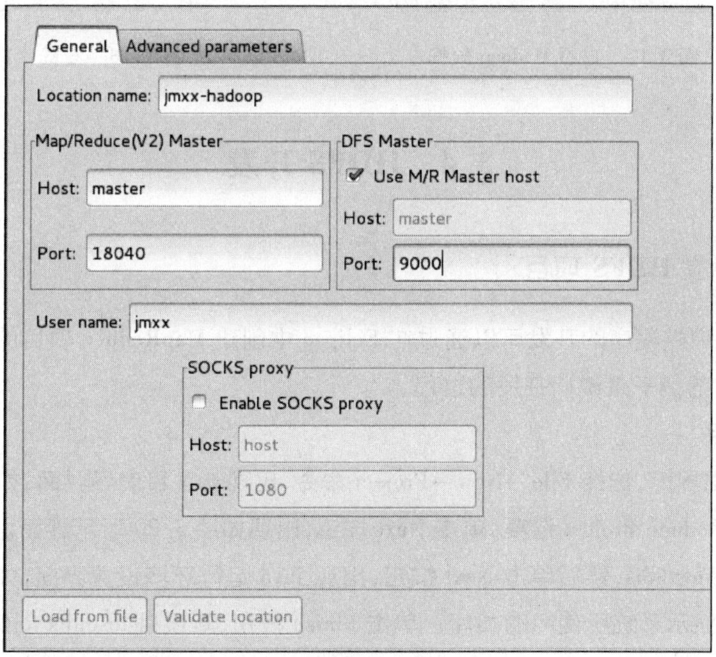

图 3.16　Hadoop Location 配置界面

下一步，填写配置信息，说明如下。

① Location name，没有特殊要求，本实验环境填写 jmxx-hadoop。

② Map/Reduce(v2) Master，Host 填写运行 Yarn ResourceManager 节点的主机名或 IP 地址；Port 填写 ResourceManager 接受任务的端口号，即 yarn-site.xml 文件中 yarn.resourcemanager.address 配置项中的端口号。这两个选项，按照先前 yarn-site.xml 文件的配置，分别填写 master 和 18040。

③ DFS Master，Host 为 NameNode 节点主机名或 IP 地址；Port 为 core-site.xml 文件中 fs.defaultFS 配置项中的端口号。本实验环境分别填写 master 和 9000。

④ Advanced parameters 选项卡是对 Hadoop 参数进行配置，项目很多，由于只有特殊的功能才需填写这些参数，基本可以忽略。

(3) 测试。在主界面左侧的 DFS Locations 目录下，如图 3.17 所示，依次单击有关条目，查看集群上的数据。显示的内容不会随集群数据的变化而实时更新，如果需要查看最新内容，在文件或目录上右击，刷新即可，如图 3.18 所示，也可以进行删除操作。

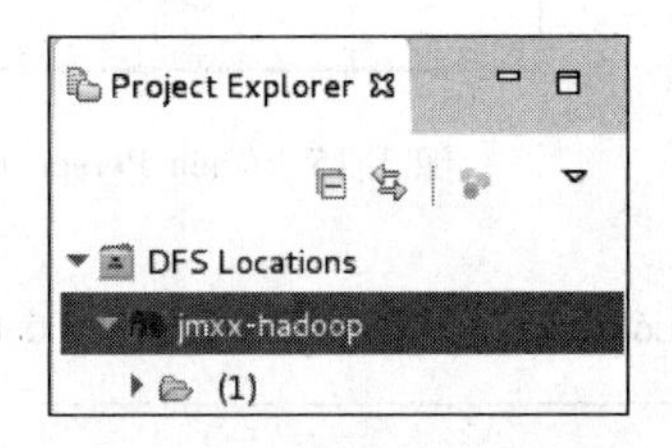

图 3.17 查看 Hadoop 数据

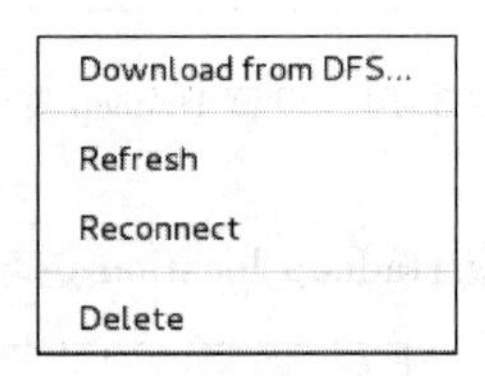

图 3.18 右键菜单

3.4 HDFS 开发

3.4.1 建立 HDFS 项目

对 HDFS 客户端程序的开发可以通过在 Eclipse 中创建 MapReduce 项目的方式来完成，下面通过一个简单的例子来说明开发的过程。

1. 创建项目

在 Eclipse 主界面，选择 File→New→Project 命令，出现新项目向导界面，如图 3.19 所示。

选择 Map/Reduce Project 选项，单击 Next 按钮，出现如图 3.20 所示界面。

输入项目名 testhdfs，然后单击 Next 按钮，出现 Java 运行环境设置界面，如图 3.21 所示。Libraries 选项卡显示系统所使用的类库。单击 Finish 按钮，新项目 testhdfs 创建完成。

2. 代码录入

(1) 在左侧 project explore 区项，在项目名 testhdfs 上右击，依次选择 New→Package 命令，填写包名 he.cn，单击 Finish 按钮，包创建完成。

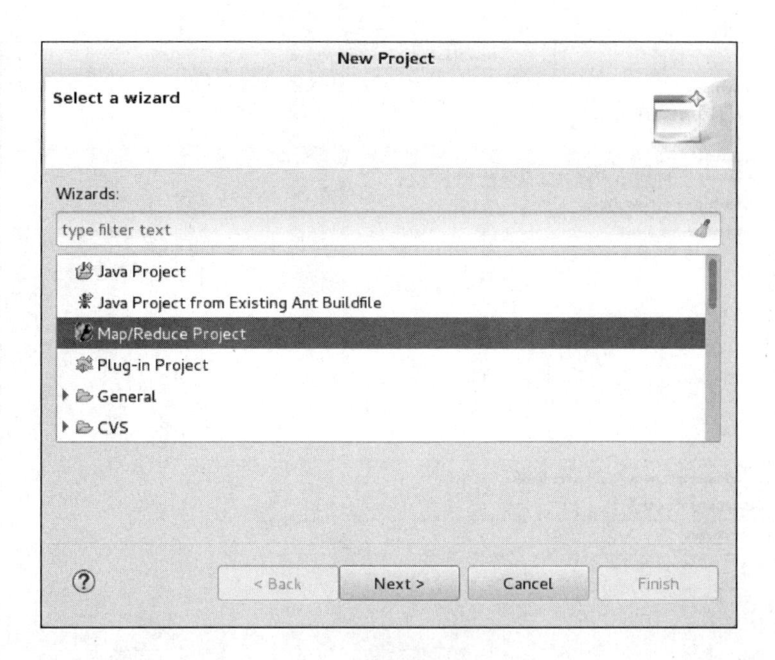

图 3.19　新项目向导

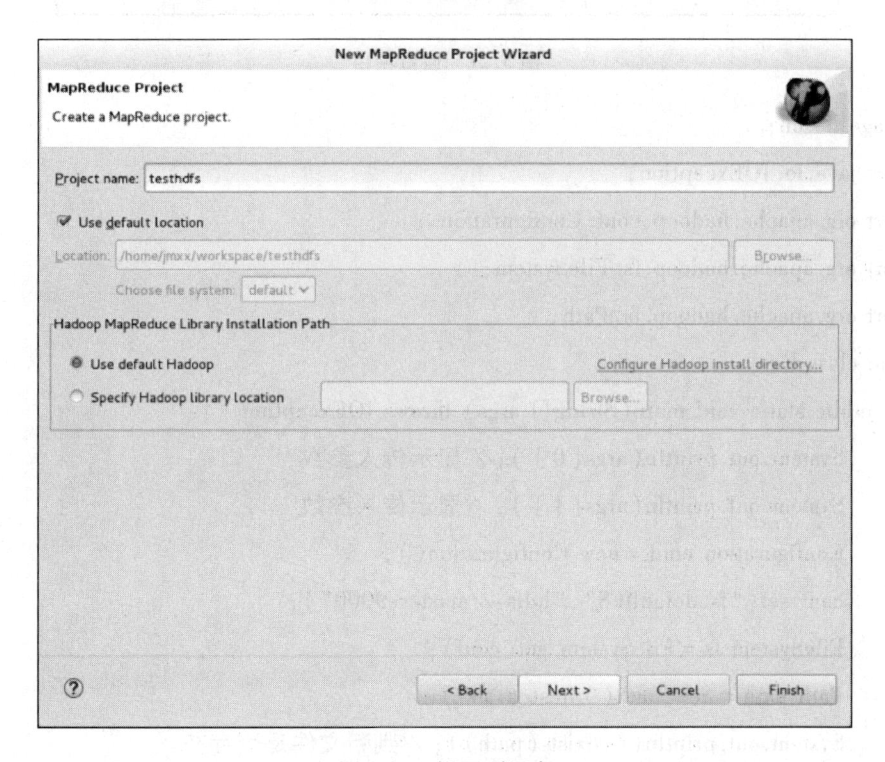

图 3.20　设置项目名

（2）在项目名 testhdfs 上右击，依次选择 New→Class 命令，填写类名 Ex，单击 Finish 按钮，类创建完成。

（3）编写类 Ex 代码，功能是显示传入参数并判断文件是否存在。

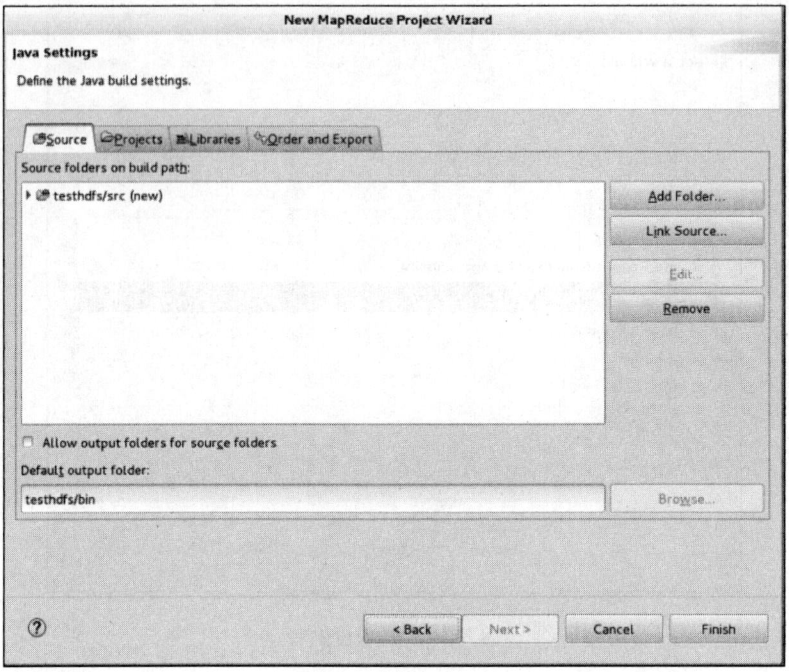

图 3.21 设置项目

```
package he.cn;
import java.io.IOException;
import org.apache.hadoop.conf.Configuration;
import org.apache.hadoop.fs.FileSystem;
import org.apache.hadoop.fs.Path;
public class Ex {
    public static void main(String[] args) throws IOException   {
        System.out.println(args[0]);// 显示传入参数
        System.out.println(args[1]); //显示传入参数
        Configuration conf = new Configuration();
        conf.set("fs.defaultFS","hdfs://master:9000");
        FileSystem fs = FileSystem.get(conf);
        Path path = new Path("/test/a.sh");
        System.out.println(fs.exists(path)); //判断文件是否存在
        }
}
```

(4) 运行配置。在 Eclipse 界面,在菜单栏选择 Run→Configurations 命令,出现运行配置界面,如图 3.22 所示,默认名字是 Ex。在 Arguments 选项卡,Program arguments 栏输入运行参数

“123”和“abc”,每个参数占一行。单击 Apply 按钮保存。也可以在图左侧 Java Application 项上右击,选择“新建”命令,修改新的运行配置的 Name 为 Ex2,在 Program arguments 栏输入运行参数“456”和“xyz”,完成后单击 Apply 按钮保存。

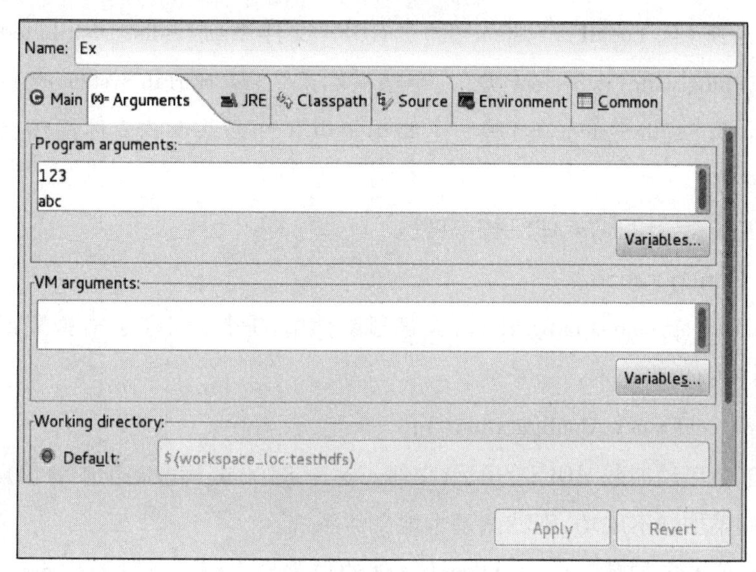

图 3.22　运行配置

(5) 在 Eclipse 中运行。在类 Ex 代码的空白处右击,选择 Run As→java Application 命令,出现选择运行配置界面,如图 3.23 所示。系统存在的运行配置都会在列表中出现,选择 Ex 运行,查看结果。

再次选择 Ex2 运行,比较两次运行结果的异同。

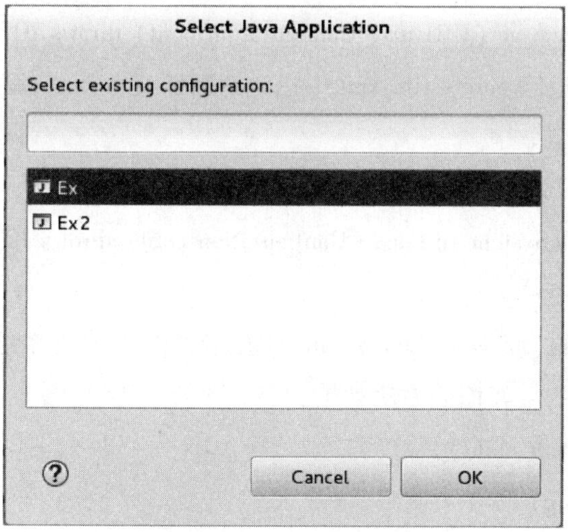

图 3.23　选择输出类型

3.4.2 开发过程简介

在 HDFS 中. Java API 位于 org. apache. hadoop. fs 包中,它提供了对许多文件系统的支持,比如本地文件系统(fs. LocalFileSystem 类)、HDFS 文件系统(hdfs. DistributedFileSystem)、HFTP 文件系统(hdfs. HftpFileSystem 类)、存档文件系统(fs. HarFileSystem 类)以及亚马逊的 S3 文件系统(fs. s3. S3FileSystem 类)等。这些类提供了许多基本的文件操作,包括文件的打开、读写和删除等。

通常按以下步骤使用 Java API 进行开发。

1. 实例化 Configuration

org. apache. hadoop. conf. Configuration 类通过键值对的形式保存了一些配置参数,实例化 Configuration 对象的代码如下:

Configuration conf = new Configuration( );

默认情况下会自动加载 HDFS 的配置文件 core - site. xml,读取各项配置信息,并获得默认的文件系统。如果加载不成功,则默认是本地文件系统。

注意:Configuration 加载 core - site. xml 文件的位置是类路径,可以将 core - site. xml 文件放到/项目名/bin 目录下。

2. 获得 FileSystem 实例

FileSystem 是一个文件系统的抽象基类,可以通过这个类的 get 方法获得 FileSystem 实例。get 有两个重载的方法:

public static FileSystem get(Configuration conf) throws IOException

public static FileSystem get(URI uri, Configuration conf) throws IOException

区别是第一个方法返回 core - site. xml 中指定的默认文件系统,第二个方法会根据 URI 来确定返回的文件系统类型。

可以通过 getLocal( )方便地获取本地文件系统:

public static LocalFileSystem getLocal(Configuration conf) throws IOException

3. 获取目标对象路径

HDFS 通过 Path 对象(而不是 File. io. File 对象,因为它与本地系统联系太紧密)来封装文件或目录。Path 类提供的主要构造方法如下:

Path(Path parent, Path child)

Path(String pathString)

Path(String parent, String child)

Path(String scheme, String authority, String path)

Path(URI aUri)

4. 执行文件或目录操作

得到 FileSystem 的实例之后就可以使用 FileSystem 提供的丰富的方法,进行预期的各种操作。

3.4.3 常用 API 及编程实例

在 HDFS 中,可以通过 API 调用所有的交互操作接口,本节将对常用方法以及接口进行简单介绍。运行相关实例之前,请确保实例所需文件已存在,若不存在,请创建它们。

1. 目录与文件的创建与删除

(1) 目录的创建。目录创建用到的方法如下:

```
boolean        mkdirs(Path f)
```

按照默认权限创建目录。

```
static boolean        mkdirs(FileSystem fs, Path dir, FsPermission permission)
```

按照指定的权限来创建目录。

【实例 3-1】 创建不同权限的 4 个目录。

```
public static void main(String[] args) throws IOException, URISyntaxException  {
    Configuration conf = new Configuration();
    URI uri = new URI("hdfs://master:9000");
    FileSystem fs = FileSystem.get(uri,conf);
    Path path1 = new Path("/exdir1");
    Path path2 = new Path("/exdir2");
    Path path3 = new Path("/exdir3");
    Path path4 = new Path("/exdir4");
    FsPermission perm1 = new FsPermission( //使用构造方法获得权限
            FsAction.ALL, //用户权限
            FsAction.ALL, //组权限
            FsAction.READ);//其他权限
    FsPermission perm2 = new FsPermission("776");
    FsPermission perm3 = FsPermission.valueOf("-rwxrw-rw-");
    fs.mkdirs(path1, perm1);
    fs.mkdirs(path2, perm2);
    fs.mkdirs(path3, perm3);
    fs.mkdirs(path4);
}
```

运行之后输入 hadoop fs -ls /查看结果:

```
drwxr-xr--   - jmxx supergroup          0 2019-05-16 09:58 /exdir1
drwxr-xr--   - jmxx supergroup          0 2019-05-16 09:58 /exdir2
drwxr--r--   - jmxx supergroup          0 2019-05-16 09:58 /exdir3
drwxr-xr-x   - jmxx supergroup          0 2019-05-16 09:58 /exdir4
```

说明：

① 用于权限控制的 FsAction 枚举常量有 ALL、EXECUTE、NONE、READ、READ_EXECUTE、READ_WRITE、WRITE、WRITE_EXECUTE。

② umask 默认值为 0022，HDFS 可以通过配置文件 dfs. umask 项配置。

③ 最终的权限是 permission& ~umask 的值。在后续的版本可能发生变化。

④ Path 指定的路径如果存在未建立的父目录会依次创建。

（2）文件的创建。FileSystem 使用 create 方法创建文件，该方法返回 FSDataOutputStream 对象，通过该对象可实现对 HDFS 文件的写入操作。如果指定的路径不存在，create 方法会自动为指定文件创建父目录。该方法有多个重载版本，可以指定文件权限，是否覆盖原文件，副本数量，缓冲区大小，文件块大小等参数，用到的方法主要有以下几种。

① FSDataOutputStream   create(Path f)

根据输入路径打开一个输出流 FSDataOutputStream 对象，如果文件存在，默认覆盖。

② static FSDataOutputStream create(FileSystem fs, Path file, FsPermission permission)

按照文件系统、路径和权限创建文件。

③ FSDataOutputStream   create(Path f, boolean overwrite)

如果这个名称的文件已经存在，那么如果 overwrite 为 TRUE，该文件将被覆盖，如果 overwrite 为 FALSE，将抛出一个异常。

④ FSDataOutputStream create(Path f, boolean overwrite, int bufferSize)

bufferSize 指定缓冲的大小。

⑤ FSDataOutputStream   create(Path f, short replication)

创建文件，并指定副本数。

⑥ abstract FSDataOutputStream   create(Path f, FsPermission permission, boolean overwrite, int bufferSize, short replication, long blockSize, Progressable progress)

blockSize 指定块大小，要求实现 Progressable 接口。

⑦ boolean createNewFile(Path f)

按照指定路径创建一个空文件。

⑧ FSDataOutputStream   create(Path f, Progressable progress)

如果文件存在，也会默认覆盖原文件。要求实现 Progressable 接口。

Progressable 用于传递回调接口，可以把数据写入 DataNode 的进度通知给应用。在执行的过程中，每写入 64 KB，会调用一次 progress()。

```
public interface Progressable{
        public void progress();
}
```

【实例3-2】创建文件/test/a.dat,并写入数据,显示执行进度。

```
public class Ex {
   public static void main(String[] args) throws IOException, URISyntaxException   {
        Configuration conf = new Configuration();
        URI uri = new URI("hdfs://master:9000");
        FileSystem fs = FileSystem.get(uri,conf);
        Path dst = new Path("/test/a.dat");
        FSDataOutputStream out = fs.create(dst,new Progressable(){
                public void progress(){System.out.print(".");}
        }
        );
        for(int i =1;i<10000;i++){
                out.write("abc1234567890 \n".getBytes());
        }
        out.close();
        }
}
```

FileSystem 使用 delete 方法删除文件和目录:

public abstract boolean delete(Path f, boolean recursive)

Path 指定要删除的路径。如果 Path 是一个目录,recursive 设置为 true,目录将递归删除,否则抛出一个异常。在 Path 是文件的情况下,recursive 可以设置为 true 或 false,此值被忽略。

2. 文件的上传和下载

(1) 文件上传。文件上传是将客户端所在的文件上传到 HDFS 集群,使用 copyFromLocalFile()方法,该文件有很多重载方法,主要有以下几种。

① void copyFromLocalFile(Path src, Path dst)

将本地文件 src 复制到目标文件系统的 dst 文件上,默认会覆盖已经存在的目标文件。

② void copyFromLocalFile(boolean delSrc, Path src, Path dst)

如果 delSrc 为 true,文件上传之后将删除原文件,否则保留原文件。

③ void copyFromLocalFile(boolean delSrc,boolean overwrite,Path src,Path dst)

overwrite 为 true,如果目标文件存在将被覆盖。overwrite 为 false,如果目标文件存在将抛出异常。

【实例 3-3】 从本地上传文件到 HDFS。

```
public class Ex {
  public static void main(String[] args) throws IOException, URISyntaxException {
        Configuration conf = new Configuration();
        URI uri = new URI("hdfs://master:9000");
        FileSystem fs = FileSystem.get(uri,conf);
        Path src = new Path("file:///home/jmxx/abc.dat");
        Path dst = new Path("/test/jdk.dat");
        fs.copyFromLocalFile(src, dst);
  }
}
```

(2) 文件下载。下载文件使用 copyToLocalFile 方法,有几个重载方法。

① void copyToLocalFile(Path src, Path dst)

路径文件 src 在 FS 的原文件,路径 dst 指定本地磁盘文件。默认会覆盖已经存在的目标文件。

② void copyToLocalFile(boolean delSrc, Path src, Path dst)

delSrc 决定复制到本地之后是否删除 FS 上的文件,如果 delSrc 为 true,则删除原文件,否则保留。

③ void copyToLocalFile(boolean delSrc, Path src, Path dst, boolean useRawLocalFileSystem)

useRawLocalFileSystem 是否使用 RawLocalFileSystem 文件系统,true 为使用,false 为不使用 RawLocalFileSystem 而使用 LocalFileSystem 文件系统。LocalFileSystem 继承自 ChecksumFileSystem,读取时会计算校验和。RawLocalFileSystem 不使用校验。

【实例 3-4】 使用 ChecksumFileSystem 形式下载文件。

```
public class Ex {
public static void main(String[] args) throws IOException, URISyntaxException {
      Configuration conf = new Configuration();
      URI uri = new URI("hdfs://master:9000");
      FileSystem fs = FileSystem.get(uri,conf);
      Path src = new Path("/test/jdk.dat");
      Path dst = new Path("file:///home/jmxx/ab.dat");
      fs.copyToLocalFile(false,src, dst,false);
      }
}
```

（3）文件移动。

① void moveToLocalFile(Path src, Path dst)

从 HDFS 文件系统将 src 文件移动到本地文件系统下的 dst,原文件会被删除。

② void moveFromLocalFile(Path src, Path dst)

从本地文件系统将 src 文件移动到 HDFS 下的 dst,原文件会被删除。

③ void moveFromLocalFile(Path []srcs, Path dst)

从本地文件系统将多个 src 文件移动到 HDFS 下的 dst 目录,原文件会被删除。

【实例 3-5】将本地两个文件移动到 HDFS 的/test 目录。

```
public class Ex {
    public static void main(String[] args) throws IOException, URISyntaxException {
        Configuration conf = new Configuration();
        URI uri = new URI("hdfs://master:9000");
        FileSystem fs = FileSystem.get(uri, conf);
        Path src1 = new Path("/home/jmxx/a.txt");
        Path src2 = new Path("/home/jmxx/b.txt");
        Path dst = new Path("/test");
        Path []p = new Path [2];
        p [0] = src1;
        p [1] = src2;
        fs.moveFromLocalFile(p, dst);
    }
}
```

3. 文件的输入与输出数据流

（1）FSDataInputStream 类。通过 open 方法得到指定文件的 FSDataInputStream。

FSDataInputStream open(Path f)

FSDataInputStream open(Path f, int bufferSize)

FSDataInputStream 继承自 java.io.DataInputStream,实现了 Seekable 和 PositionedReadable 接口,因此可以随机访问,下面介绍几个常用的方法。

① long getPos()

返回文件当前的位置,即相对于文件开始处的偏移量。

② void seek(long desired)

移动到输入流的指定位置,下一次 read 将从这个位置开始。

③ int read(ByteBuffer buf)

读取数据到 buf,返回实际读取的字节数,可能为零,如果到达流结束,则为 -1。

④ int read(long position,byte[] buffer,int offset,int length)

从指定位置 position,读取长度为 length 的字节数据到字节数组 buffer 的 offset 处。返回实际读取的字节数,如果到了流的尾部没有数据返回 -1。

⑤ void readFully(long position, byte[] buffer)

从流的指定位置 position,连续读取 buffer 长度个数据到字节数组 buffer。该方法不会改变当前文件的偏移量,是安全的方法。

⑥ void readFully(long position, byte[] buffer, int offset, int length)

从流的指定位置 position,连续读取 length 长度个数据到字节数组 buffer 的 offset 处。该方法不会改变当前文件的偏移量,是安全的方法。

(2) FSDataOutputStream 类。FSDataOutputStream 类继承自 java.io.DataOutputStream 类,除了 create 方法可以得到数据输出流之外,append 方法也可以返回 FSDataOutputStream,其格式如下:

FSDataOutputStream append(Path f)

append 方法的作用是允许在指定文件的末尾追加写入数据。

FSDataOutputStream 类的主要方法如下。

① void close()

关闭输出流。

② long getPos()

返回文件当前的位置,即相对于文件开始处的偏移量。

③ void hflush()

把客户端缓冲区的数据交给 DataNode,这个调用完成之后,flush 的数据能被新的 reader 读到。

④ void void hsync()

类似于 POSIX fsync,将客户端用户缓冲区的数据更新到 DataNode 磁盘设备。

【实例 3-6】使用数据流完成 HDFS 文件之间的数据复制。

```
public class Ex {
    public static void main(String[] args) throws IOException, URISyntaxException {
            Configuration conf = new Configuration();
            URI uri = new URI("hdfs://master:9000");
            FileSystem fs = FileSystem.get(uri,conf);
            Path src = new Path("/test/jdk.dat");
            Path dst = new Path("/test/jdk2.dat");
            FSDataInputStream in = fs.open(src);
            FSDataOutputStream out = fs.create(dst);
            byte[] buff = new byte[4096];
```

```
        int len;
        while((len = in.read(buff, 0, 4096))! = -1){
            out.write(buff, 0, len);
        }
        out.close();
        in.close();
    }
}
```

【实例 3-7】使用数据流完成 HDFS 文件到本地系统文件的数据复制。

```
public class Ex {
    public static void main(String[] args) throws IOException, URISyntaxException {
        Configuration conf = new Configuration();
        URI uri = new URI("hdfs://master:9000");
        FileSystem dfs = FileSystem.get(uri, conf);
        FileSystem local = FileSystem.getLocal(conf);//获取本地文件系统
        Path dst = new Path("/home/jmxx/a.dat"); //要写入的本地文件
        Path src = new Path("/test/jdk.dat"); //要复制的 HDFS 上的文件
        FSDataInputStream in = dfs.open(src);
        FSDataOutputStream out = local.create(dst, true);
        byte[] buff = new byte[4096];
        int len;
        while((len = in.read(buff, 0, 4096)) >0){
                out.write(buff, 0, len);
        }
        out.close();
        in.close();
    }
}
```

4. 文件状态和目录遍历

(1) 文件状态。FileStatus 对象封装了文件系统中文件和目录的信息,包括文件的长度、块大小、备份数、修改时间、所有者以及权限等信息。FileStatus 对象可以通过 FileSystem 类的 getFileStatus()得到。FileStatus 类的主要方法如下。

① long getAccessTime()

返回访问时间,长整数,表示从 1970 年 1 月 1 日开始的毫秒数。

② long getBlockSize( )

返回块大小,单位为字节。

③ String getGroup( )

返回所属的组。

④ long getLen( )

返回以字节为单位的文件长度。

⑤ long getModificationTime( )

返回修改时间,长整数,表示从 1970 年 1 月 1 日开始的毫秒数。

⑥ String getOwner( )

返回所有者。

⑦ Path getPath( )

返回文件完整路径。

⑧ FsPermission getPermission( )

返回文件权限。

⑨ short getReplication( )

返回副本数。

⑩ boolean isDirectory( )

判断是否为目录,是目录返回 true,否则返回 false。

⑪ boolean isFile( )

判断是否为文件,是文件返回 true,否则返回 false。

(2) 目录遍历。FileSystem 类的 listStatus( )方法可以返回目录下所有文件的信息,其重载方法主要有以下几种。

① FileStatus[] listStatus(Path f)

当输入参数是文件时,返回长度为 1 的 FileStatus 数组。如果输入参数是目录,则返回 FileStatus 数组,每个数组内的 FileStatus 对象对应此目录下的一个文件或目录。

② public FileStatus[] listStatus(Path []files)

返回指定多个路径下的文件状态 FileStatus 对象数组。

③ public FileStatus[] listStatus(Path f, PathFilter filter)

这个重载方法使用了过滤器 PathFilter,来限制匹配条件的文件和目录。PathFilter 接口是这样定义的:

```
public interface PathFilter{
    boolean accept(Path path);  //结果为真表示符合条件,否则不符合
}
```

目前只能根据文件名来设置过滤条件。

5. Har 文件系统的操作

除了 FileSystem 之外，在 HDFS 中，还有 HarFileSystem 类提供了对 Har 文件系统的支持，现举例说明基本操作的处理方法。

【实例 3-8】 Har 文件系统操作举例。

```
public class Ex {
    public static void main(String[] args) throws IOException, URISyntaxException {
    Configuration conf = new Configuration();
    conf.set("fs.defaultFS", "hdfs://master:9000"); //设置默认文件系统 hdfs
    HarFileSystem har = new HarFileSystem(); //创建实例
    //初始化指定 har 文件
    har.initialize(new URI("har:///arc/my2.har"), conf);   //my2.har 文件必须事先经
har 工具创建
    //目录文件列表
    Path dir = new Path("test1"); //har 系统的访问目标路径
    for (FileStatus status : har.listStatus(dir)) {
            System.out.printf("%s %n", status.getPath());
    }
    Path src = new Path("test1/a.sh");
    Path dst = new Path("/home/jmxx/bbb.dat");
    //下载 har 文件到本地
    har.copyToLocalFile(src, dst);
    //判断文件或目录是否存在
    har.exists(new Path("test1/sc.txt"));
    //使用数据流读取文件
    FSDataInputStream in = har.open(src);
    String s;
    while ((s = in.readLine()) != null) {
            System.out.println(s);
    }
    in.close();
    System.out.println(har.getInitialWorkingDirectory()); //取得初始工作目录
    System.out.println(har.getHomeDirectory ()); //取得 HomeDirectory
    }
}
```

小结

HDFS 较好地满足了 Hadoop 在进行数据处理时对于海量数据文件存储方面的需求。本章从 HDFS 的相关原理及体系结构入手，介绍了名称节点、数据节点、数据块、命名空间和辅助名称节点等核心概念。接着，介绍了 HDFS 的数据组织机制，包括多副本存放策略、副本选择、流水线式的数据复制和文件系统元数据的持久化等知识点。然后，讨论了 HDFS 健壮性措施，包括心跳机制和重新复制、安全模式、数据完整性和集群均衡等方面。最后，重点讲解了文件的读写过程，这部分涉及 HDFS 底层的设计，对于 HDFS 的深入理解和进一步的学习十分有益。本章对 HA 高可用架构和 HDFS 联邦也进行了基本的阐述。

提高实践能力是课程的主要目标，所以本章重点介绍了 HDFS 的常用 Shell 操作命令和常用的管理工具，通过学习和练习，读者能够对 HDFS 进行基本的操作和管理。为满足读者今后从事开发工作的需要，本章细致地介绍了使用 Eclipse 进行 Hadoop 开发环境的配置过程和开发流程，对 Java API 进行了较为全面的解释，并提供了大量的示例代码。通过本章的学习，读者完全能够进行 HDFS 编程开发，为后续进行 MapReduce、HBase 和 Hive 等方面的开发工作打下良好基础。

习题

1. 简述 HDFS 的设计目标及局限性。
2. 简述 HDFS 多副本存放策略。
3. 简述 HDFS 文件的读写过程。
4. 简述数据流水线式的复制过程。
5. 辅助名称节点的作用是什么？
6. 什么是 HA？

即测即评

扫描二维码，测试本章学习效果。

实验二 分布式存储 HDFS

一、 实验目的

1. 理解 HDFS 有关概念。
2. 理解 HDFS 体系结构。
3. 掌握 HDFS 开发环境的配置。
4. 熟悉并掌握常用的 HDFS Shell 命令。
5. 理解并掌握 HDFS Java API 及相关编程。

二、 实验内容

1. HDFS Shell 命令的使用。

掌握 mkdir、ls、cp、mv、rm、put、get、chmod 等命令的使用方法。

2. HDFS 工具的使用。

掌握 archive、fsck、balancer、dfsadmin 等工具的含义及使用方法。

3. 完成 Eclipse 的安装及 Hadoop 插件配置。
4. 对 HDFS 进行初步项目开发并掌握开发步骤。
5. HDFS Java API 编程开发。

(1) 目录与文件的创建和删除。

(2) 文件的上传和下载。

(3) 使用数据流完成文件之间及 HDFS 与本地文件系统的数据复制。

(4) 对 Har 文件系统进行判断文件是否存在、列目录、下载和内容读取等操作。

第4章 并行编程框架 MapReduce

MapReduce 是 Hadoop 系统的分布式计算框架，负责数据的计算处理，是 Hadoop 系统的核心组件之一。本章将介绍 MapReduce 的相关原理、I/O 序列化机制、MapReduce 的输入输出、任务相关类等知识，并给出丰富的编程实例，使读者对 MapReduce 框架有比较全面、系统的认识，并较好地掌握 MapReduce 编程开发方法。

4.1 MapReduce 原理

4.1.1 MapReduce 概述

MapReduce 是 Hadoop 系统的核心组件，是一种分布式计算模型，用以在大规模数据集上进行并行计算。MapReduce 将并行计算的很多复杂问题，例如，分布式存储、工作调度、负载均衡、容错处理、网络通信、任务并行化等，交由 MapReduce 框架负责处理。MapReduce 屏蔽了底层实现细节，提供编程接口，使许多没有分布式编程经验的开发人员也可以轻松地将程序运行到分布式系统上。

Hadoop MapReduce 在很大程度上借鉴了谷歌公司 MapReduce 的设计思想，通过对大量分布式处理问题的总结和抽象，采用了一种被称为“分而治之”的数据处理模式，将一个分布式处理过程分为 Map 和 Reduce 两个阶段。Map 阶段由多个可并行执行的 Map Task 构成，将待处理的数据集切分成同等大小的数据分片，每个分片交由一个 Map Task 处理，通俗地讲就是把复杂的大任务分解为若干个简单的小任务并行执行。Reduce 阶段由多个可并行执行的 Reduce Task 构成，对 Map 阶段产生的结果进行归约，进而得到最终的计算结果。这样，MapReduce 把对大数据集的操作，分发给一个主节点管理的各子节点并行执行，接着通过汇总各子节点的中间结果，得到最终的运行结果，并输出到分布式文件系统上。

MapReduce 框架在编程方法上，开发人员主要需要编写 Map 和 Reduce 阶段对应的 Map 和 Reduce 两个方法，就可以实现基本的并行分布式计算任务。MapReduce 框架使得开发人员即使在不深入理解分布式计算框架的内部运行机制的情况下，通过掌握 Map 和 Reduce 两个方法的编程，就可以轻松地开发分布式应用，并发布到 Hadoop 集群上运行。这样大大降低了开发并行应用系统的技术门槛，减轻了软件开发人员的负担。

不过需要注意的是，MapReduce 适合处理的数据集必须具有这样的特点：该数据集可以分成许多小的数据集，而且每个小的数据集可以完全并行地进行处理。

1. MapReduce 优势

（1）开发简单。借助 MapReduce 编程模型，开发人员可以不用考虑进程间通信、套接字编程、并发处理、负载均衡等复杂的机制，只需要实现一些简单的业务逻辑，其他交由框架去处理，简化了分布式程序的编写难度。

（2）可扩展性强。当计算机处理能力得不到满足时，可以通过简单的增加节点来扩展它的计算能力。多项研究发现，基于 MapReduce 的计算性能可以随节点数目增长保持近似于线性的增长，这个特点是 MapReduce 处理海量数据的关键。

（3）容错性强。对于节点故障造成的失败，MapReduce 可以把计算任务自动转移到另一个正常节点上运行，不至于使整个任务运行失败。

2. MapReduce 的局限

在有些场景下，MapReduce 实现效果较差，并不适合用 MapReduce 来处理，主要表现在以下几个方面。

（1）实时计算。MapReduce 无法像 Oracle 或 MySQL 那样在毫秒级内返回结果，如果需要大数据量的毫秒级响应，可以考虑使用 HBase。

（2）流计算。流计算的输入数据是动态的，而 MapReduce 自身的设计特点决定了数据源必须是静态的，不能动态变化。如果需要处理流式数据可以用 Storm、Spark Streaming 和 Flink 等流计算框架。

（3）有向图（DAG）。如果参与计算的多个应用程序存在依赖关系，且前一个应用程序的输出作为后一个的输入，使用 MapReduce 后，每个 MapReduce 作业的输出结果都会写入磁盘，会造成大量的磁盘 I/O，导致性能非常低下，此时可以考虑选用 Spark 等迭代计算框架。

4.1.2 MapReduce 系统架构

Hadoop MapReduce 发展到现在已经有 MRv1 和 MRv2 两个版本，目前这两个版本都在使用，只是对应的 Hadoop 版本不同。MRv1 运行在 Hadoop 1.x 版本中，MRv2 运行在 Hadoop 0.23.x和 Hadoop 2.x 版本中。MRv2 引入了分布式集群资源管理和调度平台 Yarn，有关 Yarn 的内容在本书 5.1 节中介绍，本章主要介绍 MRv1。

MRv1 采用 Master/Slave（M/S）架构，如图 4.1 所示，主要包括以下组件：Client、JobTracker、TaskTracker 和 Task。

1. Client

客户端（Client）负责编写 MapReduce 代码，配置作业，提交作业。用户编写的 MapReduce 程序通过客户端提交到 JobTracker 端。同时，用户可以通过客户端提供的一些接口查看作业的运行状态。在 Hadoop 内部用“作业”（Job）表示 MapReduce 程序，一个 MapReduce 程序可对应若干个作业，而每个作业会被分解成若干个 MapReduce 任务（Task）。

2. JobTracker

JobTracker 主要负责资源监控和作业调度，一个 Hadoop 集群中只有一个 JobTracker。JobTracker 监控所有 TaskTracker 与作业的健康状况，一旦发现有失败情况发生，会将相应的任务转移到其他节点；同时 JobTracker 会跟踪任务的执行进度、资源使用量等，并将这些信息通知给任务调度器(TaskScheduler)，而任务调度器会在资源出现空闲时，选择合适的任务使用这些资源。在 Hadoop 中，任务调度器是一个可插拔的模块，用户可以根据自己的需要设计相应的任务调度器。

3. TaskTracker

TaskTracker 运行在 DataNode 上，负责管理本节点的计算任务的执行。TaskTracker 会周期性地通过 Heartbeat(心跳机制)将本节点上资源的使用情况和任务的运行进度汇报给 JobTracker，同时接收 JobTracker 发送过来的命令并执行相应操作(如启动新任务、杀死任务等)。TaskTracker 使用槽(slot)等量划分本节点上的资源量。slot 代表计算资源(CPU、内存等)。一个 Task 获取到一个 slot 后才有机会运行，而 Hadoop 调度器的作用就是将各个 TaskTracker 上的空闲 slot 分配给 Task 使用。在 MRv1 版本中，slot 分为 Map slot 和 Reduce slot 两种，分别供 Map Task 和 Reduce Task 使用。在 MRv2 版本中，不区分 Map slot 和 Reduce slot，资源统一分配。TaskTracker 通过 slot 数目(可配置参数)限定 Task 的并发度。

4. Task

Task 分为 Map Task 和 Reduce Task 两种，均由 TaskTracker 启动。

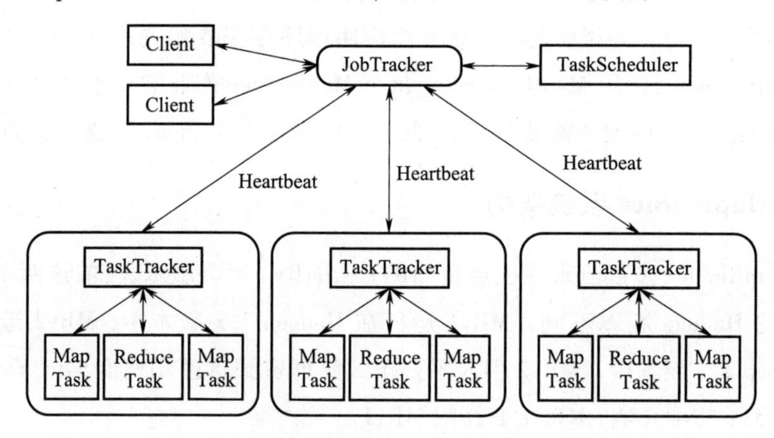

图 4.1　Master/Slave 架构

4.1.3　MapReduce MRv1 执行机制

一个 MapReduce MRv1 作业的执行流程是，编写代码→作业配置→作业提交→Map 任务的分配和执行→处理中间结果→Reduce 任务的分配和执行→作业完成。在每个任务的执行过程中，又包括输入准备→任务执行→输出结果。MapReduce MRv1 作业执行流程图如图 4.2 所示。

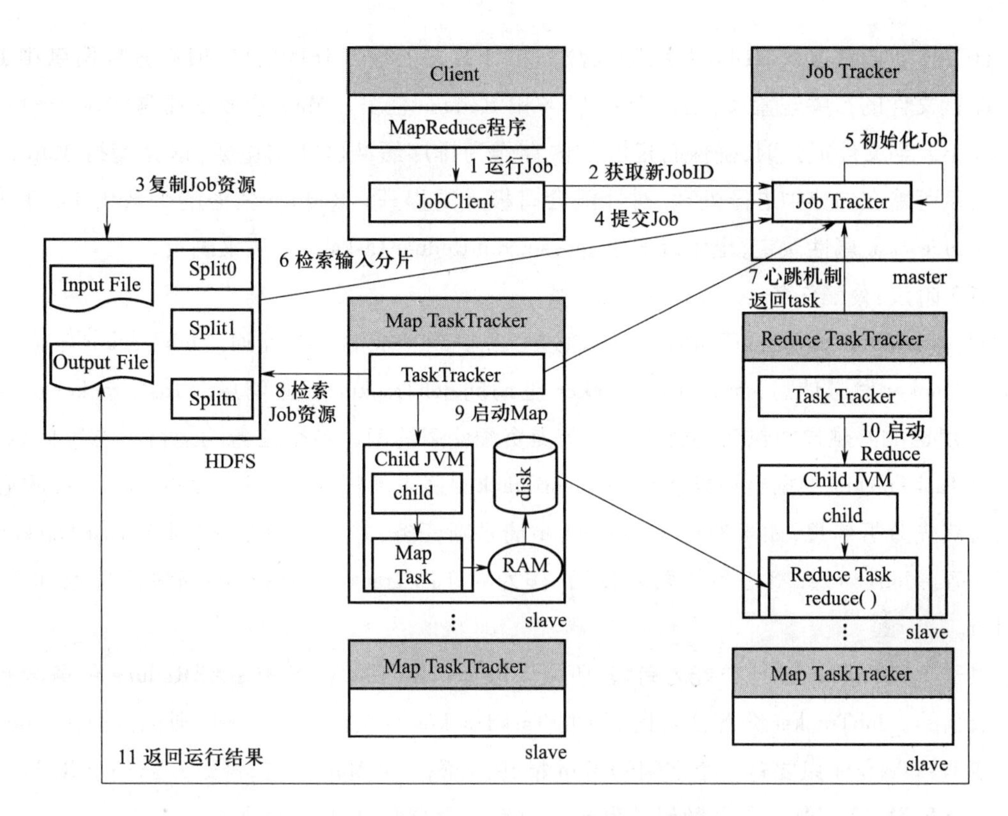

图 4.2 MapReduce 作业执行流程图

第 1 阶段:客户端提交作业

(1) 客户端通过创建 JobClient 实例,启动作业。

(2) 通过调用 JobTracker 的 getNewJobID( )方法向 JobTracker 请求获取一个新的 JobID,用来标识本次作业。JobClient 会进一步检查提交的作业有没有指定输出目录,若输出目录已经存在,则停止作业的提交,抛出错误异常。然后检查输入路径是否存在,若存在,就计算作业的输入分片,否则将错误异常返回给 MapReduce 程序。

(3) 如果检查没有错误发生,JobClient 将作业运行需要的资源复制到 HDFS 分布式文件系统中以 JobID 命名的目录下。作业运行需要的资源包括本次作业相关的配置文件、输入数据分片的数量以及包含 Mapper 和 Reducer 类的 jar 文件等。

(4) 完成上述准备工作后,JobClient 通过调用 JobTracker 的 submitJob( )方法提交作业,通知 JobTracker 作业准备执行。

第 2 阶段:初始化作业

(5) JobTracker 接收到 submitJob( )方法后,由于可能需要处理多个 JobClient 提交的作业请求,所以 JobTracker 将提交的作业放到一个内部队列中,交给作业调度器进行调度,并对其进行初始化。作业初始化的主要工作是创建作业运行对象 JobInProgress,它封装了该作业包含的任务和作业运行状况的信息,方便后续记录、跟踪任务的执行状态和进度。

(6) 作业调度器从 HDFS 获取输入数据和计算好的输入分片信息,根据分片信息和 JobConf 配置文件的有关配置项,创建 Map 任务和 Reduce 任务。Map 的数量通常取决于输入文件的大小。当文件很大时,确保有足够的内存作为排序缓冲区非常重要,这会使得 Map 任务的输出尽可能在内存中进行处理,对性能会有极大的提升。Reduce 任务的个数由 Job 的 mapred.reduce.task 属性决定,也可以通过 job.setNumReduceTasks( )方法来确定。

第 3 阶段:分配任务

(7) TaskTracker 和 JobTracker 之间通过心跳机制实现消息的互通。JobTracker 不会主动向 TaskTracker 发送信息,而是 TaskTracker 主动向 JobTracker 发送信息。TaskTracker 向 JobTracker 发送的心跳包中包括是否存活、节点资源使用情况、各个任务的运行状态等信息,并且含有 TaskTracker 根据自身条件是否向 JobTracker 请求新任务的信息。JobTracker 接收心跳信息后首先分析信息,如果发现 TaskTracker 请求新任务,并且队列非空,则给 TaskTracker 分配新任务。JobTracker 将任务信息封装后,作为对 TaskTracker 心跳包的回复信息返回 TaskTracker。

由于 TaskTracker 的计算能力有限,所以可以运行的 Map 任务数量和 Reduce 任务数量也是有限制的。JobTracker 分配任务时,只要 TaskTracker 有空闲的任务槽,则优先分配 Map 任务。该 TaskTracker 只要有一个空闲的 Map 槽,就分配一个 Map 任务,否则分配一个 Reduce 任务。也就是说,只有 Map 任务数量达到最大之后才会分配 Reduce 任务。

JobTracker 为 TaskTracker 分配 Map 任务时,为了减少数据传输量,会遵循就近原则,选取距离最近的 InputSplit 分配给该 TaskTracker。

第 4 阶段:执行任务

(8) 在运行 Map 和 Reduce 任务前,将应用程序所需的必需的数据、配置信息、jar 文件等复制到 TaskTracker 所在的本地文件系统,实现任务本地化。然后 TaskTracker 为任务创建一个本地工作目录,并把 jar 文件解压到这个目录下。

(9) TaskTracker 接收到 JobTracker 分配的 Map 任务后,系统将创建一个 TaskInProgress 实例用于监控和调度该 Task。TaskTracker 会新建一个 TaskRunner 实例,启动一个单独的 JVM,并在其中启动 MapTask,执行 jar 文件中的 map( )方法。MapTask 将 map( )生成的输出数据先存入缓冲区,再溢写到本地磁盘。MapTask 执行期间定期与 TaskTracker 通信,报告执行情况,再由 TaskTracker 报告给 JobTracker。

(10) 在部分 Map 任务完成后,JobTracker 会分配 Reduce 任务。TaskTracker 会新建一个 TaskRunner 实例,启动一个单独的 JVM,并在其中启动 ReduceTask,执行 jar 文件中的 reduce( )方法。ReduceTask 将所需的数据从 Map 节点下载,为后续处理做好准备工作。当所有的 Map 任务都完成后,JobTracker 才会通知所有的 Reduce 端 TaskTracker 开始 Reduce 任务的执行。ReduceTask 执行期间定期与 TaskTracker 通信,报告执行情况,再由 TaskTracker 报告给 JobTracker。

TaskTracker 定期发送心跳包给 JobTracker,报告自己的任务执行状态。JobTracker 把所有 TaskTracker 的统计信息合并起来,生成一个全局的作业进度统计信息,含有正在运行的所有作业及其任务的状态。

第 5 阶段:完成作业

(11) 当 JobTracker 接收到最后一个任务已完成的通知后,便把作业的状态设置为“成功”。此后,JobClient 第一次状态轮询请求到达时会知道作业已经完成。于是 JobClient 告知用户程序作业完成,从 waitForCompletion( )方法返回。Job 的统计信息和计数值也在这个时候输出到控制台。最后,JobTracker 清空作业的工作状态,并通知 TaskTracker 也清空工作状态,如删除中间输出等。

4.1.4 MapReduce 工作流程

MapReduce 工作流程如图 4.3 所示。首先,按照某种策略将 HDFS 上的输入数据切分成若干个输入分片 InputSplit; Map 阶段接收一组键值对 < key,value > 形式的数据,然后对其进行有关的业务处理,并映射成一组新的键值对 < key,value > 形式的数据; 根据 MapReduce 框架的机制,具有相同的键 key 的数据,会交付到同一个 Reduce 进行下一步处理; Reduce 阶段对数据进行具体的业务处理并汇总输出。不同的 Map 任务之间不会进行通信,不同的 Reduce 任务之间也不会发生任何信息交换。

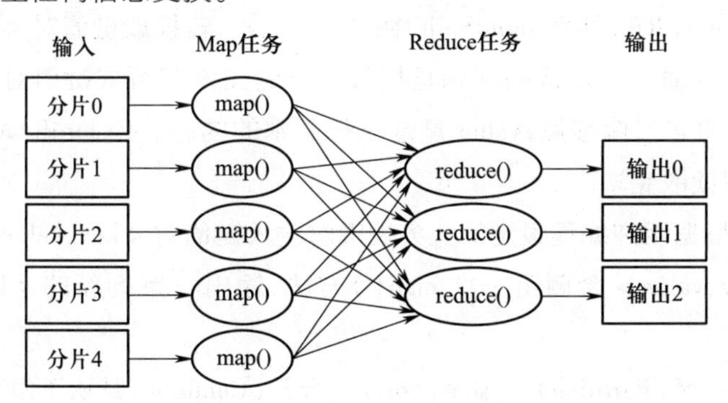

图 4.3　MapReduce 工作流程

MapReduce 工作流程的各个阶段如图 4.4 所示,下面分别介绍各个阶段的具体的工作。

(1) 输入分片 InputSplit。在进行 Map 计算之前,MapReduce 会使用 InputFormat 模块做数据的预处理,例如验证输入格式是否与输入设定的相符。然后对数据进行分片,将输入分成多个 InputSplit。InputSplit 只是逻辑上的概念,不会对文件做物理上的切割,它只包含一些元数据信息,比如数据起始位置、数据长度和数据所在节点等。InputSplit 的划分方法可以由用户自己设定。InputSplit 大小对同一应用来说是固定的,一般与数据块 Block 的大小相同。

MapReduce 处理单位是 InputSplit,每个 InputSplit 会交由一个 Map 任务处理,InputSplit 数目的多少决定 Map 任务的数量。但需要注意的是,每个 Map 任务处理的 InputSplit 是不能跨

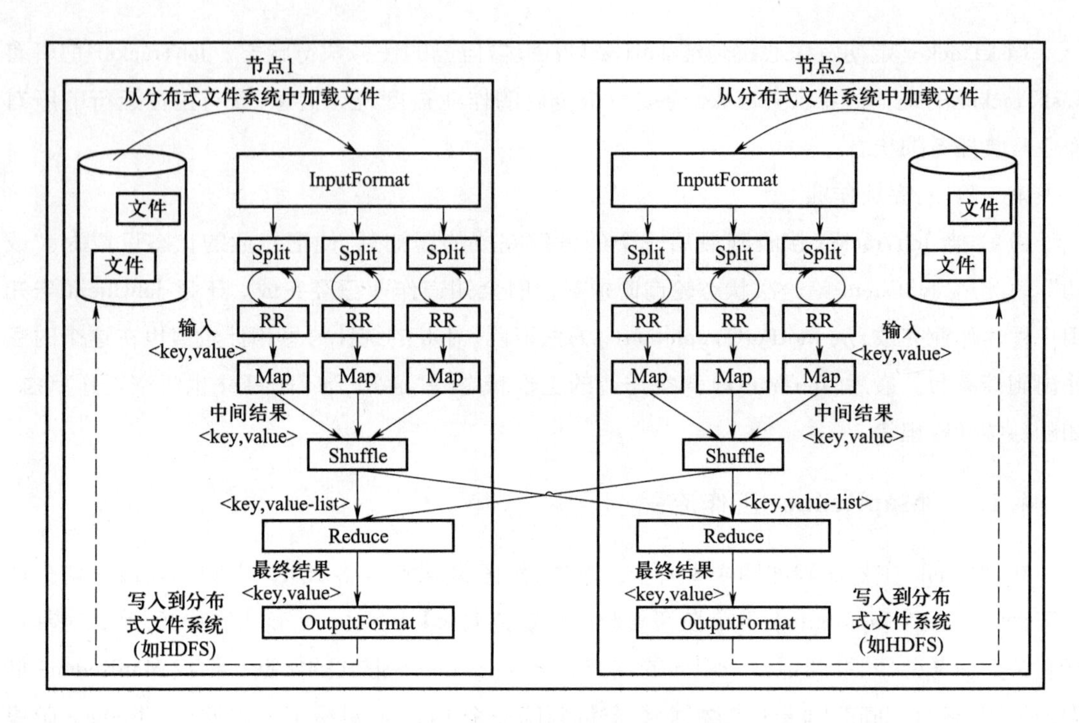

图 4.4　MapReduce 工作流程的各个执行阶段

文件的。

（2）RecordReader（RR）处理 InputSplit 中的具体记录，转换成键值对 <key,value> 形式的数据作为 Map 任务的输入。默认的规则是把每一行的文本解析成键值对 <key,value>，key 是每一行在文件中的字节偏移量，value 是这一行文本的内容。RecordReader 会被重复调用，直到 InputSplit 数据读取完毕。

（3）Map 任务根据用户编程设定的业务逻辑对输入键值对 <key,value> 进行处理。每个输入的键值对 <key,value> 会调用一次 map( ) 方法，输出一系列新的 <key,value> 形式的数据。

（4）数据经过分区（Partition）、排序（Sort）、合并（Combine，默认不发生）和归并（Merge）等操作后，形成一组 <key,value-list> 形式的数据作为 Reduce 阶段的输入，这个阶段又称 Shuffle 阶段。

（5）Reduce 任务到对应的一个或多个 Map 任务节点复制属于自己的数据，然后进行业务处理，最后，Reduce 任务将结果输出到 OutputFormat 模块。在 MapReduce 框架中 Reduce 阶段是可选的，用户可以根据业务需要决定是否编写这部分的代码。

（6）OutputFormat 模块会检查输出目录是否存在，输出结果类型是否与设置的输出类型相匹配等。如果这些检查都符合要求，则输出 Reduce 结果到分布式文件系统上。

4.1.5　Shuffle 过程

Hadoop 的核心思想是 MapReduce，而 Shuffle 又是 MapReduce 的核心。在 MapReduce 的

计算框架中,Shuffle 过程介于 Map 和 Reduce 之间,是连接 Map 和 Reduce 之间的桥梁。Shuffle 过程包括对数据进行分区、排序、合并等处理阶段。MapReduce 的 Shuffle 分为 Map 端的 Shuffle 和 Reduce 端的 Shuffle 两部分,如图 4.5 所示。

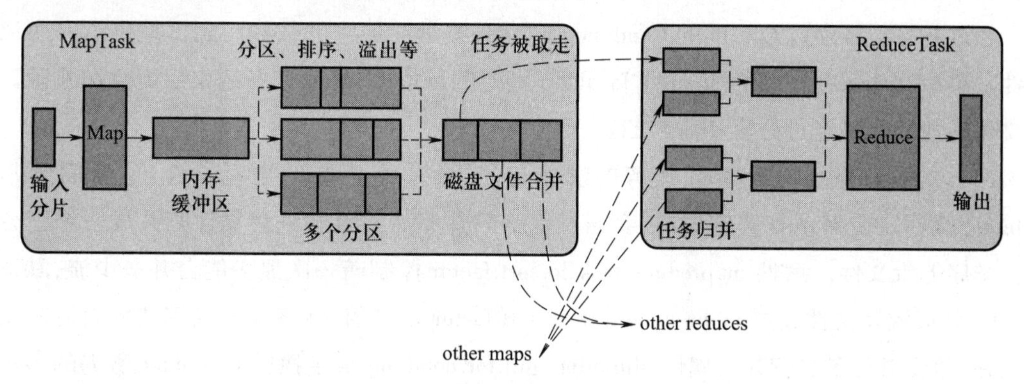

图 4.5　MapReduce 的 Shuffle 过程

1. Map 端的 Shuffle

Map 端的 Shuffle 过程主要分为以下 4 个步骤,如图 4.6 所示。

(1) 执行 Map 任务。Map 任务从 HDFS 中读取数据,执行 map()处理方法,Map 任务接收 <key,value> 形式的数据,并按照一定的规则转换为需要的 <key,value> 输出。

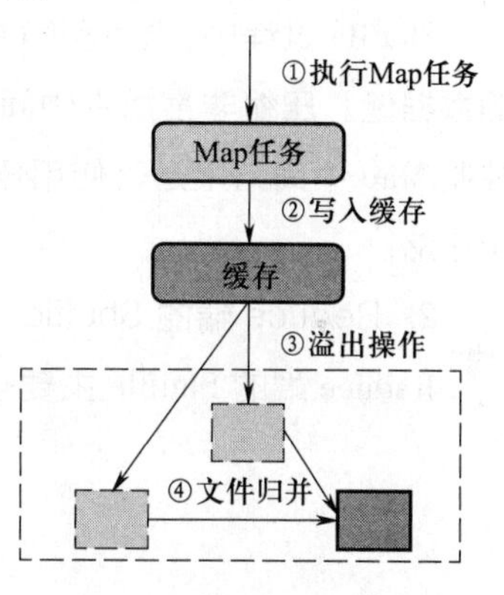

图 4.6　Map 端的 Shuffle

(2) 写入缓冲区。每个 Map 计算产生输出结果时,并不是直接写到磁盘文件中的,而是写到一个环形内存缓冲区中。当写入缓冲区的数据达到设定的阈值时,系统将会启动一个线程将缓冲区的数据写到磁盘上,这个过程叫做溢写 spill。每次溢写操作都会生成新的溢写文件。溢写由单独的线程完成,它不会影响将 Map 结果写入缓冲区的线程。如果 Map 的写入速度大于溢写的速度,缓冲区会被填满,这时 Map 任务必须等待。缓冲区的大小和阈值可通过 Hadoop 的 io.sort.mb 属性和 io.sort.spill.percent 属性设置。缓冲区默认大小是 100 MB,阈值默认为 0.8。设置合适的缓冲区的大小和阈值可以保证缓冲区不被填满,防止 Map 阻塞。

(3) 溢写操作。在溢写之前,需要对缓冲区中 <key,value> 形式的数据进行分区操作,归属同一分区的数据由同一 Reduce 处理。默认的分区方式是采用 Hash 方法对 key 进行 Hash 处理后,再用 Reduce 的数量进行取模,即 hash(key) mod R,R 表示 Reduce 的数量。这种分区方法能够起到均衡 Reduce 负载的作用,也可以保证不同 Map 上具有相同 key 的数据交由同一 Reduce 集中处理。用户也可以重载 Partition 接口实现自定义分区。

Map 阶段会对每个分区中的键值对 <key,value> 进行排序操作,默认按 key 进行升序排序。用户可以根据业务需求自定义排序规则。

排序操作结束后还有一个可选的合并(Combine)操作,合并操作的目的是使得输出结果数据量大幅减少,同时减少了本地节点与 Reduce 节点之间的网络数据传输量,也减轻了 Reduce 的处理压力。

经过分区、排序以及可能的 Combine 操作后,将缓冲区中的数据写到本地磁盘产生溢写文件。溢写文件保存在属性 mapred. local. dir 指定的目录中,Map 任务结束后就会被删除。溢写文件的数据都是经过分区和排序的。

(4) 文件归并。随着 Map 任务的继续运行,会产生更多的溢写文件,这就需要归并(Merge)操作。在 Map 任务完成前,会通过多路归并算法将这些溢写文件归并成一个已分区和已排序的大文件。属性 mapreduce.task.io.sort.factor 控制着一次最多能合并多少流,默认值是 10。如果溢写文件超过 mapreduce.task.io.sort.factor 设定值,就不能一次完成所有溢写文件的归并,需要进行多次归并。属性 min.num.spill.for.combine 决定执行 Combiner 所需的最小溢写文件数,默认值是 3。当使用了 Combiner,并且溢写文件数达到设定值时,Combiner 就会再次运行。与此相反,如果溢写文件数未达到设定值,就不会执行 Combiner。整个归并期间 Combiner 可能执行多次。

Shuffle 过程中,溢写和归并期间都是可以采用压缩的。压缩的好处在于减少了读写磁盘的数据量。压缩非常适用中间结果非常大、磁盘速度成为 Map 任务执行瓶颈的作业使用。控制 Map 中间结果是否使用压缩的属性为 mapred.compress.map.output,默认值是 false,即不启用压缩。

2. Reduce 端的 Shuffle

Reduce 端的 Shuffle 主要包括两个阶段,如图 4.7 所示。

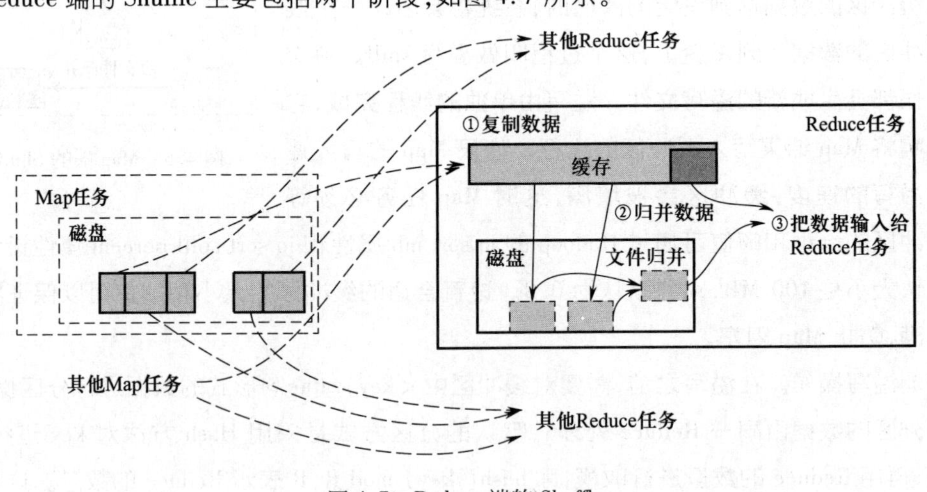

图 4.7 Reduce 端的 Shuffle

(1) 复制数据。在 MRv1 中,当一个 Map 任务完成之后,会通知 TaskTracker,进而通过心跳机制通知 JobTracker。JobTracker 记录了 Map 输出和 TaskTracker 的映射关系。Reduce 会定期向 JobTracker 获取 Map 的输出位置。

在 MRv2 中，当一个 Map 任务完成之后，会通知 ApplicationMaster，对于指定作业，ApplicationMaster 知道 Map 输出和 NodeManager 之间的对应关系。Reduce 端的一个线程会定期询问 ApplicationMaster，以获取已完成 Map 的输出位置。

Reduce 获得该位置信息之后，通过 HTTP 协议，开始将属于自己的分区数据复制到本地。一般系统中存在多个 Map 任务，复制过程不是等所有的 Map 任务完成后才开始启动，只要其中有一个 Map 任务先完成，就启动复制过程。为了提高效率，Reduce 会开启多个线程同时从多个 Map 端复制数据。从 Map 端复制的数据首先被放入内存缓冲区，因为在 Shuffle 阶段 Reduce 任务尚未运行，因此，可以将大部分内存分配给 Shuffle 使用。如果 Map 端的数据存在压缩，还会在内存中进行解压缩操作。

（2）归并数据。当缓冲区中的数据量达到阈值时，与 Map 端类似会进行溢写操作。当溢写操作执行时，由于数据来自多个 Map，具有相同 key 的键值对 < key, value > 会被归并处理，这个过程又称作内存到磁盘的归并。如果设置了 Combiner，还会对归并后的数据进行合并操作。每次溢写操作都会生成一个溢写文件，一般在磁盘会存在多个溢写文件。接着会进行溢写文件的归并，多个溢写文件将被归并为一个溢写文件，同时对键值对 < key, value > 进行排序，从而保证归并后的大溢写文件也是有序的，这个过程又称作磁盘到磁盘的归并。属性 mapreduce.task.io.sort.factor 限制参与归并的文件数量，因此可能需要进行多轮归并才能完成。数据归并的目的并不是要把所有的文件归并为一个大文件，当归并后的文件数量减少到 mapreduce.task.io.sort.factor 指定的数量以下或相同就停止了。因为最后一轮归并可以让所有文件一起进行归并排序，输出结果直接作为 Reduce 的输入，其效果与归并为一个大文件再传给 Reduce 作为输入的效果相同。

当 Map 端的数据很少时，内存中的数据量达不到阈值，就不会进行溢写操作，直接在内存中进行归并，然后作为 Reduce 的输入。

4.1.6 WordCount 处理示例

1. 任务描述

WordCount 是 Hadoop 自带的 MapReduce 示例程序，其功能是进行词频统计，即统计文本文件中每个单词出现的次数。

2. 待处理的数据

系统要处理的数据包含三个文件：a1.txt、a2.txt 和 a3.txt。

文件 a1.txt 有两行，内容如下：

I want what

you want

文件 a2.txt 有两行，内容如下：

I want to do

what I want

文件 a3.txt 有两行，内容如下：

what do you

want to do

3. 处理过程

（1）Split 阶段。由于测试文件较小，将每个文件作为一个 InputSplit。对于每个 InputSplit 按行进行分割形成 <key,value>形式的键值对，作为 Map 阶段的输入，key 表示该行在文件中的字节偏移量，value 是该行的文本内容。Split 阶段的数据处理如图 4.8 所示。

（2）Map 阶段。输入数据的类型是 <key,value>，value 即 Split 阶段拆分后的一行文本的内容。分析 value，解析出文本行中含有的每个单词 word，并映射成 <key,value>形式的数据，作为 Map 阶段的输出。这里，key 为具体的每个单词，值 value 设为 1，表示该单词个数为 1，例如，"I want what" 会处理成 <I,1>、<want,1>、<what,1>。Map 阶段的输入输出如图 4.8 所示。

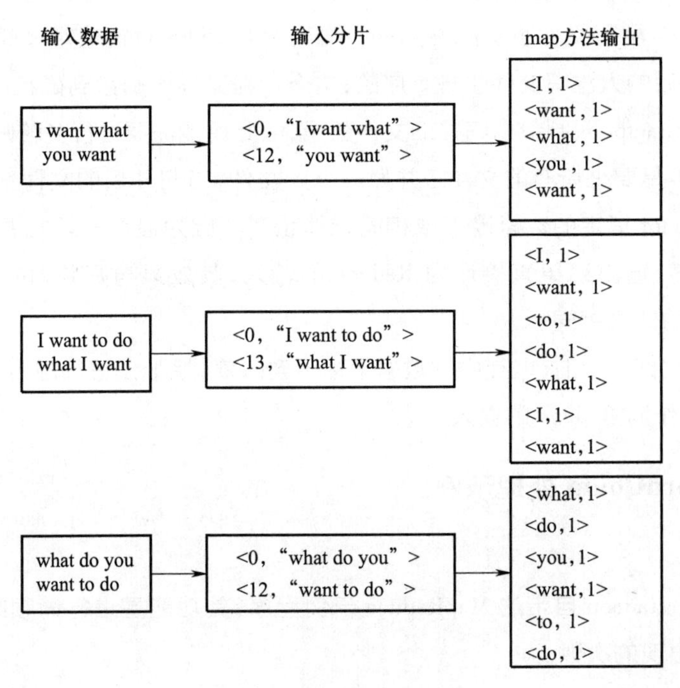

图 4.8 Map 输入输出

（3）Map 阶段的 Shuffle。在没有设置 Combiner 的情况下，Map 阶段的 Shuffle 的输入和输出如图 4.9 所示。

在设置 Combiner 的情况下，Map 阶段的 Shuffle 的输入和输出如图 4.10 所示。

（4）Reduce 端 Shuffle。Reduce 从 Map 端获取所属数据，进行 Reduce 端的 Shuffle 的处理，其输入和输出如图 4.11 所示。

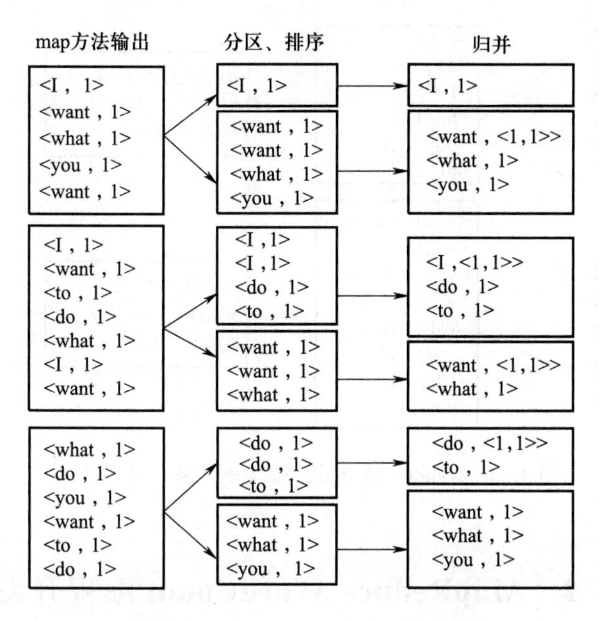

图 4.9 Map 端 Shuffle 输入输出——未设置 Combiner

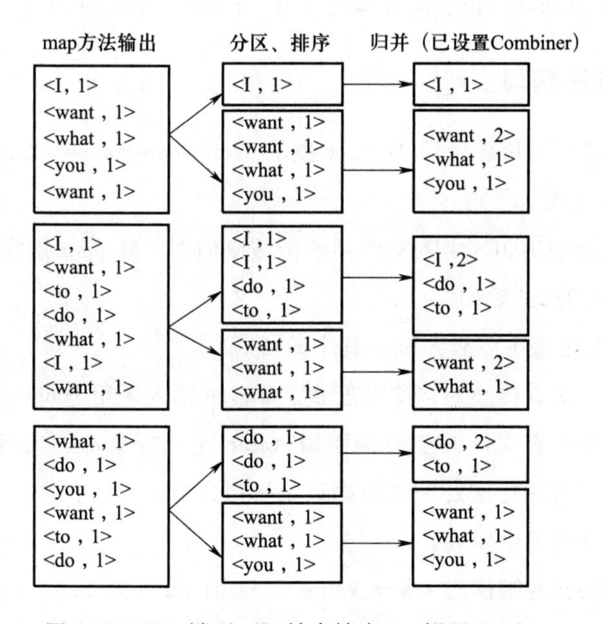

图 4.10 Map 端 Shuffle 输入输出——设置 Combiner

（5）Reduce 阶段。Reduce 阶段输入是 < key,value-list > 形式的数据，对 value-list中的数值求和就是 key 对应的数量。这一过程的输入输出也在图 4.11 体现。

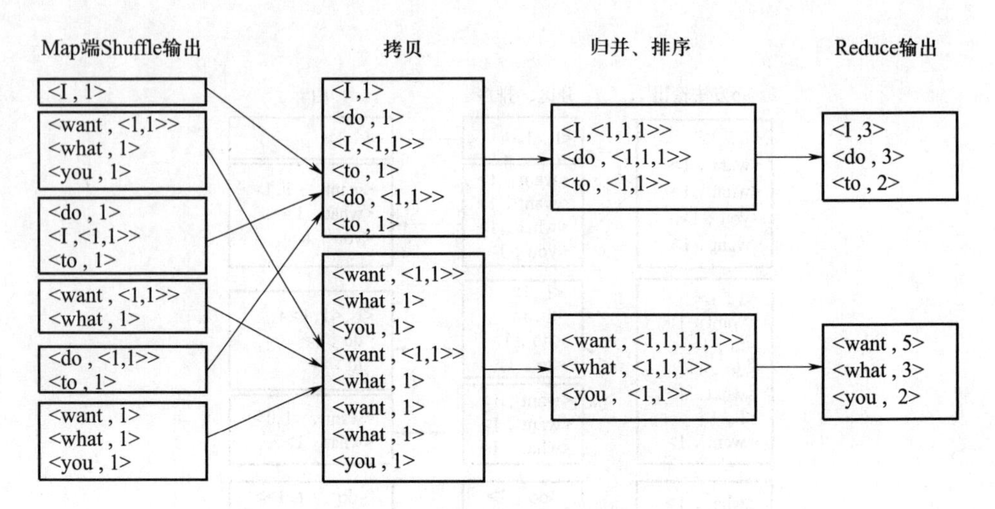

图 4.11　Reudce 端 Shuffle 输入输出及 Reduce 输出

4.2　MapReduce WordCount 编程开发

本节介绍 WordCount 编程过程，需要编写 map、reduce 和 main 方法。

4.2.1　map 方法编写

在 WordCount 中需要编写继承自 Mapper 类的 WordCountMapper 类，重写 map 方法，Mapper 类具体介绍见 4.6.1 节。

Mapper 任务用来读取 HDFS 中的文件并解析成键值对。Mapper 接收键值对形式的数据，经过处理，再以键值对的形式输出。

map( )方法的处理过程主要分为以下几个阶段。

（1）将输入的一行文本转换为字符串形式。Map 的输入采用 Hadoop 默认的输入方式，即 < key,value >，key 为该行在文件的字节偏移量，value 为该行文本的内容。在 WordCount 中，可以将此理解为 map( )方法每次处理的数据只是一行文本。

（2）将字符串分解为单个单词。

（3）将单个单词转换为键值对 < key,value >，这里 value 为 1，即 < key,1 >形式。例如，将“hadoop”转换为< hadoop,1 >，key 为 hadoop，value 为 1。

（4）输出键值对。

WordCountMapper 类的代码如下。

```
public static class WordCountMapper extends Mapper < Object, Text, Text, IntWritable > {
    private final static IntWritable one = new IntWritable(1);
//这里 1 表示每个单词出现一次，map 的输出 value 就是 1
```

```
    private Text word = new Text( );
    public void map( Object key, Text value, Context context) throws IOException, Interrupt-
edException {
        StringTokenizer itr = new StringTokenizer( value.toString( ) );/ * 将 Text 类型的 value
转化成字符串类型,然后通过使用 StringTokenizer 类将字符串分解为单个单词,并将单词存放
在迭代器中 * /
        while (itr.hasMoreTokens( )) {
            word.set( itr.nextToken( ));
            //将迭代器中的单词赋值为 1,构建 <key,value> 形式,其中 key 为 word,val-
            ue 为 1
            context.write( word, one);
            }
        }
    }
```

4.2.2 reduce 方法编写

在 Reduce 阶段开始之前,Map 阶段输出的结果会经过分区、排序和归并等操作,将 Map 阶段输出的键值对按 key 值分组,得到 <key,value - list>的形式(例如,<hadoop, <1,1,1 >>),然后分发给不同的 Reduce 任务。在 WordCount 中需要编写继承自 Reducer 类的 WordCountReducer 类,重写 reduce 方法。Reducer 类的具体介绍参见 4.6.5 节。Reduce 阶段的处理过程主要是对 key 值相等的键值对调用一次 reduce 方法,进行汇总计算,最后把输出的键值对写入到 HDFS 中。

在 WordCount 中,reduce 方法的执行逻辑是将 value - list 的数值相加,求和的结果就是单词 key 出现的次数,然后输出。

WordCountReducer 类的代码如下。

```
public static class WordCountReducer extends Reducer <Text,IntWritable,Text,IntWritable> {
    private IntWritable result = new IntWritable( );
    public void reduce( Text key, Iterable <IntWritable> values,Context context) throws IO-
Exception, InterruptedException {
        int sum = 0;
        for (IntWritable val:values) {
            sum += val.get( );
        }
        result.set( sum);
```

```
        context.write(key, result);
    }
}
```

4.2.3 main 方法编写

为保证 Mapper 和 Reducer 的正常运行,MapReduce 提供了一个 Job 类,运行用户配置作业、提交作业、控制作业并查询状态。

Job 公共类位于源码包"org.apache.hadoop.mapreduce"中,继承了 JobContext 接口的实现类 JobContextImpl,通过 set 设置输入输出的数据类型、文件输入输出的路径、Mapper 和 Reducer 类等信息。下面是 WordCount 案例的 main 代码,对 Job 进行了一些设置。

```
public static void main(String[] args) throws Exception {
        Configuration conf = new Configuration();
        Job job = Job.getInstance(conf, "word count");//实例化任务
        job.setJarByClass(WordCount.class);//设定主类
        job.setMapperClass(WordCountMapper.class);//设置 Mapper 类
        job.setReducerClass(WordCountReducer.class);//设置 Reducer 类
        job.setMapOutputKeyClass(Text.class);//设置 Map 输出的 Key 格式
        job.setMapOutputVauleClass(IntWritable.class);//设置 Map 输出的 Value 格式
        job.setOutputKeyClass(Text.class);//设置 Reduce 输出的 Key 类型
        job.setOutputValueClass(IntWritable.class);//设置 Reduce 输出的 Value 类型
        //指定输入文件路径地址
        FileInputFormat.addInputPath(job, new Path("hdfs://master:9000/data/aaa"));
        //指定输出文件路径地址
        FileOutputFormat.setOutputPath(job, new Path("hdfs://master:9000/output1"));
        System.exit(job.waitForCompletion(true) ?0 : 1);
}
```

通过创建 Configuration 实例,获得集群的环境变量情况,接着建立 Job 的实例,把 Configuration 实例赋予 Job 的构造方法。在 Job 作业中,通过 setJarByClass 设定主类,通过 setMapperClass 和 setReducerClass 设置 Job 作业需要执行的 Mapper 和 Reducer 类,通过 setOutputKeyClass 和 setOutputValueClass 设置 reduce 输出的 Key 和 Value 的类型。最后通过 FileInputFormat.addInputPath 和 FileOutputFormat.setOutputPath 设定输入和输出数据的文件路径。

4.2.4 开发步骤

1. 准备需要处理的数据

在本地编辑待处理的数据文件 a1.txt、a2.txt 和 a3.txt,录入样本数据,内容同 4.1.6 节。

在 HDFS 目录下创建一个 wordcount/input 目录,将准备的数据文件放置在该目录下。

```
[jmxx@master~]$ hdfs dfs -mkdir -p /wordcount/input
[jmxx@master~]$ hdfs dfs -put /home/jmxx/data/a1.txt /wordcount/input
[jmxx@master~]$ hdfs dfs -put /home/jmxx/data/a2.txt /wordcount/input
[jmxx@master~]$ hdfs dfs -put /home/jmxx/data/a3.txt /wordcount/input
```

查看 wordcount 目录及文件的内容。

```
[jmxx@master~]$ hdfs dfs -ls /wordcount/*
[jmxx@master~]$ hdfs dfs -cat /wordcount/input/a1.txt
```

2. 创建 MapReduce 项目 wordcount

创建 MapReduce 项目,以"wordcount"作为项目名,如图 4.12 所示。

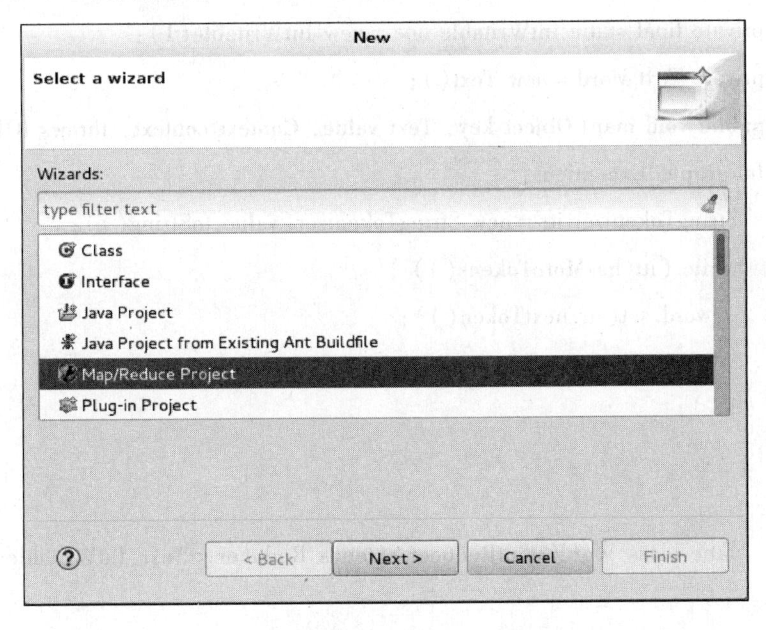

图 4.12 创建 MapReduce 项目

3. 编写代码

(1) 在项目名上右击,选择 New→Class 命令,创建一个 class 文件,并命名为 WordCount,设置好之后直接单击 Finish 按钮。

(2) 给类 WordCount 编写代码,完整代码如下。

【实例 4-1】 WordCount 实例。

```
package wordcount;
```

```
import java.io.IOException;
import java.util.StringTokenizer;
import org.apache.hadoop.conf.Configuration;
import org.apache.hadoop.fs.Path;
import org.apache.hadoop.io.IntWritable;
import org.apache.hadoop.io.Text;
import org.apache.hadoop.mapreduce.Job;
import org.apache.hadoop.mapreduce.Mapper;
import org.apache.hadoop.mapreduce.Reducer;
import org.apache.hadoop.util.GenericOptionsParser;
import org.apache.hadoop.mapreduce.lib.input.FileInputFormat;
import org.apache.hadoop.mapreduce.lib.output.FileOutputFormat;
public class WordCount {
    public static class WordCountMapper extends Mapper<Object, Text, Text, IntWritable> {
        private final static IntWritable one = new IntWritable(1);
        private Text word = new Text();
        public void map(Object key, Text value, Context context) throws IOException,
        InterruptedException {
          StringTokenizer itr = new StringTokenizer(value.toString());
          while (itr.hasMoreTokens()) {
            word.set(itr.nextToken());
            context.write(word, one);
          }
        }
    }
    public static class WordCountReducer extends Reducer<Text,IntWritable,Text,IntWrit-
able> {
        private IntWritable result = new IntWritable();
        public void reduce(Text key, Iterable<IntWritable> values,Context context) throws
        IOException, InterruptedException {
            int sum =0;
            for (IntWritable val : values) {
              sum + = val.get();
            }
```

```
            result.set(sum);
            context.write(key, result);
        }
    }
    public static void main(String[] args) throws Exception {
        Configuration conf = new Configuration();
        String[]otherArgs = new GenericOptionsParser(conf, args).getRemainingArgs();
        Job job = Job.getInstance(conf, "word count");
        job.setJar("wordcount.jar");//若在集群上运行,需要指定 Jar 文件
        job.setJarByClass(WordCount.class);
        job.setMapperClass(WordCountMapper.class);
        job.setReducerClass(WordCountReducer.class);
        job.setOutputKeyClass(Text.class);
        job.setOutputValueClass(IntWritable.class);
        FileInputFormat.addInputPath(job,new Path(otherArgs[0]));
        FileOutputFormat.setOutputPath(job,new Path(otherArgs[1]));
        System.exit(job.waitForCompletion(true) ?0 : 1);
    }
}
```

4. 打包运行

(1) 生成 jar 包。在项目名“wordcount”上右击,菜单中选择 Export 命令,出现如图 4.13 所示的界面。选择输出类型,依次选择 Java→JAR file 项,单击 Next 按钮,进行 jar 包配置。

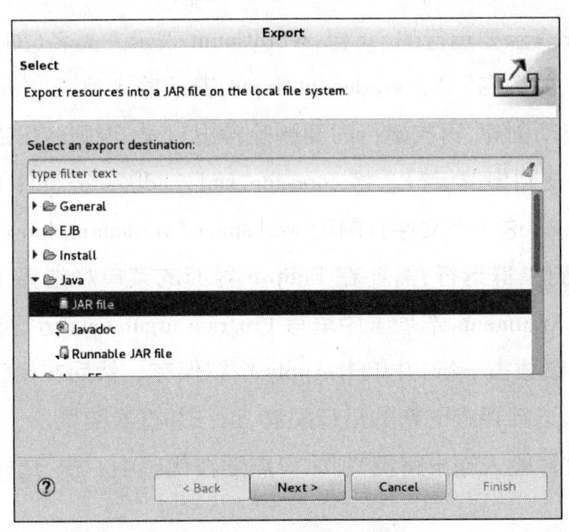

图 4.13 选择输出类型

在图4.14所示的界面中,勾选 Export generated class files and resources 复选框;在导出目标项填写 wordcount/wordcount.jar,也可通过 Browse 按钮从文件系统选择输出目标目录。如果填写的是相对路径,则表示该路径位于 workspace 所在的目录下。单击 Next 按钮,进行下一步。

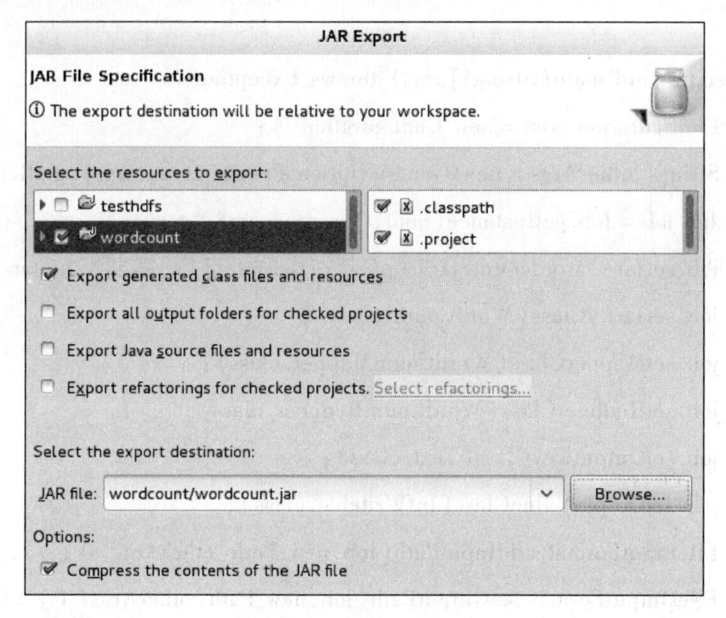

图4.14 填写有关选项

主类名 Main Class 无须输入,单击 Finish 按钮,完成。

(2) 运行。

① 在命令行运行。命令如下:

[jmxx@ master ~] $ hadoop jar /home/jmxx/workspace/wordcount/wordcount.jar wordcount.WordCount /wordcount/input /wordcount/output

其中 wordcount.jar 表示要运行的 jar 包,WordCount 表示主类名(如果主类在包下,主类名应设置为"package 名.主类名"),/wordcount/input 表示输入目录,/wordcount/output 表示输出目录。输出目录会自动创建,再次运行时要删除输出目录,否则会报错。

② 在 Eclipse 中提交到集群运行。将 core-site.xml、hdfs-site.xml、mapred-site.xml、yarn-site.xml 和 log4j.properties 这5个文件复制到 workspace/wordcount/bin 目录下。

在 Eclipse 中提交到集群运行,需要在 Eclipse 界面的菜单栏选择 Run→Configurations 命令,在运行配置界面的 Arguments 选项卡中填写 Program arguments 运行参数,即 otherArgs[0]和 otherArgs[1],每个参数占一行,并单击 Apply 按钮保存。然后在代码中右击,选择 Run As→Run on Hadoop 命令,选择保存的新的运行配置,运行并查看结果。

若代码中指定了文件输入输出路径,那么只需要在代码中右击,选择 Run As→Run on Hadoop 命令运行即可。

5. **查看结果**

(1) 通过命令查看。

```
[ jmxx@ master ~ ] $ hdfs dfs -ls /wordcount/output
Found 2 items
-rw-r--r--   1 jmxx supergroup          0 2019-03-09 03:45 /wordcount/output/_SUCCESS
-rw-r--r--   1 jmxx supergroup         34 2019-03-09 03:45 /wordcount/output/part-r-00000
[ jmxx@ master ~ ] $ hdfs dfs -ls /wordcount/output/part-r-00000
-rw-r--r--   1 jmxx supergroup         34 2019-03-09 03:45 /wordcount/output/part-r-00000
```

(2) 通过 Eclipse 查看。在 Eclipse 可通过 MapReduce 透视图的 DFS Locations 查看,如图 4.15 所示。

在 output 目录双击 part－r－00000 文件,可直接查看结果,如图 4.16 所示。

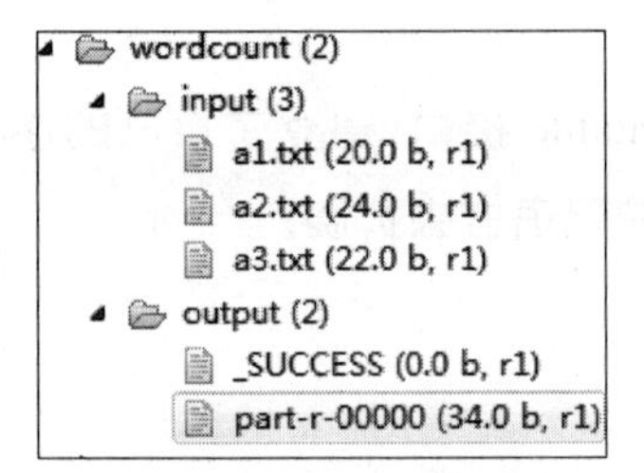

图 4.15 output 目录

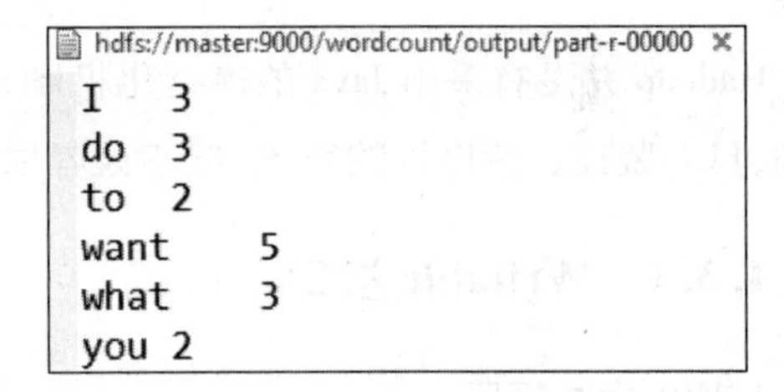

图 4.16 查看运行结果

(3) 通过 http://master:18088/cluster 查看。通过 Web 方式查看集群运行情况,查看提交的任务是否真正在集群上运行,如图 4.17 所示。如果看不到任务显示,说明配置有问题,Eclipse 采用的是本地模式进行计算,没有将任务提交到集群。

Cluster Metrics

Apps Submitted	Apps Pending	Apps Running	Apps Completed	Containers Running	Memory Used	Memory Total	Memory R
1	0	1	0	1	2 GB	16 GB	0 B

Cluster Nodes Metrics

Active Nodes	Decommissioning Nodes	Decommissioned Nodes	Lost Nodes	Unhealthy Nodes
2	0	0	0	0

Scheduler Metrics

Scheduler Type	Scheduling Resource Type	Minimum Allocation	Maximum Allocation
Capacity Scheduler	[MEMORY]	<memory:1024, vCores:1>	<memory:8192, vCores:4>

Show 20 entries

ID	User	Name	Application Type	Queue	Application Priority	StartTime	FinishTime	State	FinalStatus	Running Containers	Allocated CPU VCores	Allocated Memory MB
application_1552649465172_0001	jmxx	word count	MAPREDUCE	default	0	Fri Mar 15 05:55:37 -0700 2019	Fri Mar 15 06:02:12 -0700 2019	FINISHED	SUCCEEDED	1	1	2048

图 4.17 查看任务在集群上的运行结果

4.3 I/O 序列化

序列化(serialization)就是将结构化的对象转化为字节流的过程,以便在网络上传输或者写入磁盘进行永久存储。反序列化(deserialization)是序列化的逆过程,将字节流转换回结构化对象。序列化和反序列化的主要应用是进程间的通信和持久化存储。

在 Hadoop 集群中,多节点之间的通信是通过远程过程调用 RPC(remote procedure call)协议完成的。RPC 协议将消息序列化成二进制数据流发送到远程节点,远程节点将二进制流反序列化为原始信息。RPC 对序列化有如下要求。

(1) 紧凑(compact)。紧凑格式能充分利用网络带宽。

(2) 快速(fast)。进程间通信形成了分布式系统的骨架,所以需要尽量减少序列化和反序列化的性能开销。

(3) 可扩展(extensible)。为了满足新的需求,通信协议在不断变化,在控制客户端和服务器的过程中,需要直接引用新的协议,因此序列化必须满足可扩展的要求。

(4) 支持互操作(interoperable)。对于某些系统来说,希望能支持以不同编程语言(如 C、Java 或 Python 等)编写的客户端与服务器交互,所以需要设计一种特定的格式来满足这一需求。

Hadoop 并没有采用 Java 的序列化机制,而是引入了 Writable 接口,建立了自己的序列化机制,具有紧凑、速度快的特点,但不太容易用 Java 以外的编程语言去扩展。

4.3.1 Writable 接口

1. Writable 接口

Writable 接口是基于 DataInput 和 DataOutput 实现的序列化协议。MapReduce 中的 key 和 value 必须是可序列化的,也就是说,key 和 value 要求是实现了 Writable 接口的对象。key 还要求必须实现 WritableComparable 接口,以便进行排序。

Writable 接口的声明如下。

```
package org.apache.hadoop.io;
import java.io.DataInput;
import java.io.DataOutput;
import java.io.IOException;
public interface Writable{
    void write(DataOutput out) throws IOException;
    void readFields(DataInput in) throws IOException;
}
```

Writable 接口定义了两个方法,write 方法的功能是将对象写入二进制流 DataOutput,另一个方法 readFields 的功能是从二进制流 DataInput 读取对象。参数中的 DataInput 和 DataOutput 是 java.io 包中定义的接口,分别用来表示二进制流的输入和输出。

2. WritableComparable 接口

WritableComparable 接口继承自 Writable 接口和 java.lang.Comparable 接口,是可序列化并

且可比较的接口，其定义如下。

```
package org.apache.hadoop.io;
public interface WritableComparable <T> extends Writable, Comparable <T> {
}
```

由于继承自 Writable，所以 WritableComparable 是可序列化的，需要实现 write( )和 readFields( )这两个序列化和反序列化方法。WritableComparable 由于继承了 Comparable 接口，所以其也是可比较的，还需要实现 compareTo( )方法。

【实例 4-2】 实现 WritableComparable 接口。

```
public class MyWritableComparable implements WritableComparable {
    private int counter;
    private long timestamp;
    public void write(DataOutput out) throws IOException {
        out.writeInt(counter);
        out.writeLong(timestamp);
    }
    public void readFields(DataInput in) throws IOException {
        counter = in.readInt();
        timestamp = in.readLong();
    }
    public int compareTo(MyWritableComparable o) {
        int thisValue = this.counter;
        int thatValue = o.counter;
        return (thisValue< thatValue ?-1 : (thisValue == thatValue ?0 :1));
    }
    public int hashCode() {
        final int prime = 31;
        int result = 1;
        result = prime * result + counter;
        result = prime * result + (int) (timestamp ^ (timestamp >>> 32));
        return result;
    }
}
```

3. WritableComparator 类

Java 的 RawComparator 接口允许比较从流中读取的未被反序列化为对象的记录，省去创建对象的所有开销，从而更有效率。WritableComparator 是继承自 WritableComparable 类的 RawComparator 类的通用实现，提供了两个重要的功能。

（1）提供了对原始 compare( )方法的一个默认实现，该方法能够反序列化在流中比较的对象，调用对象的 compare( )方法进行比较。

（2）它充当 RawComparator 实例的一个工厂（已注册 Writable 的实现），例如，获取一个 IntWritable 的 comparator，可以直接调用其 get 方法。

```
RawComparator < IntWritable > comparator = WritableComparator.get(IntWritable.class);
```

这个 comparator 可以比较两个 IntWritable 对象，实现代码如下。

```
IntWritable w1 = new IntWritable(163);
IntWritable w2 = new IntWritable(67);
comparator.compare(w1, w2);
```

comparator 直接比较序列化后的对象的实现代码如下。

```
byte[] b1 = serialize(w1);
byte[] b2 = serialize(w2);
comparator.compare(b1, 0, b1.length, b2, 0, b2.length);
```

WritableComparator 允许实现直接比较数据流中的记录，不需要再将数据流反序列化为对象，从而避免了额外的开销。

4.3.2　Writable 封装类

Hadoop 中 org.apache.hadoop.io 包中包括广泛的 Writable 封装类，层次结构如图 4.18 所示。

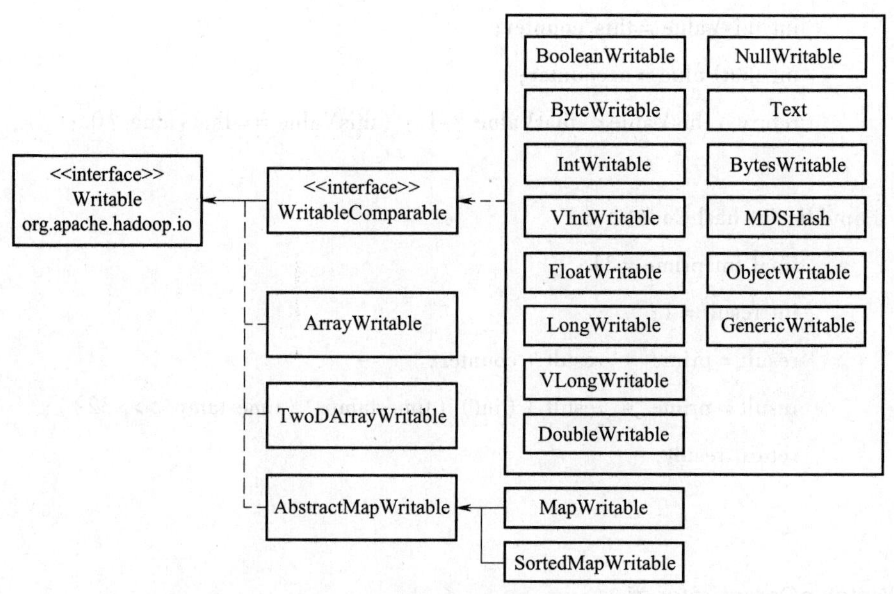

图 4.18　Writable 类层次结构图

1. Java 基本类型的 Writable 封装器

Writable 类提供了除 char 类型以外的 Java 基本类型的封装,类型如表 4.1 所示。所有的类都可通过 get()和 set()方法进行读取或者存储封装的值。

表 4.1　Java 基本类型的 Writable 类

Java 基本类型	Writable 类	序列化大小(byte)
布尔型 boolean	BooleanWritable	1
字节型 byte	ByteWritable	1
短整型 short	ShortWritable	2
整型 int	IntWritable	4
	VIntWritable	1 ~ 5
浮点型 float	FloatWritable	4
长整型 long	LongWritable	8
	VLongWritable	1 ~ 9
双精度浮点型 double	DoubleWritable	8

进行整数编码时,可以有两种选择:定长格式(IntWritable 和 LongWritable)和变长格式(VIntWritable 和 VLongWritable)。定长格式适合对整个值域空间中分布均匀的数值进行编码,如哈希方法等。对于数值变量分布不均匀的,采用变长格式更加节省空间。由于这两种格式的编码是一致的,所以变长编码可以在 VIntWritable 和 VLongWritable 之间实现转换。

2. Text 类型

Text 类使用修订的标准 UTF－8 编码来存储文本,它提供了在字节级别上序列化、反序列化和比较文本的方法,基本可以看作 Java 的 String 类的 Writable 封装。Text 类的前 1 ~ 4 个字节采用变长整型来存储字符串编码中所需要的字节数,所以 Text 类型的最大存储为 2 GB。Text 可以方便地与其他能够理解 UTF－8 编码的工具交互。Text 类与 Java String 类在检索、Unicode 和迭代等方面是有差别的,需要注意。

下面介绍 Text 类的常用方法。

(1) charAt 方法。charAt 方法的定义如下:

```
int charAt(int position)
```

Text 的 chatAt 返回的是一个表示 Unicode 编码位置的整型值。当 position 不在范围之内时返回 －1。

(2) find 方法。find 方法的定义如下:

```
int find(String what)
int find(String what,int start)
```

Text 类型中的 find 方法返回字节偏移量,当查找内容不存在时返回 －1。而 String 类的

indexOf 方法返回 char 编码单元中的索引位置。

(3) set 方法。set 方法给 Text 对象设置值，其定义如下：

```
void set(String string)
void set(byte[]utf8)
```

(4) decode 方法。decode 方法的功能是将 UTF－8 编码的字节数组转换为字符串，其定义如下：

```
static String    decode(byte[]utf8)
static String    decode(byte[]utf8, int start, int length)
static String    decode(byte[]utf8, int start, int length, boolean replace)
```

(5) encode 方法。encode 方法的功能是将字符串转换为 UTF－8 编码的字节数组，其定义如下：

```
static ByteBuffer    encode(String string)
static ByteBuffer    encode(String string, boolean replace)
```

(6) String toString()。返回值对应的字符串。

Text 类不像 Java String 类有丰富的字符串操作 API，在很多情况下需要将 Text 对象转化成 String 对象，这可以通过调用 toString()方法来实现。

(7) byte [ ] getBytes()。返回对应的字节数组。

(8) int getLength()。返回字节数组里字节的数量。

【实例 4-3】 Text 方法的使用示例。

```
import org.apache.hadoop.io.text;
public static void main(String[]args) throws IOException,ClassNotFoundException,
        InterruptedException {
            Text text = new Text("\u0041\u00DF\u6C49");
            System.out.println(text.toString());
            System.out.println(text.getLength());
            System.out.println(text.charAt(0));
            System.out.println(text.charAt(1));
            System.out.println(text.charAt(3));
            System.out.println(text.charAt(2));
            System.out.println(text.find("\u00DF"));
            System.out.println(text.find("\u6C49"));
        }
}
```

结果如下：

AB 汉

6

65

223

27721

-1

1

3

字符串"\u0041\u00DF\u6C49"(AB 汉),对应的 UTF-8 编码是 41 C3 9F E6 B1 89A,这就是 Text 字节数组的内容。text.getLength()返回字节数组的长度,也就是字符串对应的 UTF-8 编码长度 6(6=1+2+3)。text.charAt(0)、text.charAt(1)和 text.charAt(3)返回所在位置字符的 Unicode 编码的整型值,分别是 65、223 和 27721。由于 text.charAt(2)指定的位置 2 错误,所以返回 -1。text.find("\u00DF")返回字符\u00DF 所在位置的字节偏移量 1,而 text.find("\u6C49")返回值是 3。

3. BytesWritable

BytesWritable 是对二进制数组的封装。它的序列化格式以一个 4 个字节的整数作为开始,表示数据的长度,然后是数据本身。例如,长度为 3 的字节数组包含 7、8、9,则其序列化形式为一个 4 字节的整数(00000003)和随后 3 个字节(07、08、09)。

BytesWritable 是可变的,其值可以使用 set(byte [ ] newData, int offset, int length)方法修改;toString()方法转换为十六进制并以空格分开;可以通过 setCapacity()方法设置容量;getLength()方法返回对象的实际数据长度;getBytes().length 返回字节数组的长度,即该对象的当前容量。注意这两者的区别。

【实例 4-4】 BytesWritable 方法的使用示例。

```
BytesWritable b = new BytesWritable("ABCD".getBytes());
System.out.println(b.toString());
System.out.println(b.getLength());
System.out.println(b.getBytes().length);
b.setCapacity(10);
System.out.println(b.toString());
System.out.println(b.getLength());
System.out.println(b.getBytes().length);
b.setCapacity(2);
System.out.println(b.toString());
System.out.println(b.getLength());
```

System. out. println(b. getBytes( ). length);

运行结果如下。

41 42 43 44

4

4

//容量设大之后,toString 和 getLength 方法结果不变

41 42 43 44

4

10

//容量减少之后,数据被截断,只保留一部分

41 42

2

2

4. NullWritable

NullWritable 的序列化长度为 0,不包含任何字符,它仅仅充当占位符的角色,不会从数据流中读取和写出数据。例如,Map 或 Reduce 阶段的输出,当 key 或 value 不需要输出时,就可以将其设置为 NullWritable,一般调用 NullWritable. get( )来获取 NullWritable 类的实例。

5. ObjectWritable 和 GenericWritable

当一个字段中包含多种类型的数据时,就可以采用 ObjectWritable 进行封装。ObjectWritable 是对 String、Enum、Writable、null 等类型的一种通用封装。ObjectWritable 在 RPC 中用于方法的参数和返回类型的封装和解封装。

ObjectWritable 每次进行序列化时,要写入封装类型的名称以及保存封装之前的类型,这样势必会占用很大的空间,造成资源浪费。针对这种不足,MapReduce 又提供了 GenericWritable 类。GenericWritable 的机制是当封装类型数量比较小,并且可以提前知道的情况下,可以使用静态类型的数组,通过使用对序列化后的类型的引用来提升性能。GenericWritable 的用法是,继承这个类,然后把要输出 value 的 Writable 类型加进它的 Class 静态变量里。

6. Writable 集合类

在 org. apache. hadoop. io 包中含有 6 个 Writable 集合类,分别是 ArrayWritable、TwoDArrayWritable、ArrayPrimitiveWritable、MapWritable、SortedMapWritable 以及 EnumMapWritable。

ArrayWritable 表示数组的 Writable 类型,TwoDArrayWritable 表示二维数组的 Writable 类型。这两个类中所包含的元素必须是同一类型。数组的类型可以在构造方法里设置,如下所示。

ArrayWritable Writable = new ArrayWritable(Text. class);

ArrayWritable 和 TwoDArrayWritable 这两个类都有 get( )、set( )和 toArray( )方法。toArray

()方法用于创建数组的浅副本(shallow copy),不会为每个数组元素产生新的对象,也不构成底层数组的副本。

ArrayPrimitiveWritable 是一个封装类,是对 Java 基本类型的数组(如 int [] 、long[] 等)的 Writable 类型的封装。调用 set 方法时,可以识别组件类型,无须像 ArrayWritable 那样通过继承该类来设置类型。

MapWritable 实现了 java. util. Map < Writable, Writable >, SortedMapWritable 实现了java. util.SortedMap < WritableComparable, Writable >。上述每个 < key, value > 字段使用的类型是相应字段序列化的一部分。

4.4 SequenceFile 和 MapFile

4.4.1 SequenceFile

SquenceFile 是用来存储二进制形式的键值对的一种平面文本存储文件,在 SequenceFile 中,每一个键值对都被视为一条记录(Record),每条记录是可序列化的字符数组。

1. SequnceFile 存储格式

SequenceFile 的内部格式如图 4.19 所示。

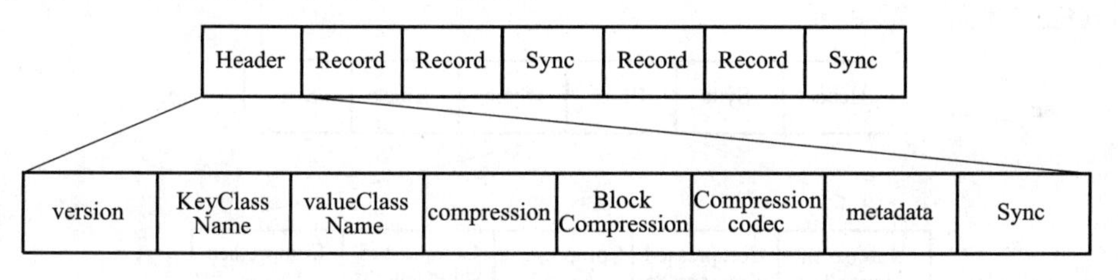

图 4.19 SequenceFile 文件格式

一个 SequenceFile 由 Header 后跟多条记录组成,多条记录后有同步标记 Sync。

Header 组成部分依次是,version(SequenceFile 文件的前 3 个字母为 SEQ,然后是 1 个字节的版本号),KeyClassName(Key 的类名),valueClassName(值的类名),compression(指定键值对是否压缩的布尔值),BlockCompression(指定键值对是否进行块压缩的布尔值)、Compression-codec(启用压缩时指定键值对编解码器的类),metadata(用户操作文件的元数据信息)以及同步标记 Sync(用于快速定位到记录的边界)。

每条 Record 使用键值对的方式进行存储。Record 在是否启用压缩及使用不同压缩格式时,Record 存储格式是不同的。在 SequenceFile 中,由 CompressionType 指定压缩状态,SequenceFile 提供了三种格式的压缩状态,分别是 Uncompressed、RecordCompressWriter 和 BlockCompressWriter。

下面分别说明三种压缩状态的存储格式。

(1) Uncompressed。Uncompressed 即未进行压缩的状态,其结构如图 4.20 所示。

Record 由 4 部分组成:Recordlength(记录长度,占 4 个字节),Keylength(key 长度,占 4 个字节),Key(键)和 Value(值)。

(2) RecordCompress。RecordCompress 即记录压缩,对每一条记录的 value 值进行了压缩,key 不压缩,其格式如图 4.21 所示。

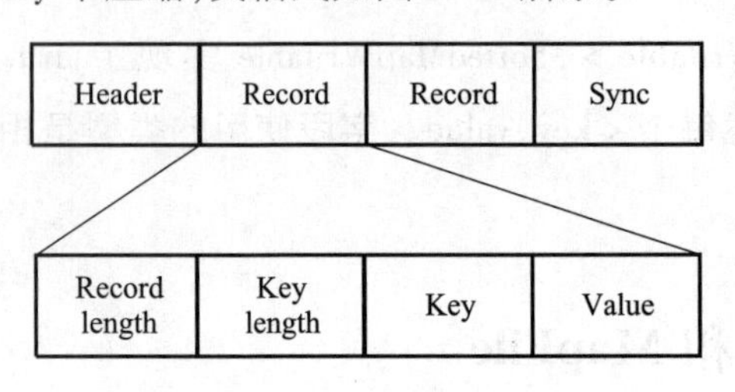

图 4.20 Uncompressed 格式结构

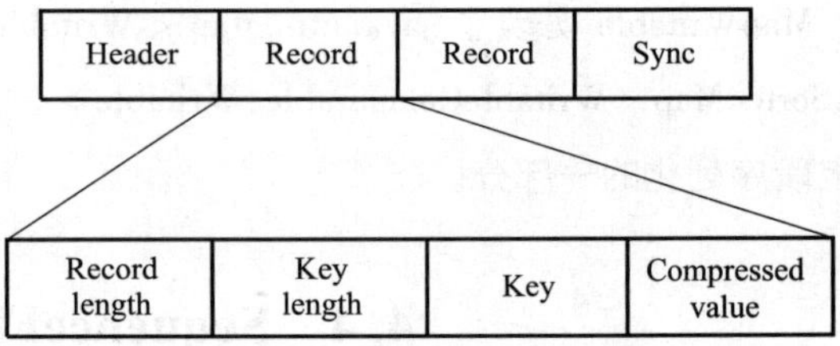

图 4.21 RecordCompress 格式结构

记录的组成与无压缩格式的记录组成基本相同,Recordlength 及 Keylength 两个长度字段均为 4 字节。不同的是,值是经定义在 Header 的编码器来压缩的。

(3) BlockCompress。BlockCompress 即块压缩,将一连串的 Record 组织在一起,一次压缩多个记录,而不是在记录级别压缩,因此压缩程度更容易达到理想状态,一般优先选择。Block 大小的最小值由 io.seqfile.compress.blocksize 属性指定,默认值是 1 000 000 字节。BlockCompress 格式结构如图 4.22 所示。

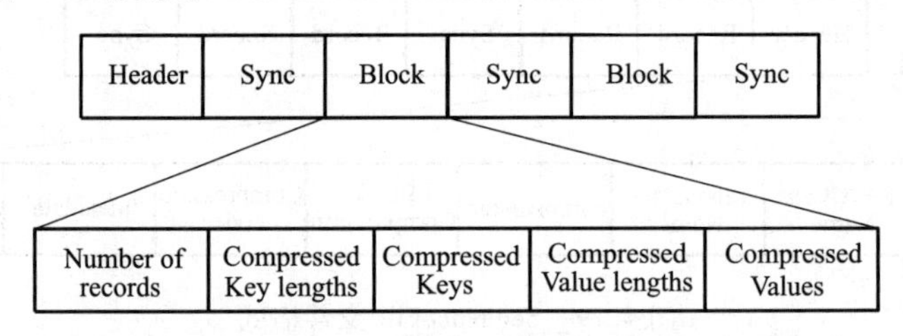

图 4.22 BlockCompress 格式结构

BlockCompress 格式结构组成中依次为,块中记录数、每条记录 Key 长度的集合、每条记录 Key 值的集合、每条记录 Value 长度的集合、每条记录 Value 值的集合。

2. 写入 SequenceFile

在进行 SequenceFile 的写操作时,使用 createWriter()方法来返回一个 SequenceFile.Writer 实例,在返回 SequenceFile.Writer 之后,即可以使用 append()方法来写入键值对,并在结束时调用 close()方法关闭数据流。值得注意的是,键和值并不一定是 Writable 类型,任何经过 Serialization 类实现序列化和反序列化的类型都可使用。

【实例 4-5】 SequenceFile 的写操作。

```
import java.io.IOException;
import java.net.URI;
```

```
import org.apache.hadoop.conf.Configuration;
import org.apache.hadoop.fs.FileSystem;
import org.apache.hadoop.fs.Path;
import org.apache.hadoop.io.IOUtils;
import org.apache.hadoop.io.IntWritable;
import org.apache.hadoop.io.SequenceFile;
import org.apache.hadoop.io.Text;
public class SequenceFileWrite {
    private static final String[] data = {"one,a,cat","two,b,dog",three,c, pig", "four,d,
bear"};
    public static void main(String args[]) throws IOException, URISyntaxException{
            String uri = "/home/jmxx/Seqwritetest";
            Configuration conf = new Configuration();
            FileSystem fs = FileSystem.get(URI.create(uri),conf);
            Path path = new Path(uri);
            IntWritable key = new IntWritable();
            Text value = new Text();
            SequenceFile.Writer writer = null;
            try {
                //不指定压缩
                writer = SequenceFile.createWriter(fs, conf, path,key.getClass(),val-
ue.getClass());
                //指定 Block 压缩
                //writer = SequenceFile.createWriter(fs, conf, path,key.getClass(),
value.getClass(),SequenceFile.CompressionType.BLOCK,new DefaultCodec());
                //指定 Record 压缩
                //writer = SequenceFile.createWriter(fs, conf, path,key.getClass(),
value.getClass(),SequenceFile.CompressionType.RECORD,new DefaultCodec());
                for(int i=0;i<80;i++){
                    key.set(80-i);
                    value.set(data[i% data.length]);
                    writer.append(key, value);
                }
        }finally{IOUtils.closeStream(writer);}
```

```
            System.out.println("write success");
        }
    }
```

3. 读取 SequenceFile

从头到尾读取顺序文件的过程是创建 SequenceFile.Reader 实例后，反复调用 next()方法循环读取记录。

【实例 4-6】 SequenceFile 的读操作。

在将之前写入本地的 SequenceFile 文件/home/jmxx/Seqwritetest 上传至 HDFS 目录/Seqwritetest 中。

```
public class SequenceFileRead {
    public static void main(String[] args) throws IOException {
        String uri = "hdfs://master:9000/Seqwritetest";
        Configuration conf = new Configuration();
        FileSystem fs = FileSystem.get(URI.create(uri), conf);
        Path path = new Path(uri);
        SequenceFile.Reader reader = null;
        try {
            reader = new SequenceFile.Reader(fs, path, conf);
            Writable key = (Writable) ReflectionUtils.newInstance(reader.getKeyClass(),
conf);
            Writable value = (Writable) ReflectionUtils.newInstance(reader.getValueClass(),
conf);
            long position = reader.getPosition();
            while (reader.next(key, value)) {
                String syncSeen = reader.syncSeen() ? "*" : "";
                System.out.printf("[%s%s]\t%s\t%s\n", position, syncSeen, key, value);
                position = reader.getPosition();
            }
        } finally {
            IOUtils.closeStream(reader);
        }
        System.out.println("read success");
    }
}
```

4.4.2 MapFile

MapFile 是排序后的 SequenceFile,MapFile 由 Data 和 Index 两部分组成。其中 Index 是文件索引,用于记录每个 Record 的 key 值以及 Record 在文件中的偏移位置,Data 文件则用来存储索引对应的数据。在进行 MapFile 读取时,首先将 Index 文件读入内存,接着对内存中的索引进行查找,找到索引的键并找到键所对应的值,最后从 Data 文件中读取相应的数据。MapFile文件为了保证 key-value 的有序,在每一次写入时对key-value进行检查,当写入的key-value不符合顺序时就会报错。

MapFile 的读写操作与 SequenceFile 的读写操作十分相似。在进行 MapFile 的写操作时,首先需要新建一个 MapFile. Writer 实例,然后调用 append( )方法顺序写入文件内容。键必须是 WritableComparable 类型的实例,值必须是 Writable 类型的实例。

在进行 MapFile 的读操作时,则需要首先创建一个 MapFile. Reader 实例,然后调用 next( )方法循环读取,直到读取完毕。

4.5 MapReduce 的输入和输出

4.5.1 输入分片 InputSplit

输入分片(InputSplit)表示由单个 Map 任务处理的数据,每个 Map 任务处理一个 InputSplit。每个 InputSplit 会被划分为若干记录,每个记录就是一个键值对,Map 逐条处理每条记录。输入分片只是一种逻辑上的概念,没有对文件进行物理切割。输入分片用 InputSplit 接口来表示,接口定义如下。

```
public interface InputSplit extends Writable {
    long getLength( ) throws IOException;
    String[]getLocations( ) throws IOException;
}
```

InputSplit 包含以字节为单位的分片长度信息,还包含一组存储位置信息(即一组主机名)。InputSplit 不包含数据本身,只含有指向数据的引用(reference),由一个以字节为单位的长度和一组存储位置组成。MapReduce 计算框架根据存储位置的信息,将 Map 任务尽可能地放置在分片数据的附近。同时,MapReduce 会根据分片的大小对其进行排序,优先处理较大的分片,从而优化运行时间。

InputSplit 类由三个子类继承:FileSplit (文件输入分片)、CombineFileSplit(多文件输入分片)以及 DBInputSplit(数据块输入分片)。FileSplit 是默认的 InputSplit。

4.5.2 InputFormat 类

InputFormat 负责产生输入分片 InputSplit，并将它们分隔成记录，InputFormat 的作用如下。

（1）验证作业的输入规范。

（2）将输入文件切分成逻辑的 InputSplit，然后将每个分片分配给一个单独的 Mapper 处理。

（3）提供 RecordReader 实现，用于从逻辑 InputSplit 中收集输入记录，以供 Mapper 处理。

InputFormat 接口定义如下。

```
public interface InputFormat <K, V >{
        InputSplit[]getSplits(JobConf job, int numSplits) throws IOException;
        RecordReader <K, V >getRecordReader(InputSplit split,
            JobConf job, Reporter reporter) throws IOException;
}
```

首先客户端使用 getSplits()方法计算分片，提交到 JobTracker。JobTracker 使用其存储位置信息来调度 Map 任务，从而 TaskTracker 处理这些分片。在 TaskTracker 上，Map 任务把输入分片传给 InputFormat 的 getRecordReader()方法来获得该分片的 RecordReader。RecordReader 就像记录上的迭代器，Map 任务用 RecordReader 来生成记录的 <key,value> 键值对，然后再传递给 map()方法进行处理。

为了方便用户编写 MapReduce 程序，Hadoop 自带了一些针对文件和数据库的 InputFormat 接口实现类，如图 4.23 所示。

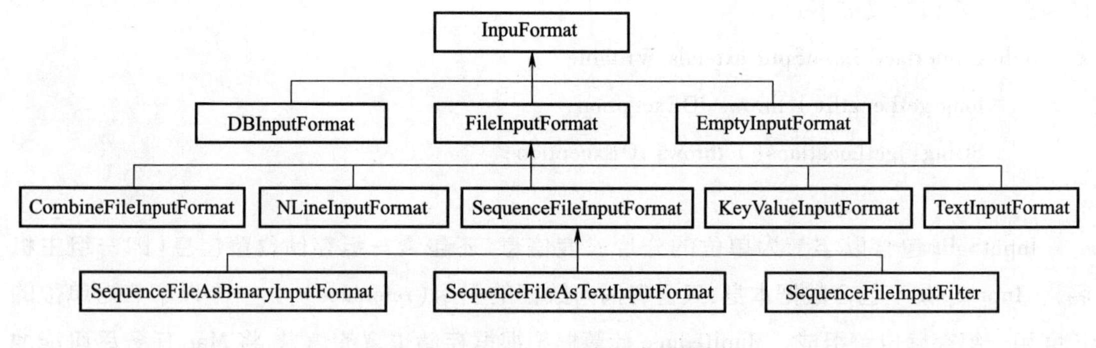

图 4.23 InputFormat 实现类层次图

4.5.3 文件输入

1. FileInputFormat 类

FileInputFormat 是基于文件为数据源的 InputFormat 实现的基类，其主要实现两个功能，一个是指出作业输入文件的位置；另一个是输入文件生成分片的实现代码段,即它为各种 InputFormat 提供了一个统一的 getSplits 实现,而把 InputSplit 切割成记录的功能交由其子类完成。

FileInputFormat 提供了如下 4 种静态方法来设定作业的输入路径。这对 MapReduce 作业指定的输入文件提供了很强的灵活性。输入路径指定方法如下。

(1) public static void addInputPath(Job job, Path path);

为作业添加一个 path。

(2) public static void addInputPaths(Job job, String commaSeparatedPaths);

为作业添加多个路径,多个路径间以逗号隔开。

(3) public static void setInputPaths(Job job,Path...inputPaths);

将路径以数组的形式设置为作业的输入。

(4) public static void setInputPaths(Job job,String commaSeparatedPaths);

将以逗号分隔的路径设置为作业的输入列表。

一条路径可以表示一个文件、一个目录或者一个文件和目录的集合。当输入路径是目录时表示包含目录下的所有文件。但是当目录下又包含子目录时,会把子目录当作文件来处理,这时 MapReduce 会报错。还可以设置一个过滤器,根据命名格式来限定选择目录下的文件。

2. FileInputFormat 类文件的切分与节点选择

getSplits(JobContext)方法主要实现文件切分以及数据位置的选择,文件切分主要确定 InputSplits 的个数以及每个 InputSplit 所对应的数据段。对于一组文件,FileInputFormat 只分隔大文件,这里的“大”指的是文件超过 HDFS 块的大小。分片值的大小通常可以通过设置 Hadoop 的属性进行改变,如表 4.2 所示。

表 4.2 Hadoop 中的分片属性

属性名称	类型	默认值	描述
Mapred. min. split. size	int	1	一个文件分片最小有效字节数
Mapred. max. split. size	long	Long. MAX_VALUE	一个文件分片最大有效字节数
dfs. block. size	long	128 MB	HDFS 中块的大小(字节)

根据上面 3 个属性的值,可以计算分片大小,公式如下:

max(minimumSize ,min(maximumSize ,blockSize))

首先从最大分片和 Block 之间选择一个比较小的,再与最小分片相比较,选择一个大的,默认情况下有

minimumSize< blockSize< maximumSize

一般 splitSize 与 blockSize 相同,这是 Hadoop 推荐和默认的选项,当然也可与 blockSize 不同,Split 与 Block 的关系如图 4.24 所示。

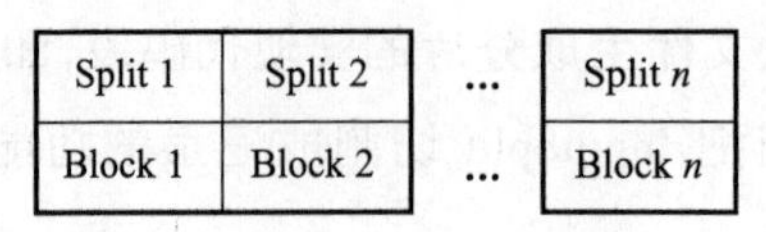

(a) Split与Block的大小相同

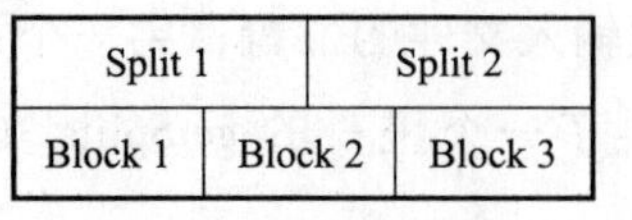

(b) Split与Block的大小不同

图 4.24 Split 与 Block 的关系

一旦确定 splitSize 的值之后，FileInputFormat 将文件一次切分成大小为 splitSize 的输入分片，最后剩下不足 splitSize 的数据块将单独成为一个 InputSplit。

当系统中存在大量的小文件时，由于不够一个数据块的大小，FileInputFormat 把每个小文件分别独立作为一个 InputSplit，并分配一个 Map 任务进行处理，这样会导致效率降低。通常使用 SequenceFile 将这些小文件合并成一个或多个大文件，再进行处理。如果系统中已经存在很多小文件，可以通过 CombinerFileInputFormat 把多个小文件打包成一个大文件，以使 Map 任务处理更多的数据，从而提高效率。

4.5.4 文本输入

1. TextInputFormat

TextInputFormat 是默认的 InputFormat，主要用来处理文本数据，它将输入文件的每一行作为单独的一个记录。键 key 存储的是该行在整个文件中的字节偏移量。值 value 是文本的内容，但不包含终止符（换行符或回车符），它被打包成一个 Text 对象。下面的文本文件会被作为一个分片，这个分片包含了 3 条记录。

Higher Education Press

I love China

Hello world

每一条记录表示为以下键值对：

(0, Higher Education Press)

(23, I love China)

(36, Hello world)

由上可知，键存储的是字节偏移量，值存储的是文本内容。需要提醒一点，键不是行号。每一行在文件中的偏移量是可以在分片内单独确定的，每个分片都知道上一个分片的大小，只需要加到分片内的偏移量上，就可以获取每行在整个文件中的偏移量了。

2. KeyValueTextInputFormat

KeyValueTextInputFormat 与 TextInputFormat 一样用来处理纯文本文件，每一行作为一条记录。通常，文件的每一行是一个键值对，键与值之间用分隔符隔开，默认采用制表符(\t)作为分隔符。属性 mapreduce. input. keyvaluelinerecordreader. key. value. separator 也可以设置分隔符。在下面 1 个文件中，包含 3 行文本。

a　Higher Education Press

b　I love China

c　Hello world

该文件数据会被切分为 1 个输入分片，包含 3 个记录。KeyValueTextInputFormat 会将这些记录转换为以下键值对。

(a,Higher Education Press)

(b,I love China)

(c,Hello world)

当一行中不存在分隔符时，一行的所有内容都将作为 key，value 为空。

3. NLineInputFormat

NLineInputFormat 采用按行数而不是按文件大小来切分文件的方法。NLineInputFormat 设置每个 mapper 处理文本的行数，与 TextInputFormat 一样，键是文件中行的字节偏移量。N 是 mapper 收到的行数，当 N 设为 1(默认值)时，每个 mapper 正好收到一行的输入，用户可以通过 mapreduce.input.lineinputformat.linespermap 属性来修改 N 的数值，例如下面 3 行文本：

Higher Education Press

I love China

Hello world

当 N 为 2 时，则每个输入分片就包含两行，由于共有 3 行文本，因此一个 mapper 收到前两行输入：

(0,Higher Education Press)

(23,I love China)

另一个 mapper 收到一行：

(36,Hello world)

4.5.5 二进制输入

Hadoop 的 MapReduce 不仅仅只是处理文本信息，还可以处理二进制格式的数据。

1. SequenceFileInputFormat 类

SequenceFile 是 Hadoop 为二进制类型的 key/value 存储提供的一种文件格式。它含有同步点，读取器可以从文件的任意一点与记录边界进行同步。SequenceFile 还支持压缩。SequenceFile 可以采用一些序列化技术来存储任意类型。SequenceFile 也可以作为小文件的容器，将若干小文件打包成一个 SequenceFile，这样效率更高。

如果要用 SequenceFile 作为 MapReduce 的输入，采用 SequenceFileInputFormat 非常合适。键和值由 SequenceFile 决定，所以只需要保证与 Mapper 类定义的输入类型匹配即可。例如，如果输入文件中键的格式是 IntWritable，值是 Text，则 mapper 的格式为 Mapper < IntWritable,

Text,K,V >,K 和 V 是输出的键和值的类型。

2. SequenceFileAsTextInputFormat 类

SequenceFileAsTextInputFormat 是 SequenceFileInputFormat 的变体,是将 SequenceFile 中的键和值解析成 Text 对象。这个转换通过在键和值上调用 toString( )方法来完成。

3. SequenceFileAsBinaryInputFormat

SequenceFileAsBinaryInputFormat 是 SequenceFileInputFormat 的变体,是将获取文件的键和值作为二进制对象。它们被封装为 BytesWritable 对象,因此应用程序可以任意地解释这些字节数组。

4.5.6　多路输入和数据库输入

1. 多路输入

虽然 MapReduce 作业可以包含多个输入文件,但这些文件都必须由同一个 InputFormat 和同一个 Mapper 处理。一个作业一般包含多个输入文件,这些文件的数据格式可能有多种,这种情况下,可以采用 MultipleInputs 类进行处理。MultipleInputs 能够为每条输入路径独立指定 InputFormat 和 Mapper,但是要求这些 Mapper 的输出类型相同。

MultipleInputs 使用方法示例如下。

MultipleInputs.addInputPath(job, path1, TextInputFormat.class, Mapper1.class);

MultipleInputs.addInputPath(job, path2, TextInputFormat.class, Mapper2.class);

MultipleInputs.addInputPath(job, path3,TextInputFormat.class, Mapper3.class);

MultipleInputs 类还有一个重载的 addInputPath 方法( ),没有 Mapper 参数,其定义如下。

public static void addInputPath(Job job, Path path,Class < ? extends InputFormat > inputFormatClass)

它适用于作业有多种输入数据格式,但只有一个 Mapper 的情况。由于没有 Mapper 参数,需要通过 Job 的 setMapper( )方法来指定 Mapper。

2. 数据库输入

针对数据库类型的输入数据,采用 DBInputFormat 类。DBInputFormat 可以使用 JDBC 从关系型数据库中读取数据。由于没有采用任何共享机制,当有多个 Mapper 去连接数据库时,有可能导致数据库压力过重,造成崩溃,因此 DBInputFormat 类常用于加载小量的数据集。

4.5.7　OutputFormat 类

OutputFormat 描述了 MapReduce 作业的输出规范。OutputFormat 定义如下。

public abstract class OutputFormat < K, V > {

　public abstract RecordWriter < K, V > getRecordWriter(TaskAttemptContext context) throws IOException, InterruptedException;

// 获取具体的数据写出对象

public abstract void checkOutputSpecs(JobContext context) throws IOException, InterruptedException;

// 检查输出配置信息是否正确

public abstract OutputCommitter getOutputCommitter(TaskAttemptContext context) throws IOException, InterruptedException;

// 获取输出 job 的提交者对象

}

getRecordWriter( )方法返回 RecordWriter,RecordWriter 负责键值对的写入。checkOutputSpecs( )方法检查输出参数是否规范,一般检查输出目录是否已经存在,如果存在就会报错。getOutputCommitter( )方法返回 OutputCommitter。OutputCommitter 负责对任务的输出进行管理,包括初始化临时文件,任务完成后清理临时目录、临时文件等。

OutputFormat 接口实现类的层次结构图如图 4.25 所示。

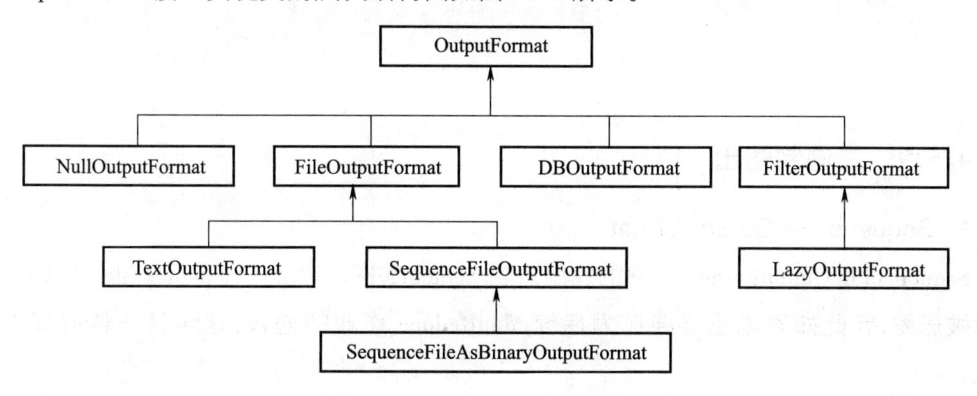

图 4.25 OutputFormat 实现类层次结构图

FileOutputFormat 基类需要提供所有基于文件的 OutputFormat 实现的公共功能,主要功能包含以下两方面。

(1) 实现 checkOutputSpecs 接口。检查用户配置的输出目录是否存在,如果存在则抛出异常。

(2) 处理 side - effect file。side - effect file 的典型应用为推测执行任务,是为防止"慢任务"降低计算性能而启动的一种推测执行任务。FileOutputFormat 会为每一个 Task 的数据创建一个 side - effect file,并将产生的数据临时写入该文件,等 Task 完成之后,再将结果移动到最终的输出目录。

4.5.8 文本输出

TextOutputFormat 是默认的输出格式,将每条记录写为文本行。由于其可以通过调用 to String ( )方法将任意数据类型转换为字符串,因此其键和值的数据类型可以是任意形式。

每个键值默认由制表符分隔，可以通过属性 mapreduce.output.textoutputformat.separator 设置分隔符。

如果键或值需要省略（不输出），可以在参数的对应位置上使用 NullWritable 来实现。如果 key 和 value 都设为 NullWritable，表示无输出。

另外 NullOutputFormat 也是继承自 OutputFormat 类的一个抽象类，它会消耗掉所有输出，并将输出赋值为 null，即什么都不输出，定义如下。

```
public class NullOutputFormat < K, V > implements OutputFormat < K, V > {
  public RecordWriter < K, V > getRecordWriter( FileSystem ignored, JobConf job, String name, Progressable progress) {
      return new RecordWriter < K, V > ( ) {
        public void write( K key, V value) { }
        public void close( Reporter reporter) { }
      };
  }
}
```

4.5.9　二进制输出

1. SequenceFileOutputFormat

SequenceFileOutputFormat 将它的输出写到 SequenceFile。由于 SequenceFile 格式紧凑，很容易被压缩，因此如果输出需要作为后续 MapReduce 作业的输入，这便是一种很好的输出格式。

2. SequenceFileAsBinaryOutputFormat

SequenceFileAsBinaryOutputFormat 与 SequenceFileAsBinaryInputFormat 相对应，功能是将键值对作为二进制格式写到一个 SequenceFile 容器中。

3. MapFileOutputFormat

MapFileOutputFormat 以 MapFile 作为输出。由于 MapFile 的键是有序的，所以需要进行额外的限制来保证 Reduce 输出键的有序性。

4.5.10　多个输出

在默认情况下，当作业完成之后会将产生的文件放置到输出目录下，每个 Reducer 产生一个输出文件，并且以文件分区号命名，如 part - r - 00000、part - r - 00001 等。有时可能需要对输出的文件名进行控制，或让每个 Reducer 输出多个文件，这时，就需要使用 MapReduce 提供的 MultipleOutputs 类。

MultipleOutputs 类可以将数据输出到多个文件，文件名源于输出的键和值或者任意字符串。这允许每个 Reducer(或者只有 Map 作业的 Mapper)创建多个文件。name-m-nnnnn 形式的文件名用于 Map 输出,name-r-nnnnn 形式的文件名用于 Reduce 输出,其中 name 是由程序设定的任意名字, nnnnn 是一个指明块号的整数(从 0 开始)。通过块号,可以保证在有相同名字情况下,从不同块(Mapper 或 Reducer)输出不会造成冲突。

4.6 MapReduce 任务相关类

4.6.1 Mapper 类

每个 Map 任务就是一个 Java 进程,用来将 HDFS 中的文件记录解析成键值对。Mapper 接收〖值对 < key1, value1 > 形式的数据,经过处理,再以新的键值对 < key2, value2 > 的形式输出。

在编写 MapReduce 程序时,Map 任务一般需要继承 Mapper 类,Mapper 类源码位于包“org.apache.hadoop.mapreduce”中,源码如下。

```
public class Mapper < KEYIN, VALUEIN, KEYOUT, VALUEOUT > {
    public abstract class Context
        implements MapContext < KEYIN, VALUEIN, KEYOUT, VALUEOUT > {
    }
    protected void setup(Context context) throws IOException,Interr    uptedException{
    }  //为 map 方法提供预处理功能,在任务开始时调用一次
    protected void map(KEYIN key,VALUEIN value,Context context)
         throws IOException,InterruptedException{
        context.write((KEYOUT) key, (VALUEOUT) value);
      }
    protected void cleanup(Context context) throws IOException,InterruptedExcept    ion{
    }      //进行扫尾工作,在任务结束时调用一次
    public void run(Context context) throws IOException,InterruptedException{
        setup(context);
        try{
            while (context.nextKeyValue()){
                map(context.getCurrentKey(),context.getCurrentValue(),context);
            }
        } finally{
            cleanup(context);
```

```
        }
    }
}
```

Mapper 类中有 4 个泛型,分别是 KEYIN、VALUEIN、KEYOUT 和 VALUEOUT。KEYIN、VALUEIN 表示输入数据 <key,value> 的类型。KEYOUT、VALUEOUT 表示输出数据 <key,value>的类型。

下面介绍 Mapper 类的主要方法。

1. setup 方法

setup()在 Mapper 类实例化时将调用一次,且只调用一次,一般开发者不需要重写此方法。setup()方法做一些初始化相关的工作。例如,程序需要时可以在 setup()中读入一个全局参数,或装入一个文件,或完成作业的配置信息,或连接数据库等。

例如,读取 Configuration 的变量 rnums,代码如下。

```
context.getConfiguration().get("rnums");
```

2. map 方法

MapReduce 框架会通过 InputFormat 中 RecordReader 从 InputSplit 获取一个个键值对 key/value,并交给 map()方法进行处理。输入参数 key 和 value 分别是对应的键和值,context 是环境对象,或称上下文。 使用 context 的 write(key,value)方法作为 Map 任务的输出。

3. cleanup 方法

Mapper 通过继承 Closeable 接口获得 close 方法,用户通过实现该方法对 Mapper 进行清理工作,比如关闭 setup()方法中打开的文件或建立的数据库连接。也可以在 cleanup()方法中对 map()的处理结果进行进一步的处理,然后再提交 <key,value> 输出。cleanup()在 Task 任务销毁前仅执行一次,在默认情况下 cleanup()方法不需要重写。

4. run 方法

MapReduce 框架从自定义的 Mapper 类反射产生的实例的 run()方法开始 Map 任务的执行。从上面 run 方法代码可以看出,run()方法提供了 setup()→map()→cleanup()的执行模板。在 while 循环程序中,通过 context.nextKeyValue()方法依次从 context 中取出一个键值对,然后交给 map()方法执行。取完数据之后 context.nextKeyValue()返回 false,退出循环。

setup()方法在所有 map()方法运行之前执行,cleanup()方法在所有 map()方法运行之后执行。一般不需要重写 run()方法,除非要重新定义 Map 任务的执行流程。

4.6.2 Partitioner 类

Mapper 输出的键值对 <key, value>需要送到指定的 Reduce 节点上进一步处理。<key, value >键值对到某个 Reducer 的分配规则是由 Partitioner 类制定的。Partitioner 抽象类位于包"org.apache.hadoop.mapreduce"中,源码如下。

```
public abstract class Partitioner < KEY,VALUE > {
    public abstract int getPartition(KEY key,VALUE value,int numPartitions);
}
```

其中 key 和 value 为 Shuffle 传输中的 <key,value>,numPartitions 为分区的总数。

MapReduce 框架在包“org.apache.hadoop.mapreduce.lib.partition”中提供了 4 种分区模式,分别是 BinaryPartitioner、HashPartitioner、KeyFieldBasePartitioner 和 TotalOrderPartitioner。

在 Hadoop 中,系统默认使用的是 HashPartitioner,通过对 key 取 hash 值并按 Reducer 数目取模来确定相应的 Reduce 节点。HashPartitioner 的源码如下。

```
public class HashPartitioner < K, V > extends Partitioner < K, V > {
    public int getPartition(K key, V value, int numReduceTasks) {
        return (key.hashCode() & Integer.MAX_VALUE) % numReduceTasks;
    }
}
```

如果系统提供的分区模式不能满足具体应用的需求,用户可以自定义分区。自定义分区需要继承 Partitioner 类,重写 getPartitioner()方法和 configure()方法。getPartitioner()方法用于确定 Reduce 目标节点,configure()方法使用 Hadoop Job Configuration 来配置所使用的 Partitioner 类。

一个自定义 Partitioner 类的示例代码如下。

```
public class MyPartitioner extends Partitioner < K2, V2 > {
  public int getPartition(K2 key, V2 value,int numPartitions) {
     return (Integer.parseInt(key.toString()) & Integer.MAX_VALUE) %
numReduceTasks;
  }
  public void configure(JobConf job) {}
}
```

还需在 main 方法里加入如下代码,自定义分区就起作用了。

```
job.setPartitionerClass(MyPartitioner.class);
```

在本章 4.8.2 节,将通过具体实例(自定义分区实现全排序)详细介绍 Partitioner 类的使用。

4.6.3 Sort 类

排序(sort)是 Shuffle 过程中的核心过程之一。在 MapReduce 排序过程中,如果 key 为 IntWritable类型,那么按照数字大小对 key 排序;如果 key 为 Text 类型,则按照字典顺序对字符串排序。MapReduce 默认是进行排序的,用户不能控制是否进行排序。

MapReduce 默认按升序排序,但用户可以控制排序的规则,称之为自定义排序,其目的是满足某些特定的业务需求。由于 Hadoop 自带的 Writable 类(例如,Text 类、IntWritable 类、LongWritable 类)都是 WritableComparable 的实现类,WritableComparable 类又同时继承了 Writable 和 Comparable 接口,因此 WritableComparable 的实现类都可以通过 compareTo 方法进行比较。自定义排序只需要继承 WritableComparartor 类,重写其 compare()方法即可。

另外,还需在 main 方法里加入如下代码。

```
job.setSortComparatorClass(MySorter.class);
```

【实例 4-7】 按数字大小对 key 降序排序。

compareTo()方法用于将对象与方法的参数进行比较,可用于比较 Byte、Long、Integer 等数据类型的数据。该方法用于两个相同数据类型的比较,两个不同类型的数据不能用此方法来比较。如果指定的数与参数相等,则返回 0; 如果指定的数小于参数,则返回 -1; 如果指定的数大于参数,则返回 1。

```
public class MySort extends WritableComparator{
    public MySort(){
        super(IntWritable.class,true);
    }
    public int compare(WritableComparable a ,WritableComparable b){
        IntWritable v1 = (IntWritable) a;
        IntWritable v2 = (IntWritable) b;
        return v2.compareTo(v1);
    }
}
```

【实例 4-8】 二次排序(详细介绍见 4.8.3 节)。

当第一个排序字段相同时,需要比较第二个排序字段,如果第一个排序字段不同,则只比较第一个排序字段就可以了。

```
public class MySort extends WritableComparator{
    public MySort(){
        super(Text.class,true);
    }
    public int compare(WritableComparable a ,WritableComparable b){
        if(Integer.parseInt(a.toString().split(" ") [0]) == Integer.parseInt(b.toString().
split(" ") [0])){
            if(Integer.parseInt(a.toString().split(" ") [1]) > Integer.parseInt(b.toString
().split(" ") [1])){
```

```
                    return 1;
                }
                if(Integer.parseInt(a.toString().split(" ")[1]) < Integer.parseInt(b.toString().split(" ")[1])){
                    return-1;
                }
                if(Integer.parseInt(a.toString().split(" ")[1]) == Integer.parseInt(b.toString().split(" ")[1])){
                    return 0;
                }
            }else{
                if(Integer.parseInt(a.toString().split(" ")[0]) > Integer.parseInt(b.toString().split(" ")[0])){
                    return 1;
                }
                else if(Integer.parseInt(a.toString().split(" ")[0]) < Integer.parseInt(b.toString().split(" ")[0])){
                    return -1;
                }
            }
            return 0;
        }
    }
```

4.6.4 Combiner 类

通过上面的学习,可以了解到,MapReduce 框架使用 Mapper 将数据处理成一个个的 <key,value>键值对,经过 Shuffle,然后使用 Reducer 处理数据并最终输出。虽然简单有效,但是如果待处理的数据量大,那么网络传输量也是巨大的。如果只是对数据求最大值,那么很明显 Shuffle 只需要输出它所知道的最大值(当前最大值)即可,不必传输过多的数据。这样做不仅可以减轻网络压力,还可以大幅度提高程序运行效率。MapReduce 的 Combiner 类就起到这样的作用。

例如,WordCount 案例,Mapper 到 Reducer 的传输过程中,有许多相同 key 的键值对都需要通过 RPC 传输给 Reducer 进行计算,那么就可以利用 Combiner,在传输给 Reducer 之前,在 Mapper 本地,把相同 key 对应的 value 值进行求和,这样可以减少网络数据传输量,又不影响最终的计算结构。自定义 Combiner 类实现起来也很简单,代码如下。

```
public class WordCountCombiner extends Reducer < Text, IntWritable, Text, IntWritable > {
        protected void reduce ( Text key, Iterable < IntWritable > values, Context context )
throws IOException, InterruptedException {
                int count = 0;
                for( IntWritable v :values) { //对 < key, value-list > 按 key 进行一次汇总
                    count + = v.get( );
                }
                context.write( key, new IntWritable( count) );
        }
}
```

在 main( )方法中设置 Combiner 对应的类 WordCountCombiner,代码如下。

```
job.setCombinerClass( WordCountCombiner.class) ;
```

仔细观察发现 WordCountCombiner 类与 WordCountReducer 类代码完全一样,所以对于 WordCount 这种业务需求的作业,完全没有必要编写 Combiner 类,在 Job 对象下的 setCombinerClass( )方法中,直接调用已经编写好的 WordCountReducer 类就可以了,代码如下。

```
job.setCombinerClass( WordCountReducer.class) ;   //将 Reducer 当作 Combiner 使用
```

当然可以根据具体的业务需求,编写与 Reducer 类不同的 Combiner 类,本书在计算平均值的例子中做了介绍。

由于 Combiner 继承自 Reducer 的实现类,所以从本质上讲,Combiner 是处理数据量小的 Reducer。由于 Combiner 的输出作为 Reducer 的输入,Combiner 输出键值对 < key, value > 的类型必须与 Reducer 输入键值对 < key, value > 的数据类型相一致,而且不能影响 Reducer 的处理逻辑和最终结果。一般 Combiner 可以用在求最大值、最小值、求和等满足结合律和交换律的计算场景,其他计算场景(例如,求平均值)需要仔细考虑,认真设计算法。

4.6.5 Reducer 类

Reducer 任务接收 Shuffle 的输出作为输入数据,形式为 < key, value - list >,经过归约处理后,将结果写入到 HDFS 中。Reducer 类位于包"org.apache.hadoop.mapreduce"中,源码如下。

```
public class Reducer < KEYIN, VALUE, KEYOUT, VALUEOUT > {
    public abstract class Context
        implements ReduceContext < KEYIN, VALUEIN, KEYOUT, VALUEOUT > {
        }
    protected void setup( Context context) throws IOException, InterruptedException {
```

```
} //为 reduce 方法提供预处理功能,在任务开始时调用一次
protected void reduce(KEYIN key,Iterable < VALUEIN > values,Context context)
    throws IOException,InterruptedException{ //对 map 输出的键值对进行处理
        for(VALUE value:values){
            context.write((KEYOUT) key,(VALUEOUT) value);
            //将计算结果写入到 context
        }
}
protected void cleanup(Context context) throws IOException,InterruptedException{
} //进行清理工作,在任务结束时调用一次
public void run(Context context) throws IOException,InterruptedException{
    setup(context);
    try{
        while (context.nextKey()){
            reduce(context.getCurrentKey(),context.getValues(),context);
            Iterator < VALUEIN > iter = context.getValues().iterator();
            if ( iter instanceof ReduceContext.ValueIterator ){
                ((ReduceContext.ValueIterator < VALUEIN >) iter).resetBackup-
Store();
            }
        }
    } finally{
        cleanup(context);
    }
}
}
```

Reducer 类中有 4 个泛型,分别是 KEYIN、VALUEIN、KEYOUT、VALUEOUT。KEYIN、VALUEIN 表示 Mapper 输出数据 < key,value > 的类型,也就是说 Reducer 的输入类型要与 Mapper 的输出类型相匹配。KEYOUT、VALUEOUT 表示 Reducer 输出数据 < key,value > 的类型。

下面介绍 Reducer 类的主要方法。

1. setup 方法

Reducer 的 setup()方法与 Mapper 的 setup()方法类似,都是在执行任务之前调用一次,一般做一些初始化工作。通常不需要重写此方法。

2. cleanup 方法

该方法在 Reducer 执行完成之后执行一次，主要做一些清理工作。

3. reduce 方法

reduce()方法是 Reduce 任务最核心的方法。Context 是 Reducer 基类的一个内部类，继承自 ReducerContext 类，经过 Reducer 处理后，可以使用 context.write(key,value)来输出结果。

4. run 方法

与 Mapper 的 run()方法功能类似，用于控制 Reduce 任务的执行流程，默认是先执行一次 setup()方法，接着执行循环，从 context 中依次取出每个键值对，交给 reduce()方法处理。当所有的键值对取出完毕后结束循环。最后调用执行一次 cleanup()方法。一般不需要编写 run ()方法，除非想控制 Reduce 任务的执行流程来做一些特殊的处理。

4.6.6 分组

reduce()方法是按照组为操作对象进行统计的，每个 reduce 方法每次只能对相同 key 所对应的值进行计算。在 MapReduce 的默认分组规则中，也是基于 key 进行的，会将相同 key 的 value 放到一个集合中去，因此 reduce 方法每次接收的是一组具有相同 key 值的键值对。为了满足特殊的要求，也可以自定义分组器，让某些不同 key 的键值对共同调用同一个 reduce()方法。MapReduce 提供了 job.setGroupingComparatorClass(cls)来使用自定义分组器，其中 cls 表示自定义分组的类。自定义分组需要继承 WritableComparator，实现 compare()方法，具有相同返回值的键值对调用同一个 reduce()方法。

自定义分组类的示例代码如下。

```
public class MyGroup extends WritableComparator{
   public MyGroup() {
         super(IntWritable.class,true);
   }
   public int compare(WritableComparable a, WritableComparable b) {
             IntWritable o1 = (IntWritable)a;
             IntWritable o2 = (IntWritable)b;
         if(o1%2 = =0){
             return 0;
         }else{
             return 1;
         }
   }
}
```

在上述代码中,首先利用构造方法,将 key 值指定为 IntWritable 类型。然后通过 compare()方法,将 key 值为偶数的分为一组,返回值为 0; 将 key 值为奇数的分为另一组,返回值为 1。这样 reduce()方法每次接收的是一组 key 值全为 0 或者全为 1 的键值对。

最后,在 main()方法中设置分组对应的类 MyGroup,代码如下。

```
job.setGroupingComparatorClass(MyGroup.class);
```

4.7 MapReduce 编程实例

4.7.1 选择操作

常见的关系代数运算包括选择、投影、并、交、差以及自然连接等操作,都可以十分容易地利用 MapReduce 实现,下面介绍选择操作的实现方法。

1. 任务描述

一张学生信息表,每一列分别表示学号、姓名、性别和年龄。要求查询年龄大于 18 岁的学生信息。

样本数据 student.txt 如下,数据间用 Tab 分割。

15001 李勇 男 20

15002 刘晨 女 19

15003 王敏 女 18

15004 张立 男 18

2. 设计思路

对一个集合进行选择操作,可以在 Map 阶段对每个记录进行判断,将满足条件的记录输出即可,不需要编写 Reduce 端的代码。

3. 程序代码

只需要编写 Map 类代码,由于 Reduce 端不需要编写代码,在 MapReduce 运行过程中,会生成一个系统自带的 Reduce 方法。这个 Reduce 是为了保持框架的完整性自动调用的,系统直接把 Map 端的输出作为整个程序的输出结果。因此只需要进行 Map 端代码的编写任务,程序代码如下。

```
public static class Map extends Mapper < LongWritable, Text, Text, NullWritable > {
  public void map(LongWritable key, Text value, Context context) throws IOException,
          InterruptedException {
        String line = value.toString();
        String []f = line.split(" \t");
        int sage = Integer.parseInt(f [3] ); //age 是第 4 列
```

```
                if(sage > 18)//满足条件
                    context.write(new Text(line), NullWritable.get());
        }
    }
    public static void main(String[] args) throws Exception{
                Configuration conf = new Configuration();
                String[]otherArgs = new GenericOptionsParser(conf, args).getRemainingArgs();
                Job job = Job.getInstance(conf);
                //job.setJar("selectexample.jar");
                job.setJarByClass(SelectExample.class);
                FileInputFormat.addInputPath(job,new Path(otherArgs[0]));
                FileOutputFormat.setOutputPath(job,new Path(otherArgs[1]));
                job.setMapperClass(Map.class);
                job.setMapOutputKeyClass(Text.class);
                job.setMapOutputValueClass(NullWritable.class);
                job.setOutputKeyClass(Text.class);
                job.setOutputValueClass(NullWritable.class);
                System.exit(job.waitForCompletion(true) ?0 : 1);
    }
```

4. 运行结果

结果如下。

15001 李勇 男 20

15002 刘晨 女 19

4.7.2 差运算

1. 任务描述

两个集合分别存放在文件 studentA 和 studentB 中,现在求 studentA - studentB 的结果。

(1) studentA 数据如下。

15001 李勇 男 20

15002 刘晨 女 19

15003 王敏 女 18

15004 张立 男 18

(2) studentB 数据如下。

15001 李勇 男 20

15002 刘晨 女 19

15003 王敏 女 18

15005 孙俪 男 21

2. 设计思路

计算 studentA 和 studentB 的差集，即找出在 studentA 中存在而在 studentB 中不存在的记录。

在 Map 阶段，对于 studentA 和 studentB 中每一条记录以记录为键，而值分别用“A”和“B”进行区分。例如，studentA 中键值对为 <15001 李勇 男 20，A >，对应于 studentB 中的键值对 <15001 李勇 男 20，B >。

在 Reduce 端对 <key，<value-list>> 进行处理，如果 <value-list> 里含有 A 且不含有 B，key 就是想要的记录，直接将 key 输出就可以了。

3. 程序代码

（1）Map 端代码如下。

```
public static class SubstractMapper extends Mapper<Object, Text, Text, Text> {
    protected void map(Object key, Text value, Context context)
        throws IOException, InterruptedException {
            InputSplit inputSplit = (InputSplit) context.getInputSplit();
            String filename = ((FileSplit) inputSplit).getPath().getName();
            if (filename.contains("studentA"))
                context.write(value,new Text("A"));
            else
                context.write(value,new Text("B"));
    }
}
```

注意：FileSplit 需要导入（import）的包是 org.apache.hadoop.mapreduce.lib.input.FileSplit 包。如果导入 org.apache.hadoop.mapred.FileSplit 包运行时会报错。

（2）Reduce 端代码如下。

```
public static class SubstractReducer extends Reducer<Text, Text, Text, NullWritable> {
    public void reduce(Text key, Iterable<Text> values,Context context)
            throws IOException, InterruptedException {
            ArrayList<String> al = new ArrayList<String>();
            for(Text text:values)
                al.add(text.toString());
            if(al.contains("A")&&(! al.contains("B")))
```

```
            context.write(key, NullWritable.get());
        }
}
```

（3）main 方法如下。

```
public static void main(String[] args) throws Exception{
        Configuration conf = new Configuration();
        Job job = Job.getInstance(conf);
        job.setJar("substract.jar");
        job.setJarByClass(substractExample.class);
        String[]otherArgs = new GenericOptionsParser(conf, args).getRemainingArgs();
        FileInputFormat.addInputPath(job,new Path(otherArgs[0]));
        FileOutputFormat.setOutputPath(job,new Path(otherArgs[1]));
        job.setMapperClass(SubstractMapper.class);
        job.setReducerClass(SubstractReducer.class);
        job.setMapOutputKeyClass(Text.class);
        job.setMapOutputValueClass(Text.class);
        job.setOutputKeyClass(Text.class);
        job.setOutputValueClass(NullWritable.class);
        System.exit(job.waitForCompletion(true) ?0 : 1 );
}
```

4. 运行结果

结果如下。

15004　张立　男　18

4.7.3 交运算

1. 任务描述

两个集合分别存放在文件 studentA 和 studentB 中，两个集合各自不存在重复的记录。要求对集合做交运算，即把两个集合中都存在的记录显示出来。

样本数据同差运算。

2. 设计思路

两个集合进行交运算的思路如下：在 Map 阶段对于 studentA 和 studentB 中的每一条数据记录 r 输出(r ,1)，即记录内容做键，值为 1。然后在 Reduce 阶段进行汇总，对任一键值对 <key, <value - list>>，如果 <value - list> 的长度大于 1，则表示该 key 就是属于交集的一个记录，将 key 进行输出即可。

3. 程序代码

Map 端代码如下。

```
public static class IntersectionMap extends Mapper < LongWritable, Text, Text, IntWritable > {
        private static final IntWritable ONE = new IntWritable( 1 );
        protected void map( LongWritable key, Text value, Context context) throws java.io.IO-
Exception, InterruptedException {
                context.write( new Text( value.toString( ) ), ONE );
        }
}
```

Reduce 端代码如下。

```
public static class IntersectionReduce extends Reducer < Text, IntWritable, Text, NullWritable > {
   protected void reduce( Text key, Iterable < IntWritable > values, Context context) throws
        java.io.IOException, InterruptedException {
        int count =0;
        for ( IntWritable val : values) {
             count + + ;
             if ( count  > =2) {
                  context.write( key, NullWritable.get( ) );
                  break;
             }
        }
   }
}
```

4. 运行结果

结果如下。

15001 李勇 男 20

15002 刘晨 女 19

15003 王敏 女 18

4.7.4 投影操作

1. 任务描述

使用 4.7.1 节中的 student.txt,即学生信息,每一列分别表示学号、姓名、性别和年龄。要求输出年龄信息,由于是集合操作,此时投影操作具有去重性。

2. **设计思路**

对于一个集合进行投影操作，可以在 Map 阶段对每个记录进行解析，将年龄字段作为键，值为 NullWritable 写入。在 Reduce 端，由于键不可能重复，将键直接输出即可。

3. **程序代码**

Map 端、Reduce 端都需要编写代码，核心代码如下：

```
public class Projection {
    public static class ProjectionMap extends Mapper < LongWritable, Text, IntWritable, NullWritable > {
        private IntWritable age = new IntWritable( );
        protected void map( LongWritable key, Text value, Context context) throws
        java.io. IOException, InterruptedException    {
                String line = value. toString( ) ;
                String [] f = line. split( "  \t" ) ;
                String age1 = f [ 3 ]; //年龄位于第 4 列
                age. set( Integer. parseInt( age1 ) ) ;
                context. write( age, NullWritable. get( ) ) ;
            };
    }
        public static class ProjectionReduce extends Reducer < IntWritable, NullWritable, IntWritable, NullWritable > {
            protected void reduce( IntWritable key, Iterable < NullWritable > values, Context context) throws java.io. IOException, InterruptedException {
        context. write( key, NullWritable. get( ) ) ;
            }
        };
        public static void main( String [] args) throws IOException, ClassNotFoundException, InterruptedException {
            Configuration conf = new Configuration( ) ;
            String []otherArgs = new GenericOptionsParser( conf, args) . getRemainingArgs( ) ;
            Job job = Job. getInstance( conf, " Projection" ) ;
            Job. setJar( " projection. jar" ) ;
            job. setJarByClass( Projection. class) ;
            job. setMapperClass( ProjectionMap. class) ;
            job. setReducerClass( ProjectionReduce. class) ;
```

```
            job.setOutputKeyClass(IntWritable.class);
            job.setOutputValueClass(NullWritable.class);
            FileInputFormat.addInputPath(job, new Path(otherArgs[0]));
            FileOutputFormat.setOutputPath(job, new Path(otherArgs[1]));
            System.exit(job.waitForCompletion(true) ?0 : 1);
        }
}
```

4. 运行结果

结果如下所示。

18

19

20

4.7.5 两表连接

1. 任务描述

选课表 sc 含有学生选课信息,包括学号、课程号、成绩。student 表描述了学生信息,包括学号、姓名、性别和年龄。现在根据两表关系,输出信息:学号、课程号、成绩和姓名。student 表见 4.7.1 节中的 student.txt。

选课表 sc 对应文件 sc.txt,内容如下。

```
15001    1    92
15002    1    90
15003    1    89
15002    2    89
15003    3    90
```

2. 设计思路

两表连接首先要找出表中存在的关系,发现连接条件是学号相同。要用 MapReduce 解决这个问题,考虑到 MapReduce 的 shuffle 过程会将相同的 key 连接在一起,所以可以将 map 结果的 key 设置成待连接的列,即学号,然后相同 key 的值就自然会连接在一起了。

Map 首先要做的工作是找到数据属于哪个表,如果是 sc 表,对输入的每行内容 linevalue 进行解析,找到学号 sno,将 sno 作为 key,值是“L” + linevalue, 输出。sc 作为参加连接的左表。如果是 student 表,对输入的每行内容 linevalue 进行解析,找到学号 sno 和姓名 sname,仍然将 sno 作为 key,值是“R” + sname,输出。

Reduce 收到 <key, <value-list>> ,解析 <value-list> 内容,根据标志“L”“R”将左右表内容分别存放在数组中,然后对两数组的内容求笛卡儿积,最后将需要的信息输出。

3. 程序代码

Map 端代码：

```
public static class Map extends Mapper < LongWritable, Text, Text, Text > {
    protected void map( Object key, Text value, Context context)
      throws IOException, InterruptedException {
            InputSplit inputSplit = ( InputSplit) context. getInputSplit( ) ;
            String filename = ( ( FileSplit) inputSplit). getPath( ). getName( ) ;
            String line = value. toString( ) ;
            String [] split = line. split( " \t" ) ;
            String sno = split [ 0 ];
            if (filename. contains( " student" ) )
                  context. write( new Text( sno) ,new Text( " R" + split [ 1 ]) ) ;
            else
                  context. write( new Text( sno) ,new Text( " L" + line) ) ;
    }
}
```

Reduce 端代码：

```
public static class Reduce extends Reducer < Text, Text, Text, NullWritable > {
   public void reduce( Text key, Iterable < Text > values, Context context)
           throws IOException, InterruptedException {
       ArrayList < String > aleft = new ArrayList < String > ( ) ;
       ArrayList < String > aright = new ArrayList < String > ( ) ;
       for( Text text: values) {
           String s = text. toString( ) ;
           if( s. charAt(0) = ='L')
              aleft. add( s. substring( 1) ) ;
           else
              aright. add( s. substring(1) ) ;
       }
       for( String sl: aleft)
           for( String sr: aright)
                 context. write( new Text( sl + " \t" + sr) , NullWritable. get( ) ) ;
    }
}
```

4. 运行结果

结果如下。

15001　1　92 李勇

15002　2　89 刘晨

15002　1　90 刘晨

15003　3　90 王敏

15003　1　89 王敏

5. 讨论

(1) 左外连接的实现。该部分使用的 student 表的内容如下:

15001　李勇　男　20

15002　刘晨　女　19

如果要实现 sc left outer join student,也就是说 sc 的记录要在结果中出现,无论是否有对应的 student。只需要简单修改 Reduce 端程序中的 for 循环语句,代码如下。

```
for(String sl:aleft) {
        if  (aright.size() ==0) {
            context.write(new Text(sl),NullWritable.get());
            continue;
        }
        for(String sr:aright) {
            context.write(new Text(sl + "  \t" + sr),NullWritable.get());
        }
}
```

运行结果:

15001　1　92 李勇

15002　2　89 刘晨

15002　1　90 刘晨

15003　3　90

15003　1　89

(2) 右外连接的实现。如果要实现 sc right outer join student,也就是说 student 的记录要在结果中出现,无论是否有对应的 sc。只需要简单修改 Reduce 端程序中的 for 循环语句,代码如下。

```
for(String sr:aright) {
        if  (aleft.size() ==0) {
            String ss = String.format("%16s",sr);
```

```
            context.write(new Text(ss),NullWritable.get());
            continue;
        }
        for(String sl:aleft)
            context.write(new Text(sl + "  \t" + sr),NullWritable.get());
}
```

运行结果如下。

15001 1 92 李勇

15002 2 89 刘晨

15002 1 90 刘晨

15003 3 90 王敏

15003 1 89 王敏

张立

4.8 MapReduce 编程进阶

4.8.1 应用 Combiner 求均值

1. 任务描述及设计思路

通过 4.6.4 节对 Combiner 的介绍,了解到使用 Combiner 可以减轻 I/O 传输量。求均值最重要的是知道数据的数量和总和,那么在 Mapper 阶段需要输出的键值对中,键为 1,保证最后能分配到同一个 Reduce 节点上,值分为两部分,即数据的数量和总和。在 Reduce 阶段,根据数值个数和总和,计算总的数值个数和数值总和。这样 Reducer 代码便可以使用合并 Combiner。根据上述分析,Combiner 的计算过程如图 4.26 所示。

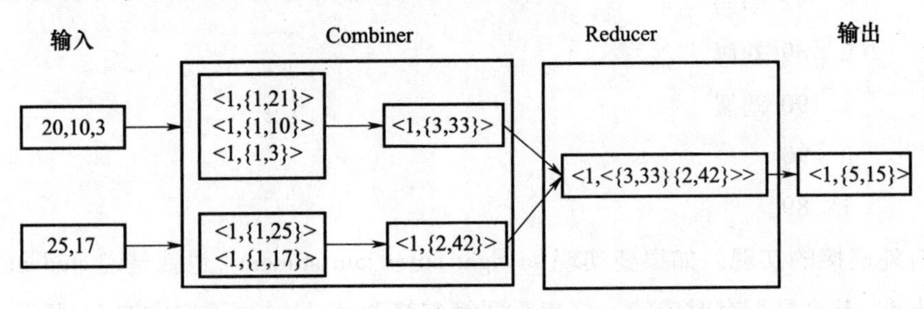

图 4.26 Combiner 的计算过程示意图

程序的实现过程如下。

(1) 定义一个自定义的 Writable,用于存储数值个数和总和。

(2) 计算平均值,平均值 = 总和/总数值个数。

2. 程序代码

```
public class SvgExample{
    public static class Sum_Writable implements Writable{
        private int count = 0;
        private int sum = 0;
        public int getCount( ){
            return count;
        }
        public void setCount(int count){
            this.count = count;
        }
        public int getSum( ){
            return sum;
        }
        public void setSum(int sum){
            this.sum = sum;
        }
        public String toString( ){
            return count + "  \t" + sum;
        }
        public void readFields(DataInput in) throws IOException {
            count = in.readInt( );
            sum = in.readInt( );
        }
        public void write(DataOutput out) throws IOException {
            out.writeInt(count);
            out.writeInt(sum);
        }
    }
    public static class SvgMap extends Mapper<LongWritable, Text, IntWritable, Sum_Writable>{
        private Sum_Writable w = new Sum_Writable( );
        protected void map(LongWritable key, Text value, Context context) throws IOException, InterruptedException {
```

```
                w.setCount(1);
                w.setSum(Integer.parseInt(value.toString()));
                context.write(new IntWritable(1), w);
            }
        }
        static class SvgCombine extends Reducer<IntWritable, Sum_Writable, IntWritable, Sum_Writable> {
            private Sum_Writable w = new Sum_Writable();
            protected void reduce(IntWritable key, Iterable<Sum_Writable> values, Context context) throws IOException, InterruptedException {
                int sum = 0;
                int count = 0;
                for(Sum_Writable val : values) {
                    sum += val.getSum();
                    count += val.getCount();
                }
                w.setCount(count);
                w.setSum(sum);
                context.write(key, w);
            }
        }
    public static class SvgReduce extends Reducer<IntWritable, Sum_Writable, IntWritable, Sum_Writable> {
            private Sum_Writable w = new Sum_Writable();
            protected void reduce(IntWritable key, Iterable<Sum_Writable> values, Context context) throws IOException, InterruptedException {
                int sum = 0;
                int count = 0;
                for(Sum_Writable val : values) {
                    System.out.println("values:" + val);
                    sum += val.getSum();
                    count += val.getCount();
                }
                w.setCount(count);
```

```
            w.setSum(sum/count);
            context.write(key, w);
        }
    }
    public static void main(String[] args) throws Exception{
        Configuration conf = new Configuration();
        Job job = Job.getInstance(conf);
        job.setJar("svgexample.jar");
        job.setJarByClass(SvgExample.class);
        String[] otherArgs = new GenericOptionsParser(conf, args).getRemainingArgs();
        FileInputFormat.addInputPath(job,new Path(otherArgs[0]));
        FileOutputFormat.setOutputPath(job,new Path(otherArgs[1]));
        job.setMapperClass(SvgMap.class);
        job.setReducerClass(SvgReduce.class);
        job.setCombinerClass(SvgCombine.class);
        job.setMapOutputKeyClass(IntWritable.class);
        job.setMapOutputValueClass(Svg_Writable.class);
        job.setOutputKeyClass(IntWritable.class);
        job.setOutputValueClass(Svg_Writable.class);
        System.exit(job.waitForCompletion(true) ? 0 : 1);
    }
}
```

3. 输入数据及运行结果

准备三个数据文件,文件名分别为 b1.txt、b2.txt、b3.txt,将三个文件全部放置在输入目录 hdfs://master:9000/data/,每个文件中有 20 个数据,每个数据一行,内容如下。

21 15 23 5 9 14 28 36 49 21 20 17 16 8 14 22 15 33 6 8

程序运行结果如下。

```
1	60	19
```

4.8.2 自定义分区实现全排序

1. 数据准备

(1) 建立文件 createdatas.sh。

```
[jmxx@master~]$ gedit createdatas.sh
```

(2) 在 createdatas.sh 中写入以下内容,用于生成 5 位以内的随机正整数。

```
for i in {1..100000};do
    echo $RANDOM
done;
```

（3）生成 4 份数据文件。

```
[jmxx@master~]$ sh createdatas.sh >data1
[jmxx@master~]$ sh createdatas.sh >data2
[jmxx@master~]$ sh createdatas.sh >data3
[jmxx@master~]$ sh createdatas.sh >data4
```

（4）将文件上传到 HDFS 上。

```
[jmxx@master hadoop]$ hdfs dfs -put /home/jmxx/data1 /data
[jmxx@master hadoop]$ hdfs dfs -put /home/jmxx/data2 /data
[jmxx@master hadoop]$ hdfs dfs -put /home/jmxx/data3 /data
[jmxx@master hadoop]$ hdfs dfs -put /home/jmxx/data4 /data
```

（5）数据部分展示如下。

```
3120
21293
14853
9838
12692
4570
15229
```

2. 设计思路

排序是 MapReduce 中 Shuffle 阶段的核心技术，在实现全排序的过程中，如果所有的数据都发送到一个 Reducer 进行排序，不能充分利用集群的计算资源，当数据量很大时，有可能发生内存溢出。因此可以设置 Reducer 文件输出，并且保持原有的顺序，即第 n 个文件中的最小数大于第 $n+1$ 个输出文件的最大数。这就需要自定义分区，分区以 key 为准。由于随机生成的概率比较均匀，所以分区点的设置如下：key >20 000 为第 0 区，key >10 000 为第 1 区，其他为第 2 区。

3. 程序代码

```
public class sortExample{
  public static class MyPartitioner extends Partitioner<IntWritable, IntWritable>{
        public int getPartition(IntWritable k1, IntWritable arg1, int v1){
          int keyInt = Integer.parseInt(k1.toString());
          if(keyInt >20000){
```

```
                return 0;
            } else if(keyInt > 10000) {
                return 1;
            } else{
                return 2;
            }
        }
    }
    public static class MySort extends WritableComparator{
        public MySort() {
            super(IntWritable.class,true);
        }
        public int compare(WritableComparable a,WritableComparable b) {
            IntWritable v1 = (IntWritable) a;
            IntWritable v2 = (IntWritable) b;
            return v2.compareTo(v1);
        }
    }
    static class SimpleMapper extends Mapper<LongWritable, Text, IntWritable, IntWritable> {
        protected void map(LongWritable key, Text value, Context context)
                throws IOException, InterruptedException {
            IntWritable intvalue = new IntWritable(Integer.parseInt(value.toString()));
            context.write(intvalue, intvalue);
        }
    }
    static class SimpleReducer extends Reducer<IntWritable, IntWritable, IntWritable, NullWrit-
able> {
        protected void reduce(IntWritable key, Iterable<IntWritable> values,
                Context context)
                throws IOException, InterruptedException {
            for(IntWritable value:values)
                context.write(value, NullWritable.get());
        }
    }
```

```
public static void main(String[] args) throws Exception{
    Configuration conf = new Configuration();
    Job job = Job.getInstance(conf);
    job.setJar("sortExample.jar");
    job.setJarByClass(sortExample.class);
    String[]otherArgs = new GenericOptionsParser(conf, args).getRemainingArgs();
    FileInputFormat.addInputPath(job,new Path(otherArgs[0]));
    FileOutputFormat.setOutputPath(job,new Path(otherArgs[1]));
    job.setMapperClass(SimpleMapper.class);
    job.setReducerClass(SimpleReducer.class);
    job.setPartitionerClass(MyPartitioner.class);
    job.setSortComparatorClass(MySort.class);
    job.setMapOutputKeyClass(IntWritable.class);
    job.setMapOutputValueClass(IntWritable.class);
    job.setOutputKeyClass(IntWritable.class);
    job.setOutputValueClass(NullWritable.class);
    job.setNumReduceTasks(3);
    System.exit(job.waitForCompletion(true) ?0 : 1);
}
}
```

4. 运行结果

该程序设置的 Reduce 个数为 3(见 job.setNumReduceTasks(3)),所以生成了三个文件,三个文件中的数据都实现了从大到小排列,且局部有序。Part-r-00000 中存放的是大于20 000的数据,Part-r-00001 中存放的是小于等于 20 000 大于 10 000 的数据,Part-r-00002 中存放的是小于等于 10 000 的数据。三个文件实现了全局有序的效果。

Part-r-00000 中的部分数据展示如下:

```
32767
32767
32767
32766
32766
```

Part-r-00001 中的部分数据展示如下:

```
20000
20000
```

19999

19999

19999

Part-r-00002 中的部分数据展示如下：

10000

10000

9999

9999

4.8.3 二次排序

1. **数据准备**

MapReduce 默认会对键进行排序，然而有的时候也有对值进行排序的需求。为满足这种需求，可以在 reduce 阶段排序收集过来的值，但是，如果有数量巨大的值可能就会导致内存溢出，这就是二次排序应用的场景——将对值的排序也安排到 MapReduce 计算过程中，而不是单独来做。

二次排序就是首先按照第一字段排序，然后再对第一字段相同的行按照第二字段排序，注意不能破坏第一次排序的结果。

样本数据如下：

20 21
50 51
70 58
1 2
3 4
5 6
7 82
40 511
20 53
20 522
60 56
60 57
12 211
31 42
50 62
7 8

2. 设计思路

在 MapReduce 中所有的比较和排序都是针对 key 值而言的。在此需要对 key 值进行两次比较排序。先按照第一字段排序,然后再对第一字段相同的按照第二字段排序。根据这一点,可以构造一个复合类 IntPair,其有两个字段,先利用分区对第一字段排序,再利用分区内的比较对第二字段排序。当 Map 对输入数据经过一系列处理后,在 Map 端产生一个复合键,这个复合键由原来的键和值组成,例如,输入数据如 A 所示,在 Map 端输出结果如 B 所示。

```
A:    70    57            B:    70 $ 57    57
      70    58                  70 $ 58    58
      1     2                   1 $ 2      2
      3     4                   3 $ 4      4
```

注:这里为了讲解方便,用“ $ ”符号来连接原始的键值对从而产生相应的复合键。

相关方法说明如下。

(1) 定义分区方法类,根据复合键的第一个值确定分区。

public static class FirstPartitioner extends Partitioner <IntPair, IntWritable>

比如(70 $ 57 57) 和(70 $ 58　58)放到一个分区中。

(2) 定义分组方法,告诉 MapReduce 如何将键值组合在一起。

public static class GroupingComparator extends WritableComparator

比如 70 $ 57 57 和 70 $ 58 58 会被送到同一个 Reducer 进行处理,MapReduce 框架只按照复合键的自然键部分进行判定,对这两个记录而言其原始键都是 70。系统会先处理(70 $ 57 57),将键相同的两个值组合放入一个列表(57,58)并作为 70 $ 57 的值。接下来处理(70 $ 58 58),由于其键与(70 $ 57 57)的键相同,系统将 58 作为与键 70 $ 57 相关联的值进行组合,因此 Reducer 收到的中间结果如 C 所示。

```
C:    1 $ 2     2
      3 $ 4     4
      70 $ 57   [57,58]
```

最后 Reducer 输出复合键中的原始自然键部分以及每一个值作为一个新的输出记录,输出结果如 D 所示。

```
D:    1    2
      3    4
      70   57
      70   58
```

3. 程序代码

```
public class Secondary_Sort{
    //自己定义的 key 类应该实现 WritableComparable 接口
```

```
public static class IntPair implements WritableComparable < IntPair > {
    private IntWritable first;
    private IntWritable second;
    public void set( IntWritable left, IntWritable right) {
        this.first = left;
        this.second = right;
    }
    public IntPair( ) {
        set( new IntWritable( ) , new IntWritable( ) ) ;
    }
    public IntPair( int first,int second) {
        set( new IntWritable( first) , new IntWritable( second) ) ;
    }
    public IntPair( IntWritable first,IntWritable second) {
        set( first, second) ;
    }
    public IntWritable getFirst( ) {
        return first;
    }
    public void setFirst( IntWritable first) {
        this.first = first;
    }
    public IntWritable getSecond( ) {
        return second;
    }
    public void setSecond( IntWritable second) {
        this.first = second;
    }
    public void readFields( DataInput in) throws IOException {
        second.readFields( in) ;
    }
    public void write( DataOutput out) throws IOException {
       first.write( out) ;
       second.write( out) ;
```

```
    }
    public int hashCode() {
        return first.hashCode() * 163 + second.hashCode();
    }
    public boolean equals(Object o) {
        if(o instanceof IntPair) {
            IntPair tp = (IntPair) o;
            return first.equals(tp.first)&&second.equals(tp.second);
        }
        return false;
    }
    public String toString() {
        return first + "  \t" + second;
    }
    public int compareTo(IntPair tp) {
        int cmp = first.compareTo(tp.first);
        if(cmp! =0) {
            return cmp;
        }
        return second.compareTo(tp.second);
    }
}
//分区方法类。根据 first 确定 Partition
public static class FirstPartitioner extends Partitioner<IntPair, IntWritable> {
    public int getPartition(IntPair key, IntWritable value,int numPartitions) {
        return Math.abs(key.getFirst().get()) % numPartitions;
    }
}
public static class KeyComparator extends WritableComparator{
    protected KeyComparator() {
        super(IntPair.class,true);
    }
    public int compare(WritableComparable a, WritableComparable b) {
    IntPair ip1 = (IntPair) a;
```

```
IntPair ip2 = (IntPair) b;
int cmp = ip1.getFirst().compareTo(ip2.getFirst());
if(cmp! =0){
    return cmp;
}
return  ip1.getSecond().compareTo(ip2.getSecond());        }
}
// 自定义 map
public static class Map extends Mapper < LongWritable, Text, IntPair, NullWritable > {
        public void map(LongWritable key, Text value, Context context) throws IOExcep-
tion, InterruptedException{
                String[] line = value.toString().split(" \t");
                int left = Integer.parseInt(line[ 0 ] );
                int right = Integer.parseInt(line[ 1 ] );
                context.write(new IntPair(left, right),NullWritable.get());
        }
}
// 自定义 reduce
public static class Reduce extends Reducer < IntPair, NullWritable, IntPair, NullWrit-
able > {
public void reduce(IntPair key, Iterable < NullWritable > values,Context context) throws
IOException, InterruptedException {
                context.write(key,NullWritable.get());
        }
}
public static void main(String[] args) throws IOException, InterruptedException, Class-
NotFoundException {
                Configuration conf = new Configuration();
        Job job = Job.getInstance(conf, "secondsort");
        job.setJar("Secondary.jar");
        job.setJarByClass(Secondary_Sort.class);
        job.setMapperClass(Map.class);
        job.setCombinerClass(Reduce.class);
        job.setReducerClass(Reduce.class);
```

```
        job.setPartitionerClass(FirstPartitioner.class);
        job.setSortComparatorClass(KeyComparator.class);
        job.setMapOutputKeyClass(IntPair.class);
        job.setMapOutputValueClass(NullWritable.class);
        job.setOutputKeyClass(IntPair.class);
        job.setOutputValueClass(NullWritable.class);
        job.setInputFormatClass(TextInputFormat.class);
        job.setOutputFormatClass(TextOutputFormat.class);
        String[]otherArgs = new GenericOptionsParser(conf, args).getRemainingArgs();
        FileInputFormat.addInputPath(job,new Path(otherArgs[0]));
        FileOutputFormat.setOutputPath(job,new Path(otherArgs[1]));
        System.exit(job.waitForCompletion(true) ?0 : 1);
    }
}
```

4. 运行结果

实验结果如下(部分结果)。

```
1    2
3    4
5    6
7    8
7    82
12   211
20   21
20   53
20   522
```

4.8.4 Top N

1. 任务描述

统计搜狗日志中搜索频度最高的50个关键词,该数据(500万行)可在网上自行下载,数据格式如下。

访问时间　用户ID　查询词　该URL在返回结果中的排名　用户点击的顺序号　用户点击的URL

20111230000011　7c54c43f3a8a0af0951c26d94　百度一下　1　1　http://www.baidu.com/

20111230000005　57375476989eea12893c0c38　奇艺高清　1　1　http://www.qiyi.com/

2. 设计思路

Top N 问题的解决办法是将 MapReduce 输出(排序后)放入一个集合中,取前 N 个,这种方法简单但只适合小数据集。如果数据量过大,并且在 Map 端不采取任何操作,那么 Reduce 需要对所有数据进行全排序,而内存能够加载集合的大小是有上限的,很容易出现内存溢出,并且不能充分利用集群的计算资源。这里令每个 Map 只输出 50 个元素,如果有 6 个 Map,Reduce 只对 6 × 50 个数据进行操作,采用此方式巧妙地将 Reduce 的压力转移到了 Map,也就不会出现内存溢出等问题。

3. 程序代码

(1) 第一个 map 方法。提取 keyword 字段,输出键为 keyword、值为 1 的键值对。

```
public static class QueryFreRankMapper extends Mapper < LongWritable, Text, Text, LongWritable > {
        private Text okey = new Text( ) ;
        private LongWritable ovalue = new LongWritable(1L) ;
        protected void map( LongWritable key, Text value, Context context) throws IOException, InterruptedException {
                String line = value.toString( ) ;
                String[] lineSplited = line.split( "  \t" ) ;
                String keyword = lineSplited [ 2 ] ;
                if( !" ".equals( keyword) || keyword! = null) {
                        okey.set( keyword) ;
                        context.write( okey, ovalue) ;
                }
        }
}
```

(2) 第一个 reduce 方法。统计每个 keyword 字段的查询次数,因为 reduce 方法只会处理键值相同的键值对,所以每个 reduce 方法可以统计一种 keyword 的查询次数,并输出键为 keyword、值为查询次数的键值对。结果保存在/outdata/sogou_queryFreRank。

```
public static class QueryFreRankReducer extends Reducer < Text, LongWritable, Text,
    LongWritable > {
    private LongWritable ovalue = new LongWritable( ) ;
    protected void reduce ( Text key, Iterable < LongWritable > values, Context context)
throws IOException, InterruptedException {
        long sum = 0;
```

```
            for( LongWritable value:values) {
                sum + = value.get( );
            }
            ovalue.set( sum);
            context.write( key, ovalue);
        }
    }
```

（3）第二个 map 方法。读取/outdata/sogou_queryFreRank 中的数据，通过 TreeSet 排序并保存 Top N 的数据，由 cleanup 进行汇总，因为 TreeSet 是从小到大排列的，所以存放数据超过 50 个时，会删除第一个值，也就是最小的结果。

```
public static class Top50Mapper extends Mapper < LongWritable, Text, LongWritable, Text > {
        private static final int K = 50;
        private TreeMap < Long, String > tm = new TreeMap < Long, String > ( );
        private LongWritable okey = new LongWritable( );
        private Text ovalue = new Text( );
        protected void map( LongWritable key, Text value, Context context)
        throws IOException, InterruptedException {
            String line = value.toString( );
            String[] lineSplited = line.split( " \t" );
            String keyword = lineSplited [ 0 ];
            long count = Long.valueOf( lineSplited [ 1 ] .trim( ) );
            tm.put( count, keyword);
            if( tm.size( )  > K)
            {
                tm.remove( tm.firstKey( ) );//超过 50 个,删除最小的(从小到大排序)
            }
        }

        protected void cleanup ( Mapper < LongWritable, Text, LongWritable, Text >. Context
context) throws IOException, InterruptedException {
            for( Map.Entry < Long,String > entry:tm.entrySet( ) ) {
                long count = entry.getKey( );
                String keyword = entry.getValue( );
                okey.set( count);
                ovalue.set( keyword);
```

```
                context.write(okey, ovalue);
            }
        }
    }
```

(4) 第二个 reduce 方法。将 map 输出(排序后)放入一个集合中,取前 N 个。通过定义比较器,实现 TreeMap 倒序排序,保存 Top 50 的数据,并由 cleanup 进行汇总。

```
    //对 map 的输出进行排序,取前 50
        public static class Top50Reducer extends Reducer < LongWritable, Text, Text, Long-
Writable > {
        private LongWritable ovalue = new LongWritable();
        private Text okey = new Text();
        private static final int K = 50;
        private TreeMap < Long, String > tm = new TreeMap < Long, String > (new Comparator <
Long > () {
            public int compare(Long o1, Long o2) {
                return o2.compareTo(o1);
            }
        });//定义比较器,实现倒序,即从大到小排序
        protected void reduce(LongWritable key, Iterable < Text > values, Context context)
throws IOException, InterruptedException {
            for(Text value:values) {
                tm.put(key.get(), value.toString());
                if(tm.size() > K) {
                    tm.remove(tm.firstKey());
                }
            }
        }
        //通过 TreeSet 排序并保存 Top N 的数据,在 reduce 之后,由 cleanup 进行汇总
        protected void cleanup(Reducer < LongWritable, Text, Text, LongWritable >. Context
context) throws IOException, InterruptedException {
            for(Map.Entry < Long, String > entry:tm.entrySet()) {
                String keyword = entry.getValue();
                long count = entry.getKey();
                okey.set(keyword);
```

```
                ovalue.set(count);
                context.write(okey, ovalue);
            }
        }
    }
    public int run(String[] args) throws Exception {
        Configuration conf = new Configuration();
        conf.set("fs.defaultFS", "hdfs://master:9000");
        Job job1 = Job.getInstance(conf);
        job1.setJarByClass(Sogou.class);
        FileInputFormat.addInputPath(job1, new Path("/sogou_ext/20111230"));
        job1.setMapperClass(QueryFreRankMapper.class);
        job1.setReducerClass(QueryFreRankReducer.class);
        job1.setOutputKeyClass(Text.class);
        job1.setOutputValueClass(LongWritable.class);
        FileOutputFormat.setOutputPath(job1, new Path("/outdata/sogou_queryFreRank"));
        job1.waitForCompletion(true);
        Job job2 = Job.getInstance(conf);
        job2.setJarByClass(Sogou.class);
        FileInputFormat.addInputPath(job2, new Path("/outdata/sogou_queryFreRank"));
        job2.setMapperClass(Top50Mapper.class);
        job2.setMapOutputKeyClass(LongWritable.class);
        job2.setMapOutputValueClass(Text.class);
        job2.setReducerClass(Top50Reducer.class);
        job2.setOutputKeyClass(Text.class);
        job2.setOutputValueClass(LongWritable.class);
        FileOutputFormat.setOutputPath(job2, new Path("/output1/5_QueryFreRankTop50"));
        return job2.waitForCompletion(true)?0:1;
    }
```

4. 运行结果

部分结果如下。

```
百度            38441
baidu           18312
4399 小游戏     11438
```

qq 空间　　10317
优酷　　10158
……

4.8.5 计数器

MapReduce 计数器(counter)可以理解为简易的日志,它主要用来记录 Job 的执行进度和状态。在程序中通过设置计数器,可以获取作业执行进度的变化情况。以统计数据集中无效记录数目的任务为例,如果发现无效记录的比例相当高,那么需要了解为何存在如此多的无效记录。计数器是收集作业统计信息的有效手段之一,用于质量控制或应用级统计,还可以辅助诊断系统故障。MapReduce 自带了许多默认的计数器,用来描述多项指标,这些内置计数器被划分为若干个组,参见表 4.3。

表 4.3　内置计数器分组

组别	类别
MapReduce 任务计数器	org. apache. hadoop. mapreduce. TaskCounter
文件系统计数器	org. apache. hadoop. mapreduce. FileSystemCounter
FileInputFormat 计数器	org. apache. hadoop. mapreduce. lib. input. FileInputFormatCounter
FileOutputFormat 计数器	org. apache. hadoop. mapreduce. lib. input. FileOutputFormatCounter
作业计数器	org. apache. hadoop. mapreduce. JobCounter

1. 任务计数器

任务计数器负责采集任务执行过程中任务的相关信息,每个作业的所有任务的结果都会被聚集起来。任务计数器由其关联的任务维护,并定期发送 Application Master。任务计数器的值每次都是完整传输的,因此可以避免由于消息丢失而引发的错误。内置的任务计数器包括 MapReduce 任务计数器、文件系统任务计数器、FileInputFormat 任务计数器、FileOutput-Format 任务计数器,参见表 4.4 ~ 表 4.7。

表 4.4　内置的 MapReduce 任务计数器

计数器名称	说明
MAP_INPUT_RECORDS	map 输入的记录数,读到一条记录,该计数器的值递增
SPLIT_RAW_BYTES	由 map 读取的输入 - 分片对象的字节数
MAP_OUTPUT_RECORDS	作业中所有 map 产生的 map 输出记录数
MAP_OUTPUT_BYTES	map 输出的字节数
COMBINE_INPUT_RECORDS	combine 输入的记录数
COMBINE_OUTPUT_RECORDS	combine 输出的记录数

续表

计数器名称	说明
REDUCE_INPUT_GROUPS	reduce 输入的组
REDUCE_INPUT_RECORDS	所有 reducer 已经处理的输入记录的个数
REDUCE_OUTPUT_RECORDS	作业中所有 map 已经产生的 reduce 输出记录数
REDUCE_SHUFFLE_BYTES	由 shuffle 复制到 reducer 的 map 的输出的字节数
SPILLED_RECORDS	作业中所有 map 和 reduce 任务溢出到磁盘的记录数
CPU_MILLISECONDS	一个任务的总 CPU 时间,以毫秒为单位
PHYSICAL_MEMORY_BYTES	一个任务所用的物理内存,以字节数为单位
SHUFFLE_MAPS	由 shuffle 传输的 map 输出数
FAILED_SHUFFLE	shuffle 过程中,发生 map 输出副本错误的次数
MERGED_MAP_OUTPUTS	在 reduce 端被合并的 map 输出数

表 4.5 内置的文件系统任务计数器

计数器名称	说明
BYTES_READ	文件系统的读字节数,各个文件系统分别对应一个计数器
BYTES_WRITTEN	文件系统的写字节数
READ_OPS	文件系统读操作(例如,open 操作、file status 操作)的数量
LARGE_READ_OPS	文件系统大规模读操作(例如,对一个大容量目录进行 list 操作)的数量
WRITE_OPS	文件系统写操作(例如,create 操作、append 操作)的数量

表 4.6 内置的 FileInputFormat 任务计数器

计数器名称	说明
BYTES_READ	由 map 任务通过 FileInputFormat 读取的字节数

表 4.7 内置的 FileOutputFormat 任务计数器

计数器名称	说明
BYTES_WRITTEN	由 map 任务或 reduce 任务通过 FileOutputFormat 写的字节数

2. 作业计数器

作业计数器由 Application Master 维护,都是作业级别的统计量,这些计数器的值不会随着任务的运行而改变,如表 4.8 所示。

表 4.8 内置作业计数器

计数器名称	说明
TOTAL_LAUNCHED_MAPS	启动的 map 任务数,包括以“推测执行”方式启动的任务

续表

计数器名称	说明
TOTAL_LAUNCHED_REDUCES	启动的 reduce 任务数,包括以“推测执行”方式启动的任务
NUM_FAILED_REDUCES	失败的 reduce 任务数
NUM_FAILED_MAPS	失败的 map 任务数
NUM_KILLED_MAPS	被终止的 map 任务数
NUM_KILLED_REDUCES	被终止的 reduce 任务数
DATA_LOCAL_MAPS	与输入数据在同一节点上的 map 任务数
RACK_LOCAL_MAPS	与输入数据在同一机架范围内但不在同一节点上的 map 任务数
OTHER_LOCAL_MAPS	与输入数据不在同一机架范围内的 map 任务数
MILLIS_MAPS	包括以推测执行方法启动的 map 任务的总运行时间
MILLIS_REDUCES	包括以推测执行方法启动的 reduce 任务的总运行时间

3. 自定义计数器

MapReduce 运行用户可自定义计数器,计数器的值在 mapper 或 reducer 中增加。计数器由一个 Java 枚举(enum)类型来定义,方便对计算器进行分组。一个作业可以定义的枚举类型数量不限,各个枚举类型所包含的字段数量也不限。枚举类型的名称为计数器组的名称,枚举类型的字段为计数器的名称。MapReduce 框架将跨所有的 map 和 reduce 聚集这些计数器,在作业结束时产生最终结果。下面将自定义计数器,统计输入的无效数据。

(1) 输入数据以/t 分割,并上传到 hdfs://master:9000/data/myCounter.txt。

```
15004	张立	男	18	IS	CS
15003	王敏	女	18	MA
15002	刘晨	女	19
15001	李勇	男	20	CS
```

(2) 自定义比较器:在 map 函数中,定义比较器 counter,当 map 输入的每条数据的字段数量不等于 5 时,计数器加 1。

```
import java.io.IOException;
import org.apache.hadoop.conf.Configuration;
import org.apache.hadoop.fs.Path;
import org.apache.hadoop.io.LongWritable;
import org.apache.hadoop.io.NullWritable;
import org.apache.hadoop.io.Text;
import org.apache.hadoop.mapreduce.Counter;
import org.apache.hadoop.mapreduce.Job;
```

```
import org.apache.hadoop.mapreduce.Mapper;
import org.apache.hadoop.util.GenericOptionsParser;
import org.apache.hadoop.mapreduce.lib.input.FileInputFormat;
import org.apache.hadoop.mapreduce.lib.output.FileOutputFormat;
public class MyCounter {
    static class MyMapper extends Mapper<LongWritable, Text, NullWritable, NullWritable> {
        protected void map(LongWritable key, Text value,
                Mapper<LongWritable, Text, NullWritable, NullWritable>.Context context)
                throws IOException, InterruptedException {
            /*获取每一行的内容切分*/
            String[] datas = value.toString().split(" \t");
            if(datas.length != 5) {
                //计数器统计
                Counter counter = context.getCounter("errorData","errordata");
                counter.increment(1L);
            }
        }
    }
    public static void main(String[] args) throws IOException, ClassNotFoundException, InterruptedException {
        Configuration conf = new Configuration();
        Job job = Job.getInstance(conf);
        job.setJar("MyCounter.jar");
        job.setJarByClass(MyCounter.class);
        job.setMapperClass(MyMapper.class);
        job.setOutputKeyClass(NullWritable.class);
        job.setOutputValueClass(NullWritable.class);
        /*设置reduceTask个数为0*/
        job.setNumReduceTasks(0);
        String[] otherArgs = new GenericOptionsParser(conf, args).getRemainingArgs();
        FileInputFormat.addInputPath(job, new Path(otherArgs[0]));
        FileOutputFormat.setOutputPath(job, new Path(otherArgs[1]));
        job.waitForCompletion(true);
```

```
    }
}
```

（3）在 Eclipse 中运行，在代码中右击，选择 Run As→Run on Hadoop 命令运行即可。查看控制台输出信息，可看到 errordata 数量为 2，具体内容如下。

```
19/04/02 18:21:01 INFO mapreduce.Job: Counters: 21
    File System Counters
        FILE: Number of bytes read = 153
        FILE: Number of bytes written = 481044
        FILE: Number of read operations = 0
        FILE: Number of large read operations = 0
        FILE: Number of write operations = 0
        HDFS: Number of bytes read = 80
        HDFS: Number of bytes written = 0
        HDFS: Number of read operations = 7
        HDFS: Number of large read operations = 0
        HDFS: Number of write operations = 3
    Map-Reduce Framework
        Map input records = 4
        Map output records = 0
        Input split bytes = 102
        Spilled Records = 0
        Failed Shuffles = 0
        Merged Map outputs = 0
        GC time elapsed (ms) = 0
        Total committed heap usage (bytes) = 218103808
    errorData
        errordata = 2
    File Input Format Counters
        Bytes Read = 80
    File Output Format Counters
        Bytes Written = 0
```

小结

本章首先介绍了 MapReduce 的系统架构、执行机制、工作流程和 Shuffle 过程。Shuffle 包括分区、排序和合并等处理阶段,Shuffle 是学习的重点和难点,只有清楚了 Shuffle 过程,才能从事高水平的研发工作。然后详细阐述了 I/O 序列化机制和 MapReduce 的多种输入和输出类型。最后,重点介绍了 MapReduce 的任务相关类,给出了丰富的编程实例,利于进一步提高读者的编程开发水平。

通过本章的学习,读者能够对 MapReduce 的有关原理有比较系统和全面的了解,深入理解 MapReduce 框架的核心思想,设计合理的 MapReduce 程序,为今后从事大数据处理和研发工作打下坚实的基础。

习题

1. 简述 MRv1 的执行流程。
2. 简述 MapReduce 的 Shuffle 过程。
3. combine 操作可能发生在 MapReduce 的哪几个阶段?
4. Reduce 端归并最终一定会生成一个大文件吗?
5. MapReduce 中分区和分组有什么区别?
6. Map 的多路输入有什么作用?
7. 怎样自定义排序规则?请编程验证。
8. MapReduce 中 Key 必须有排序功能吗?Value 呢?两者必须是可序列化的吗?

即测即评

扫描二维码,测试本章学习效果。

实验三 MapReduce 编程

一、 实验目的

1. 进一步理解 Shuffle 过程。
2. 熟悉并掌握 Hadoop 序列化机制。
3. 熟悉并掌握 MapReduce 任务相关类及使用方法。
4. 掌握 MapReduce 输入输出类型。
5. 掌握编写 MapReduce 程序的方法并灵活使用,能够解决现实问题。

二、 实验内容

1. 编写 MapReduce 程序,完成下列任务。

(1) 单词计数。

(2) 去除文本文件中重复的行。

(3) 求最大值。

(4) 查阅资料,实现矩阵乘法。

(5) 查阅资料,二次排序。

2. 针对 student 表和 sc 表,编写 MapReduce 程序,完成下列任务。

(1) 查询选修课程成绩至少有一门在 80 分以上的学生学号。

(2) 查询每个学生的学号和姓名。

(3) 进行 student 表和 sc 表的连接,查询学生信息和选课信息。

(4) 统计每位学生学号及选修课程的门数。

(5) 统计每位学生学号、选修课程的总成绩、平均成绩。

(6) 查询学了 1 号课没学 2 号课的学生学号。

(7) 查询学了 1 号课又学习了 2 号课的学生学号。

(8) 查询只学了 1 号课的学生学号。

第5章 Yarn 与 ZooKeeper

Yarn 是 MapReduce 引入的资源管理器,它的出现为集群在资源利用率、资源统一管理和数据共享等方面带来了巨大好处。ZooKeeper 是一个分布式的、开源的协调服务框架,ZooKeeper 的出现就是为了减轻分布式应用实现协调服务的负担。本章主要介绍 Yarn 的产生背景、体系结构、通信协议、执行过程及调度器和 ZooKeeper 的数据模型、架构及安装配置。

5.1 Yarn 资源管理与调度

5.1.1 Yarn 产生背景

在早期的 Hadoop 中,MRv1 采用 Master/Slave(M/S)架构,主要包括 Client、JobTracker、TaskTracker 和 Task 几个部分。其中 JobTracker 负责整个系统的作业调度和资源管理,TaskTracker 负责将本节点上资源的使用情况、节点健康状态和任务的运行进度汇报给 JobTracker,同时接收 JobTracker 发送过来的命令并执行相应操作。

M/S 架构的设计具有一定的缺陷,MRv1 中存在的问题如下。

(1) 单点故障。JobTracker 只有一个,如果 JobTracker 发生故障则整个集群就无法使用,削弱了集群的高可用性。

(2) 资源利用率低。MRv1 采用的是基于槽位的资源分配模型,将槽位分为 Map Slot 和 Reduce Slot,两种 Slot 由 Map 和 Reduce 任务独立使用,不能实现资源共享,导致资源利用率低。

(3) JobTracker 任务过重。JobTracker 既要负责作业的调度和监控,又要负责资源的管理和分配。随着集群节点规模的扩大,JobTracker 主节点压力过大,成为影响性能的瓶颈,限制了集群的扩展。

(4) 仅支持 MapReduce 计算框架。近几年出现了一些新的计算框架,如内存计算框架、流式计算框架和迭代式计算框架等,而 MRv1 不能支持这些新的计算框架。

为了克服上述问题,Hadoop 2.0 对 MRv1 进行了重新设计,将资源管理和任务调度两个功能交给独立的模块负责,提出了 MRv2 和 Yarn(yet another resource negotiator)。MRv2 是计算框架,而 Yarn 独立负责资源管理和分配。通过这种功能划分,有效地降低了 JobTracker 的压力。Yarn 为分布式应用提供了通用的资源管理框架,不但支持 MapReduce 应用,也支持几乎所有的其他分布式应用。

由于前面 Hadoop 的安装配置中已详细介绍了 Hadoop Yarn 的配置,这里不再赘述。在 Yarn 命令行中同样包含很多功能,用于日常运维、查看日志和提交作业等。在终端,可输入 yarn,查看各种选项。

5.1.2 Yarn 的体系结构

1. Yarn 体系结构

Yarn 体系结构如图 5.1 所示,Yarn 同样采用 Master/Slave 结构,主要由 ResourceManager(简称 RM)、NodeManager(简称 NM)、ApplicationMaster(简称 AM)和 Container 等几部分组成。ResourceManager 负责资源管理,ApplicationMaster 负责任务监控和调度,NodeManager 负责执行原 TaskTracker 的任务。

一个集群中通常有一个 ResourceManager 和多个 NodeManager。

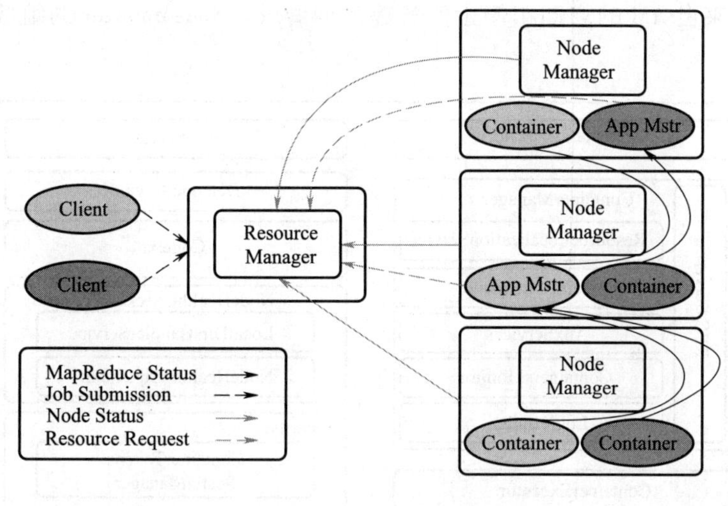

图 5.1 Yarn 体系结构

(1) ResourceManager。ResourceManager 是一个全局的资源管理器,负责整个系统的资源管理和分配,整个集群只有一个。ResourceManager 主要由两个组件构成:Scheduler 和 Applications Manager。

Scheduler 是一个纯粹的调度器,负责为各种运行中的应用程序分配资源,它不负责应用程序的监控和状态跟踪等与应用程序相关的工作。Scheduler 根据资源容量、队列以及其他因素的限制条件,将资源进行分配。

Applications Manager 是应用程序管理器,负责管理整个系统中所有应用程序的运行,包括应用程序的提交,与调度器协商资源以启动 ApplicationMaster 以及监控 ApplicationMaster 运行状态并在失败时重新启动等工作。ResourceManager 的组成结构如图 5.2 所示。

(2) NodeManager。NodeManager 是每个节点上的资源和任务管理器。NodeManager 定时

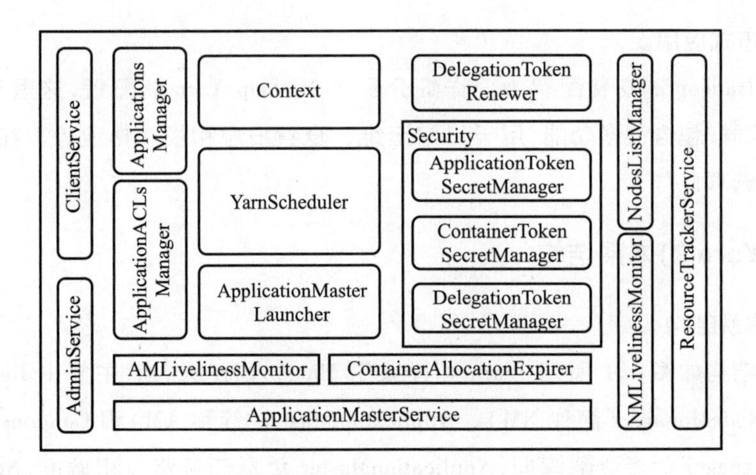

图 5.2 ResourceManager 的组成结构

地向 ResourceManager 汇报本节点上的资源使用情况和各个 Container 的运行状态。NodeManager 接收并处理来自 AM 的启动和停止任务等各种请求。NodeManager 的组成结构如图 5.3 所示。

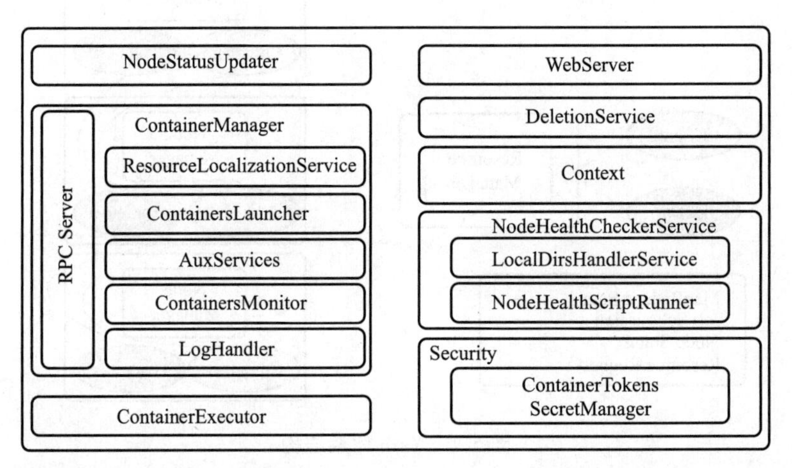

图 5.3 NodeManager 的组成结构

(3) ApplicationMaster。用户提交的每个应用程序均会产生一个用于对其跟踪和管理的 ApplicationMaster。当用户提交作业时,ApplicationMaster 与 ResourceManager 调度器协商从而获取资源(以 Container 形式)。将获得的资源进一步分配给内部的各个任务,如 Hadoop 平台上的 Map 任务和 Reduce 任务。ApplicationMaster 与 NodeManager 通信,进行任务的启动、运行和停止。ApplicationMaster 监控申请到的资源使用情况、任务的运行进度和状态,并在任务运行失败时进行恢复(重新为任务申请资源、重启任务等)。ApplicationMaster 定时向 ResourceManager 发送"心跳"信息,汇报资源的使用情况和任务的执行状态。作业完成时,ApplicationMaster 向 ResourceManager 注销容器。

不同的 ApplicationMaster 分布在不同的节点上,它们之间不会互相影响。

(4) Container。Yarn 以 Container 作为动态分配资源的单位。Container 对任务运行环境进行抽象,封装 CPU、内存等多维度的资源以及环境变量、启动命令等任务运行相关的信息。Yarn 会为每个任务分配一个 Container,且该任务只能使用该 Container 中描述的资源。

一个应用程序所需的 Container 分为两种:一种是运行 ApplicationMaster 的 Container,由 ResourceManager 向内部资源调度器申请;另一种是运行各类任务的 Container,它由 ApplicationMaster 向 ResourceManager 申请,并通过 ApplicationMaster 与 NodeManager 通信来启动。

2. ResourceManager Restart

ResourceManager 作为 Yarn 上的 Master,负责集群的资源和调度管理,一旦发生单点故障,整个集群的资源将无法使用。为此,在 Yarn 中引入了新特性—— ResourceManager Restart(重启)和 ResourceManager HA(高可用性)。

当发生故障时,应尽可能快地自动重启 ResourceManager,另外,ResourceManager 重启过程用户是感知不到的,ResourceManager Restart 主要分为两个阶段。

(1) 阶段 1 ——非工作保留 RM 重启。在 Hadoop 2.4.0 版本之前,只有 ResourceManager Restart 阶段 1 是实现完成的。

在 Client 提交 Application 时,RM 会将应用程序元数据(ApplicationSubmissionContext)保留在可插拔的状态存储中,并保存应用程序的最终状态,例如,完成状态(失败、终止、已完成)和诊断时的诊断应用程序完成。此外,RM 还会保存安全密钥、令牌等凭据,以便在安全的环境中工作。任何时候 RM 关闭,只要在状态存储中可以获得所需的信息(应用程序元数据以及在安全环境中运行的凭据),当 RM 重新启动时,它可以从状态存储中获取应用程序元数据并重新提交申请。如果 Application 在 RM 关闭前已经完成(Failed、Killed、Finished),RM 不会重新提交 Application。

NodeManager 和 Client 在 RM 的宕机时间内保持轮询 RM 状态直到 RM 恢复。当 RM 重新启动之后,它会通过心跳发送 re - sync 命令到所有的 NodeManager 和 ApplicationMaster。到 Hadoop 2.4.0 发布为止,NodeMansger 和 ApplicationMaster 处理此命令的行为是,NM 会杀死它管理的所有 Container,然后重新注册到 RM。在 RM 看来,这些重新注册上来的 NodeManager 就相当于新加入的 NM。AM(如 MapReduce AM)在收到 re - sync 命令之后会关闭。在 RM 重新启动并加载所有应用程序元数据,并将状态存储的凭据填充到内存中之后,它将为尚未完成的每个应用程序创建一个新的 ApplicationMaster 并像往常一样重新启动该应用程序。

(2) 阶段 2 ——保持工作的 RM 重启。从 Hadoop 2.6.0 版本开始,进一步增强了 RM 重启功能来解决 RM 重启时可以不杀死任何在集群中运行的 Application 的问题。

除了阶段 1 已经完成了基础性工作,即 Application 持久化和重新加载 Application 状态,阶段 2 主要侧重于重新构建完整的集群运行状态,主要是 RM 内部的中心调度器保持跟踪所有容器的生命周期、Application 的余量和资源请求以及队列的资源使用情况等。在这种方式下,RM 不再需要像在阶段 1 中那样杀死 AM 并重新运行,Application 就能够简单地与 RM 重新同步(re - sync),并从中断处继续它剩下的工作。

RM 利用 NM 发送的 Container 状态信息恢复自身的运行状态。当 NM 与重新启动的 RM 重新同步时,NM 不会杀死容器。在重新注册之后,NM 继续管理容器,并在重新注册时发送容器状态到 RM。RM 通过这些容器的信息重新构建容器实例和相关 Application 的调度状态。与此同时,AM 需要重新发送未完成的资源请求到 RM,因为 RM 可能会在关闭时丢失未完成的请求。Application 利用它的 AMRMClient 库与 RM 通信,不用担心 AM 在重新同步时重新发送资源请求,因为它自动由库本身处理。

另外,在 Spark 2.4.0 之后,增加了高可用性(ResourceManager HA)功能。ResourceManager 的高可用性是以"Active/Standby"的形式增加一个节点冗余,并利用 ZooKeeper 集群,把 Active 的 ResourceManager 状态信息写入 ZooKeeper 用于启动 Standby 状态的 ResourceManager,以消除这个单点故障,如图 5.4 所示。

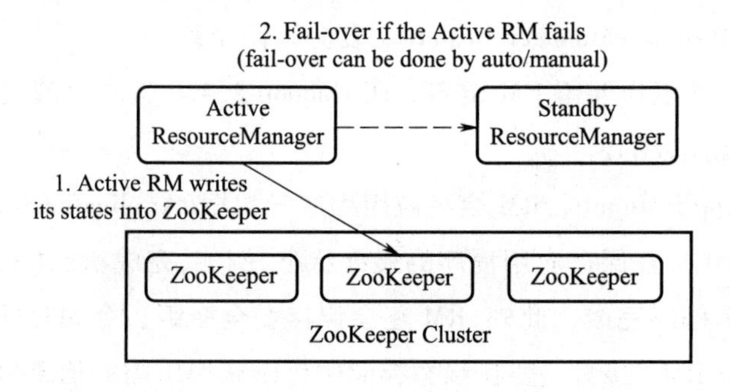

图 5.4 ResourceManager 高可用框架

5.1.3 Yarn 通信协议

在 Yarn 中,任何两个需要相互通信的组件之间都需要 RPC 协议,并且有且仅有一个。Yarn 采用的是拉式(pull - based)通信模型,因为对于任何一个 RPC 协议,Client 总是主动连接 Server。Yarn 主要由以下几个 RPC 协议组成,如图 5.5 所示。

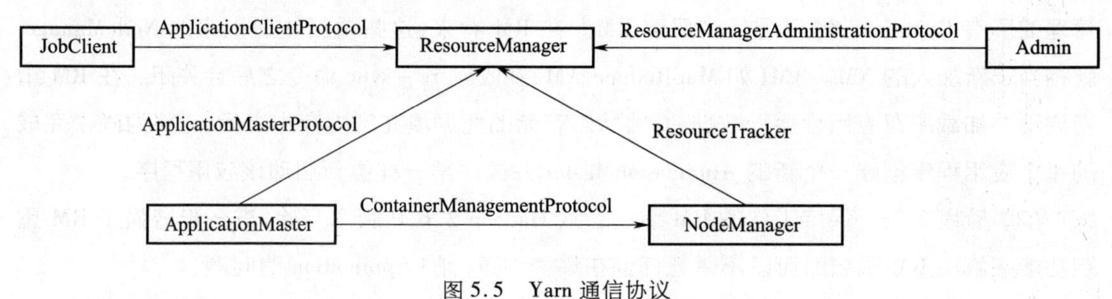

图 5.5 Yarn 通信协议

(1) JobClient 与 RM 之间的协议(ApplicationClientProtocol):JobClient 通过该协议提交应用程序,查询应用程序状态等。

(2) Admin 与 RM 之间的协议(ResourceManagerAdministrationProtocol):Admin 通过该

RPC 协议更新系统配置文件。

(3) AM 与 RM 之间的协议(ApplicationMasterProtocol):AM 通过该 RPC 协议向 RM 注册和撤销自己,并为各个任务申请资源。

(4) AM 与 NM 之间的协议(ContainerManagementProtocol):AM 通过该 RPC 协议要求 NM 启动或者停止 Container,获取各个 Container 的使用状态等信息。

(5) NM 与 RM 之间的协议(ResourceTracker):NM 通过该 RPC 协议向 RM 注册,并定时发送心跳信息汇报当前节点的资源使用情况和 Container 运行情况。

5.1.4 Yarn 执行过程

Yarn 的执行过程如图 5.6 所示。

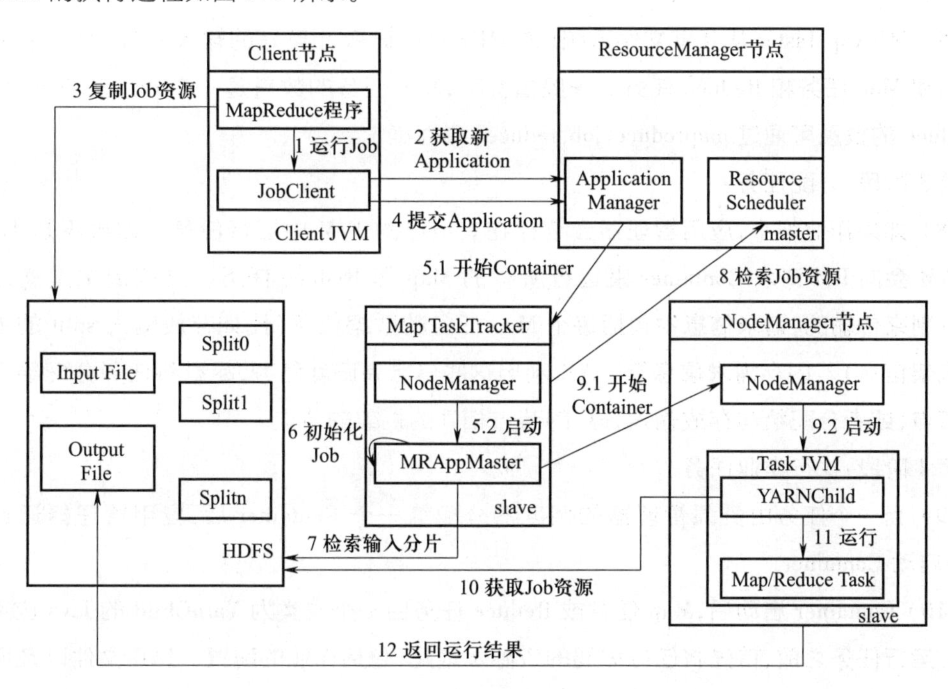

图 5.6 Yarn 执行过程

第 1 阶段:提交作业

(1) 在客户端通过创建 JobClient 实例,启动作业 Job。

(2) 向 ResourceManager 请求获取一个新的作业 ID(JobID),然后检查作业输出。例如,是否指定输出路径或输出路径是否已经存在,如果未指定输出路径或输出路径已经存在则放弃提交作业。计算作业的输入数据分片,若输入路径不存在则放弃提交作业。

(3) 如果输入输出检查没有错误,JobClient 将作业运行所需要的资源复制到 HDFS 分布式文件系统中以 JobID 命名的目录下。这些资源包括本次作业相关的配置文件,计算所得的输入数据分片以及包含 Mapper 和 Reducer 类的 jar 文件等。

(4) 完成上述准备后,JobClient 通过调用 ResourceManager 的 submitAppplication( )方法发出作业提交请求。

第 2 阶段:初始化作业

(5) ResourceManager 接收到调用它的 submitAppplication( )请求后,将该作业提交请求传递给调度器(Scheduler)。调度器为该作业分配一个容器 Container,然后 ResourceManager 在该 Container 内启动应用管理器 ApplicationMaster 进程,由 NodeManager 监控。

(6) MapReduce 作业的 ApplicationMaster 是一个主类为 MRAppMaster 的 Java 进程,它首先向 ResourceManager 注册,使得用户可以通过 ResourceManager 查看作业的运行状态。然后实现作业的初始化,通过创造一些 bookkeeping 对象来对作业进行跟踪,获取任务的进度和完成情况。

(7) MRAppMaster 从共享文件系统(如 HDFS)中读取计算好的输入分片信息,根据分片信息创建 Map 任务和 Reduce 任务。一般情况下,Map 任务的数量是一个分片对应一个 Map,而 Reduce 的数量可通过 mapreduce.job.reduces 属性确定。

第 3 阶段:分配任务

(8) 如果作业很小,应用管理器会选择在其自己的 JVM 中运行任务。如果不是小作业,那么 AM 会向 RM 请求 Container 来运行所有的 Map 和 Reduce 任务。这些请求是通过“心跳”机制来传输的,请求信息中包括每个 Map 任务的数据位置(比如存放输入 split 的主机和对应机架信息)、内存需求信息等。AM 利用这些信息来调度任务,尽量将任务分配给存储数据的节点,或者分配给与存放输入分片的节点相同的机架的节点。

第 4 阶段:执行作业任务

(9) 当一个任务由资源管理器的调度器分配给一个 Container 后,应用管理器通过联系 NM 来启动 Container。

(10) Container 启动后,Map 任务或 Reduce 任务由一个主类为 YarnChild 的 Java 应用程序执行。运行任务之前,首先将任务需要的资源本地化,包括作业的配置、JAR 文件以及所有来自分布式缓存的文件。

(11) 在 YarnChild 进程中运行 Map 任务或 Reduce 任务。

第 5 阶段:更新任务执行进度和状态

Yarn 中的任务将其进度和状态(包括 counter)返回给 ApplicationMaster,客户端每秒(通过 mapreduce.client.progressmonitor.pollinterval 设置)向 ApplicationMaster 请求进度更新,并反馈给用户。

第 6 阶段:完成作业

除了向 ApplicationMaster 请求作业进度,客户端可调用 Job 的 waitForCompletion( )方法检查作业完成情况。时间间隔可以通过 mapreduce.client.completion.pollinterval 来设置。作业完成之后,ApplicationMaster 和 Container 会清理工作状态,OutputCommiter 的作业清理方法也会

被调用,作业的信息会被作业历史服务器存储以备之后用户核查。

5.1.5 Yarn 的调度器

由于集群资源的有限性,Yarn 应用发出的资源请求经常需要等待一段时间,才能得到需要的资源,资源调度器作为 Yarn 的核心组件,可根据特定的资源调度策略为应用合理分配资源。Yarn 中的调度器是可插拔的,用户可根据需要自定义调度器,实现特定的资源调度策略。管理者可通过参数 yarn.resourcemanager.scheduler.class 设置资源调度器的主类,默认为 org.apache.hadoop.yarn.server.resourcemanager.scheduler.capacity.CapacityScheduler。

另外,对于所有的资源调度器,均需要实现以下接口:org.apache.hadoop.yarn.server.resourcemanager.scheduler.ResourceScheduler。该接口的定义如下(参见 hadoop-2.9.0 源码,该接口在源码中的路径为hadoop-2.9.0-src\hadoop-2.9.0-src\hadoop-yarn-project\hadoop-yarn\hadoop-yarn-server\hadoop-yarn-server-resourcemanager\src\main\java\org\apache\hadoop\yarn\server\resourcemanager\scheduler):

```
public interface ResourceScheduler extends YarnScheduler, Recoverable {
    void setRMContext(RMContext rmContext);
    void reinitialize(Configuration conf, RMContext rmContext) throws IOException;
    List<NodeId> getNodeIds(String resourceName);
}
```

Yarn 采用的是双层资源调度模型:首先,ResourceManager 中的资源调度器将资源分配给各个 Application,然后,ApplicationMaster 再进一步将资源分配给它内部的任务。这里主要介绍第一层的调度问题。

Yarn 中有三种常见的调度策略:FIFO Scheduler(先进先出调度器)、Capacity Scheduler(容量调度器)和 Fair Scheduler(公平调度器)。

1. FIFO Scheduler

FIFO(先进先出)调度器将应用放置到一个队列中,按照应用提交的顺序为其分配资源。典型情况下,每个应用会使用整个集群,并且每个应用必须等待前一个应用执行完毕才会开始运行。由于大的应用可能会占用所有集群资源,因此,使用 FIFO 调度器,可能会出现小作业一直被阻塞的状态。FIFO 调度器后来增加了设置作业优先级的功能(可通过参数设置),在选择要运行的下一个作业时,优先考虑作业优先级高的作业,但是优先级并不支持抢占,优先级高的作业仍然需要等待已经开始的优先级低的作业完成。该调度器简单易懂,不需要任何配置,但是不适合共享集群,在一个共享集群中,更适合使用容量调度器和公平调度器,这两种调度器都可以保证长时间运行的作业可以及时完成。

2. Capacity Scheduler

容量调度器是雅虎公司开发的多用户调度器,允许多个组织共享一个 Hadoop 集群,每个组织被配置为一个队列，调度器以队列为单位划分资源，每个队列可分配到全部集群资源的一部分。队列可进一步按照用户划分，队列中的不同用户共享该队列中的资源，此时每个用户也可称为一个队列。队列中的应用以 FIFO 方式调度，另外，为了避免队列过多地占用空闲资源，每个队列可设定资源的最低保证和最大使用上限，队列中的每个用户也可设定资源的使用上限。当一个队列的资源空闲时，可暂时将剩余资源共享给其他资源不够用的队列，这称为“弹性队列”。

由于 Capacity Scheduler 采用的是层次划分，其资源分配过程实际上就是基于优先级的多叉树遍历的过程。

3. Fair Scheduler

公平调度器旨在为所有运行的应用公平地分配资源。当只有一个大的作业运行时，该作业将会获取集群的全部资源，当第二个小作业提交后，Fair 调度器会将一半的资源分享给小作业，两个作业可以公平地共享集群资源。

公平调度器是 Facebook 开发的多用户调度器，它和 Capacity Scheduler 相似，也是以队列为单位进行资源划分，每个队列可设定最低保证和最高使用上限，当某个队列有空闲资源时，可共享给其他队列使用。但是，Fair Scheduler 和 Capacity Scheduler 也存在不同之处，主要体现在以下几个方面。

（1）队列内支持多种调度策略：在每个队列中，Fair Scheduler 可选择 FIFO、Fair 或 DRF 策略为应用程序分配资源。

（2）资源公平共享：按照队列中同时运行的作业的数量 n，为每个作业分配 $1/n$ 的资源。

（3）负载均衡：Fair Scheduler 提供了一个基于任务数目的负载均衡机制，该机制尽可能将系统中的任务均匀分配到各个节点。

（4）提高小应用程序响应时间：在 FIFO 策略中，若大作业先执行，小作业必须等到大作业执行完成才能执行。而 Fair 策略由于采用了最大最小公平算法，小作业也可以快速获取资源，避免了饿死的状况。

4. 其他调度器

Yarn 中还包括自适应调度器（adaptive scheduler）、自学习调度器（learning scheduler）和动态优先级调度器（dynamic priority scheduler）等。

5.2 分布式协调服务 ZooKeeper

ZooKeeper 是一个开放源码的分布式应用程序协调服务，是谷歌公司的 Chubby 一个开源的实现，是 Hadoop 和 HBase 的重要组件。它是一个为分布式应用提供一致性服务的软件，提供的功能包括配置维护、域名服务、分布式同步、组服务等。

5.2.1 ZooKeeper 概述

ZooKeeper 是一个分布式的、开源的协调服务框架,服务于分布式应用程序。它提供一组简单的原语,使得分布式应用可以在此基础上构建更高级别的服务,例如,命名服务、配置管理、分布式同步和组服务等,既可以直接运用它去实现一致性、组管理、Leader 选举和已存在的协议,也可以在此基础上建立自己特定的需求。ZooKeeper 的数据结构类似文件系统目录树结构,易于编程且同时支持 Java 编程语言和 C 语言。

众所周知,不出错地实现协调服务是件很困难的事。它们特别容易出现竞争、死锁这样的错误,ZooKeeper 的出现就是为了减轻分布式应用实现协调服务的负担。由于部分失败是分布式系统固有的特征,ZooKeeper 并不能避免出现部分失败,因此 ZooKeeper 提供了一组工具,用来对构建分布式应用时部分失败的情况作出正确处理。另外,ZooKeeper 注重高性能、高可靠性和严格的顺序访问,高性能使得 ZooKeeper 可以应用在大规模的分布式系统中,高可靠性可以避免发生单点故障,严格的顺序访问使得复杂的同步原语可以在客户端实现。另外,ZooKeeper 的读、写操作也十分快速,而且读要比写速度更快,比率大约为 10 : 1,原因在于,在读的情况下,ZooKeeper 可以提供给用户较旧的数据。

ZooKeeper 具有以下特点。

(1) 顺序一致性。来自客户端的更新操作将会按照它们的发送顺序被应用。

(2) 原子性。更新操作要么全部成功要么全部失败,没有部分操作成功或失败的情况。

(3) 单系统映像。客户端不管连接到哪台服务器,都会看到相同的 ZooKeeper 服务视图。

(4) 可靠性。一旦一个更新操作成功,ZooKeeper 将保持该更新状态不变,直到客户端再次更新它。

(5) 实时性。在特定时间范围内(大约几十秒),系统的客户端视图要保证是实时的。在这段时间里,客户端会看到系统的所有改变,否则客户端将检测到服务中断。

(6) 高可用性。ZooKeeper 运行在一组机器之上,可以帮助系统避免出现单点故障,因此可用于构建可靠的应用程序。

(7) 简单。ZooKeeper 的核心是一个精简的文件系统,它提供了一些简单的操作和一些额外的抽象操作,例如,排序和通知。

5.2.2 ZooKeeper 数据模型

下面将分别介绍分层命名空间、znode、Watcher、Session,了解 ZooKeeper 数据模型。

1. 分层命名空间

ZooKeeper 可以看作是一个具有高可用性的文件系统,在这个文件系统中,没有文件和目录,而是统一使用“节点”的概念,称为 znode。znode 作为一个层次化的命名空间,既可以保存与之相关的数据，也可以保存其子 znode 的相关信息，ZooKeeper 树型层次结构，如图 5.7 所示。

2. znode

在 ZooKeeper 的命名空间里，每个 znode 只有一个唯一的路径标识，且每个节点都由三个部分组成，分别是 stat、data、children。stat 为 znode 的状态信息，包括描述该 znode 的版本、权限等信息。data 为与 znode 关联的数据。children 为 znode 下的子节点信息。由于 Zookeeper 是被设计用来实现协调服务，而不是用于大容量数据存储，因此一个 znode 能存储的数据被限制在 1MB 以内。

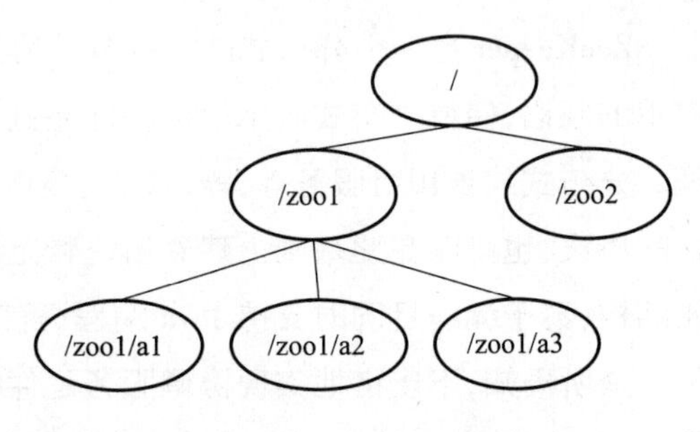

图 5.7 ZooKeeper 树型层次结构

每个 znode 存储的数据都可以被进行读、写操作。但是值得注意的是，由于 Zookeeper 具有原子性特点，当对一个 znode 进行读操作时，将得到它存储的所有数据；当对其进行写操作时，将替换掉它存储的所有数据。每个 znode 都有一个 ACL(access control list，访问控制列表)来限制访问权限。

znode 中的数据具有版本号。每当 znode 的数据发生变化，版本号就会增加。当客户端检索数据时会同时得到数据的版本号。当客户端执行一个更新或删除操作时必须提供被修改节点数据的版本号。如果提供的版本号错误，则更新操作失败。

znode 类型分为持久(persistent)节点、临时(ephemeral)节点和顺序（sequential）节点。所谓的持久节点是指一旦这个 znode 创建成功，除非主动进行 znode 的移除操作，否则节点会一直保存在 ZooKeeper 上；临时节点的生命周期是跟客户端的会话相关联的，一旦客户端会话失效，这个会话上的所有临时节点都会被自动移除，需要注意的是，临时节点不允许有子节点；而顺序节点是指名称中包含 Zookeeper 顺序号的 znode，顺序号是一个单调递增的计数器，顺序节点通常与持久节点和临时节点搭配使用，生成持久顺序节点和临时顺序节点。创建顺序节点时，用户需要请求 ZooKeeper 在节点路径末尾添加一个单调递增计数，这个计数对此节点的父节点来说是唯一的。在分布式系统中，所有的事件可通过该顺序号进行全局排序，客户端便可以通过顺序号推断事件的顺序。

3. Watcher

客户端可以对 znode 设置监视点(Watcher)。znode 的改变会触发 Watcher，当 Watcher 被触发，ZooKeeper 会向客户端发送一个通知。触发 Watcher 的事件包括节点数据改变、子节点改变、节点被删除和连接超时等。一个 Watcher 只能被触发一次。如果客户端在接收到一次监听事件后，还想继续接收节点发生改变的通知，需要重新设置 Watcher。

4. Session

Session(会话)是客户端与 ZooKeeper 服务器端之间的通信通道。客户端与服务器端之间的任何交互操作都与会话息息相关,如临时节点的生命周期、客户端请求的顺序执行、Watcher 通知机制等。在 ZooKeeper 客户端与服务器端成功完成连接创建后,就创建了一个会话。

5.2.3 ZooKeeper 架构

ZooKeeper 服务通常由奇数个服务器构成,如图 5.8 所示。因为只要大多数服务器可用,ZooKeeper 服务就是可用的。

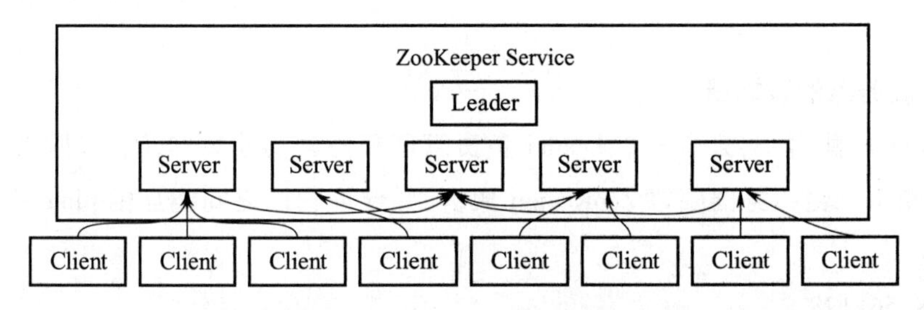

图 5.8 ZooKeeper 的架构图

客户端(Client)连接到单个服务器上。客户端和 ZooKeeper 服务器之间保持着一个 TCP 连接,通过该连接客户端可以发送请求、接收响应、接收监听事件及发送心跳等。如果 TCP 连接被中断了,客户端就会与另一台 ZooKeeper 服务器进行连接。

在 ZooKeeper 中,是有角色概念的。ZooKeeper 集群中,分别有 Leader(领导者)、Follower(跟随者)和 Observer(观察者)三种类型的服务器角色。其中 Follower 和 Observer 同属于 Learner(学习者)。

(1) Leader。Leader 服务器在整个集群正常运行期间有且仅有一台,集群通过选举的方式选举出 Leader 服务器,负责进行投票的发起和决议,更新系统状态。

(2) Follower。Follower 负责参与 Leader 选举投票,接收客户端请求并向客户端返回结果。

(3) Observer。Observer 不参与投票,只同步 Leader 的状态,引入这个角色主要是为了在不影响集群事务处理能力的前提下提升集群的非事务处理的吞吐量。另外,Observer 可以接收客户端连接,并将写请求转发给 Leader。

Leader 选举是保证分布式数据一致性的关键所在,因此对于集群启动而言,很重要的一部分就是 Leader 选举。

5.2.4 ZooKeeper 安装配置

ZooKeeper 的安装方式有三种,分别是单机模式、伪集群模式和集群模式。

(1) 单机模式。ZooKeeper 可以单机安装,即只部署一个 ZooKeeper 进程,单机模式主要用在测试情况下,在生产环境下一般不会采用。在单机模式下,如果 ZooKeeper 服务器出现故障,ZooKeeper 服务将会停止。

（2）伪集群模式。 ZooKeeper 的伪集群搭建其实就是在一台机器上运行多个 ZooKeeper 进程。在启动每个 ZooKeeper 时分别使用不同的配置文件 zoo.cfg 来启动，每个配置文件使用不同的配置参数。这种搭建方式比较简便，成本比较低，适合测试和学习。

（3）集群模式。 ZooKeeper 不仅可以单机提供服务，同时也支持多机组成集群来提供服务。集群模式适合生产环境，这种计算机集群被称为一个"集合体"。

本节将主要介绍 ZooKeeper 集群模式的安装步骤。ZooKeeper 配置需要以 jmxx 身份进行操作。

1. 确认服务器的数据量

在 ZooKeeper 集群中,会有一个 Leader 负责管理和协调其他集群,因此,服务器的数量通常为奇数。使用三台服务器部署 ZooKeeper 集群,并保证它们之间能互相 ping 通并且已关闭防火墙。

192.168.56.128

192.168.56.129

192.168.56.130

2. 下载软件安装包

自行下载 ZooKeeper 安装包 zookeeper-3.3.2.tar.gz。

3. 解压安装包

将 ZooKeeper 软件包放入/home/jmxx 目录,解压并查看解压后的文件。

```
[jmxx@ master~] $ tar  zxvf  zookeeper-3.3.2.tar.gz
[jmxx@ master~] $ mv  zookeeper-3.3.2  zookeeper
```

4. 配置环境变量并保存生效

```
[jmxx@ master~] # vi  ~/.bashrc
export ZOOKEEPER = /home/jmxx/zookeeper
export PATH = $ZOOKEEPER/bin: $PATH
[jmxx@ master~] # source  ~/.bashrc
```

5. 在/zookeeper/conf/目录下,创建配置文件 zoo.cfg 并编辑以下内容

```
# The number of milliseconds of each tick
tickTime = 2000
# The number of ticks that the initial
# synchronization phase can take
initLimit = 10
# The number of ticks that can pass between
# sending a request and getting an acknowledgement
```

```
syncLimit = 5
# the directory where the snapshot is stored.
dataDir = /home/jmxx/zookeeper/data
dataLogDir = /home/jmxx/zookeeper/log
# the port at which the clients will connect
clientPort = 2181
server.1 = 192.168.56.128:2888:3888
server.2 = 192.168.56.129:2888:3888
server.3 = 192.168.56.130:2888:3888
```

配置参数说明如下。

tickTime:基本事件单元,以毫秒为单位,用来控制心跳和超时。

initLimit:此配置表示允许 Follow 连接到 Leader 的初始化时间,它以 tickTime 的倍数来表示。当超过设置倍数的 tickTime 时间,则连接失败。

syncLimit:此配置表示 Leader 与 Follower 之间发送消息,请求和应答时间长度最长不能超过多少个 tickTime 的时间长度。

clientPort:客户端连接服务器的端口,即对外服务端口,一般设置为 2181。

6. 创建配置项 dataDir 和 dataLogDir 对应的目录

```
[jmxx@ master~] $ cd zookeeper
[jmxx@ master zookeeper] $ mkdir data
[jmxx@ master zookeeper] $ mkdir log
```

7. 在 dataDir 目录下创建 myid 文件,并编辑文件内容

服务器 192.168.56.128 对应的文件内容为 1。

服务器 192.168.56.129 对应的文件内容为 2。

服务器 192.168.56.130 对应的文件内容为 3。

以服务器 192.168.56.128 为例:

```
[jmxx@ master data] $ gedit myid
[jmxx@ master data] $ cat myid
1
```

8. 执行运行脚本,分别在不同的服务器各执行一次

```
[jmxx@ master zookeeper] $ bin/zkServer.sh start
JMX enabled by default
Using config: /home/jmxx/zookeeper/bin/../conf/zoo.cfg
Starting zookeeper ...
STARTED
```

9. 查看服务器状态

[jmxx@ master zookeeper] $ bin/zkServer. sh status

Mode: leader

5.2.5 ZooKeeper API

ZooKeeper支持Java编程语言和C语言,本节只介绍Java语言的ZooKeeper API使用方法。ZooKeeper API共包含5个包,分别如下。

(1) org. apache. zookeeper。

(2) org. apache. zookeeper. data。

(3) org. apache. zookeeper. server。

(4) org. apache. zookeeper. quorum。

(5) org. apache. zookeeper. upgrade。

ZooKeeper类是编程时最经常使用的类文件,存放在包org. apache. zookeeper中。如果使用ZooKeeper服务,应用程序需要创建一个ZooKeeper实例。当客户端和ZooKeeper服务器建立连接,ZooKeeper系统将会分配给该连接会话一个ID值,并且客户端会周期性地向服务器发送心跳信息,维持该会话的连接,这样客户端便可调用ZooKeeper API对节点作出相应的处理。

以下的Java API均属于org. apache. zookeeper. ZooKeeper类,主要提供的常用的功能如下:创建节点、删除节点、获取节点数据、获取节点下的子节点列表、修改节点数据。

(1) create。

public String create(String path, byte[] data, List <ACL> acl, CreateMode createMode)

创建一个znode。各参数的含义:path为节点的路径,data为节点的初始数据,acl为节点的控制访问列表,createMode为节点的类型。该方法最终的返回值是创建的节点的实际路径。

(2) delete。

public void delete(String path, int version)

删除给定路径节点的特定版本。各参数的含义:path为要删除节点的路径,version为节点的版本,当version为 -1时,则匹配节点的任意版本。

(3) exists。

public Stat exists(String path, Watcher watcher)

判断某一位置是否存在节点。若节点不存在,返回null; 若节点存在且函数执行成功,则在该节点上创建一个watcher。

(4) get data。

public byte[] getData(String path, boolean watch, Stat stat)

返回给定路径节点的状态和数据。各参数含义:path 为节点路径,watch 取值为 true 且该函数执行成功,则在该节点上创建一个 watcher,stat 为节点的状态。

(5) set data。

public Stat setData(String path, byte[] data, int version)

为指定路径节点的特定版本设置数据。当 version 为 -1 时,则匹配节点的任意版本。若该函数执行成功,则会触发 getData 函数在该节点创建的 watcher。

(6) get children。

public List <String> getChildren(String path, boolean watch)

检索指定节点的子节点序列。若 watch 取值为 true 且该函数执行成功,则在该节点上创建一个 watcher。返回的子节点序列是无序的。

(7) sync。

public void sync(String path, AsyncCallback.VoidCallback cb, Object ctx)

等待数据被传播以实现同步数据。各参数含义:path 为节点路径,cb 为需要回调的程序,ctx 为提供给回调的上下文。

5.2.6 编程实例

为了更好地了解和应用 ZooKeeper API,本节将给出两个简单的编程实例。

【实例 5-1】 单个节点的创建、查看、修改及删除。

此类包含两个主要的 ZooKeeper 函数,分别为 createZKInstance()和 ZKOperations()。其中 createZKInstance()函数负责对 ZooKeeper 实例 zk 进行初始化。ZKOperations()函数是所定义的对节点的一系列操作,包括对 ZooKeeper 节点的创建、删除和修改。

```
import java.io.IOException;
import org.apache.zookeeper.CreateMode;
import org.apache.zookeeper.KeeperException;
import org.apache.zookeeper.Watcher;
import org.apache.zookeeper.ZooDefs.Ids;
import org.apache.zookeeper.ZooKeeper;
public class Zoo {
        private static final int SESSION_TIMEOUT = 30000;
          ZooKeeper zk;
          Watcher wt = new Watcher() {
            public void process(org.apache.zookeeper.WatchedEvent event) {
                System.out.println(event.toString());
          }
```

```
    };
        private void createZKInstance() throws IOException{
//在 zookeeper 目录下使用 bin/zkServer.sh status 命令,查看 leader 的服务器的 ip 作为 LeaderIP
        zk = newZooKeeper("LeaderIP:2181",Zoo.SESSION_TIMEOUT,this.wt);
        }
        private   void   ZKOperations() throws IOException,InterruptedException, KeeperException{
        zk.create ("/znode1","MyZnode1".getBytes(), Ids.OPEN_ACL_UNSAFE, CreateMode.EPHEMERAL);
        System.out.println("查看新创建节点 znode1 的数据:");
        System.out.println(newString(zk.getData("/znode1",false,null)));
        System.out.println("修改节点数据 ");
        zk.setData("/znode1", "a new data".getBytes(),-1);
        System.out.println("节点 znode1 的新数据: ");
        System.out.println(new String(zk.getData("/znode1", false, null)));
        System.out.println("删除节点 znode1 ");
        zk.delete("/znode1",-1);
        System.out.println("查看节点是否被删除: ");
        System.out.println(" 节点状态 [" + zk.exists("/znode1", false) + "]" + "节点已经被删除");
        }
        private void ZKclose() throws InterruptedException{
          zk.close();
        }
        public static void main(String[] args)
                throws IOException,InterruptedException,KeeperException {
          Zoo zoo = new Zoo( );
          zoo.createZKInstance( );
          zoo.ZKOperations();
          zoo.ZKclose();
        }
}
```

运行结果如下。

查看新创建节点 znode1 的数据：
MyZnode1
修改节点数据
节点 znode1 的新数据：
a new data
删除节点 znode1
查看节点是否被删除：
节点状态 [null] 节点已经被删除

【实例 5-2】 在指定路径 "/" 下创建多个节点,并一一列出。

```
import java.io.IOException;
import java.util.ArrayList;
import java.util.List;
import org.apache.zookeeper.CreateMode;
import org.apache.zookeeper.KeeperException;
import org.apache.zookeeper.Watcher;
import org.apache.zookeeper.ZooDefs.Ids;
import org.apache.zookeeper.ZooKeeper;
public class SecondZK {
    private static final int SESSION_TIMEOUT = 30000;
    ZooKeeper zk;
    Watcher wt = new Watcher() {
        public void process(org.apache.zookeeper.WatchedEvent event) {
            System.out.println(event.toString());
        }
    };
   private void createZKInstance() throws IOException{
     zk = newZooKeeper ("192.168.50.130:2181,192.168.50.128:2181,192.168.50.
                        129:2181",
                         Zoo.SESSION_TIMEOUT,this.wt);
   }
   private void ZKOperations() throws IOException,InterruptedException,KeeperException{
       zk.create ("/child1","I am the first son".getBytes(),
                 Ids.OPEN_ACL_UNSAFE,CreateMode.PERSISTENT);
       zk.create("/child2","I am the second son".getBytes(),
```

```
                Ids.OPEN_ACL_UNSAFE,CreateMode.EPHEMERAL);
        zk.create("/child3","I am the third son".getBytes(),
                Ids.OPEN_ACL_UNSAFE,CreateMode.EPHEMERAL);
    }
    private void ZKList() throws IOException,InterruptedException,KeeperException{
        String zPath = "/";
        List<String> zooChildren = new ArrayList<String>();
        try {
            zooChildren = zk.getChildren(zPath,false);
            System.out.println("Znodes of /:");
            for (String zooChild : zooChildren){
                System.out.println(zooChild);
            }
        } catch (InterruptedException e) {
            e.printStackTrace();
        } catch (KeeperException e) {
            e.printStackTrace();}
    }
    public static void main(String[] args) throws IOException,InterruptedException,KeeperException {
        SecondZK zoo = new SecondZK();
        zoo.createZKInstance();
        zoo.ZKOperations();
        zoo.ZKList();
        zoo.ZKclose();
    }
    private void ZKclose() throws  InterruptedException{
        zk.close();
    }
}
```

运行结果如下。

```
Znodes of /:
zookeeper
child2
```

child3

child1

 小结

本章主要介绍了资源管理器 Yarn 和分布式协调服务 ZooKeeper,其中 Yarn 负责资源管理与分配,而 ZooKeeper 负责协调分布式应用程序。本章首先阐述了 Yarn 的产生背景、体系结构、通信协议、执行过程以及常见的三种调度器,并详细介绍了 ResourceManager、NodeManager、ApplicationMaster 和 Container 4 种重要组件和重启机制。然后通过描述 ZooKeeper 的特点及分层命名空间、znode、Watcher、Session 等概念,对 ZooKeeper 的数据模型、架构及安装配置进行详细阐述,并给出编程实例,方便读者深入了解 ZooKeeper API。通过本章学习,读者可以了解 Yarn 相较于 MRv1 的优势,理解 ZooKeeper 在 Hadoop 集群中的功能。

习题

1. 分析 MRv1 中存在的问题,了解 Yarn 的产生背景。
2. 熟悉 Yarn 体系结构、通信协议及执行过程。
3. 了解 Yarn 中常用的调度器,并分析其优缺点。
4. 了解 ZooKeeper 的数据模型、架构。
5. 安装配置 ZooKeeper 使用环境。
6. 熟悉掌握 ZooKeeper API,并通过相关方法创建节点、删除节点、获取节点数据、获取节点下的子节点列表和修改节点数据。

即测即评

扫描二维码,测试本章学习效果。

第6章　分布式数据库 HBase

HBase 是在 Hadoop 平台上高性能、高可靠、面向列、可伸缩的分布式数据库。HBase 不同于一般的关系数据库，它非常适合非结构化和半结构化的数据存储。本章主要介绍 HBase 的相关背景知识、数据模式和基础架构，并详细讲解 HBase 的安装与配置操作步骤，说明 HBase Shell 命令的功能和使用方法。最后介绍 HBase Java API 的使用接口和编程方法，并给出编程示例。

6.1　HBase 概述

6.1.1　HBase 简介

各行各业每天都会产生大批量的数据，一方面，海量数据提供了大量可供分析使用的宝贵数据资源；另一方面，也为数据存储提出了巨大挑战。数据量的急剧增加和数据形式的改变给传统的关系型数据库带来了巨大压力，常常出现共享中央数据库的 CPU 和 I/O 负载大大增加，SQL 语句执行速度变慢，数据库的性能直线下降等问题。为了解决这些问题，NoSQL（not only SQL）数据库应运而生，HBase 是目前应用广泛的 NoSQL 数据库之一。

HBase 是一种面向列的分布式数据库系统，可以用于海量数据的存储和处理。HBase 数据库的产生始于 2006 年谷歌发表的论文“BigTable：A Distributed Storage System for Structured Data”，是谷歌 BigTable 的开源实现。HBase 使用 HDFS 文件系统作为高可靠、可扩展的底层存储，使用 MapReduce 实现高性能计算。通过水平扩展，HBase 中每张表可以多达几十亿条记录，每条记录可以包含多达上百万的列。

6.1.2　HBase 特征

HBase 的特征有以下几个方面。

（1）线性可扩展，用户可以通过增加系统规模线性地提高 HBase 的吞吐量和存储容量。

（2）HBase 是强一致性的系统，不是“最终一致性”数据存储，适合高速的计数聚合类任务。

（3）HBase 通过 HRegion 在集群上分布，随着数据的增长，HRegion 会自动分割和重新分布到其他 HRegion Server。

（4）HBase 能够自动进行 HRegion 服务器的故障检测，当服务器发生故障时，能够自动恢复。

（5）HBase 通过 MapReduce 支持大规模并行处理，通过 HDFS 作为底层存储提供系统可靠性和健壮性的保证。

（6）HBase 支持易于使用的 Java API 进行编程访问，且当前 HBase 的 Java API 已经较为完善。

（7）可以通过服务器端的过滤器进行谓词下推查询。所有的过滤器都在服务器端生效，这样可以保证所有过滤掉的数据不会被传送到客户端。

（8）为实时查询提供了块缓存和 Bloom Filter。块缓存主要用来保存底层 HFile 从 HDFS 读取的存储块，Bloom Filter 可以减少 I/O 数量，快速判断一个文件中是否包含指定行键。HBase 的块缓存和 Bloom Filter 提供了强大的功能来帮助用户实现实时查询。

（9）HBase 支持 JMX 提供的内置网页用于运维。

6.2 HBase 数据模型

6.2.1 数据模型相关概念

1. 行键

HBase 中每一行数据都由行键（row key）来标识。访问表中的行，可以通过单个行键来访问，也可以通过行键的范围来访问或者进行全表扫描。行键由任意字符串组成，最大长度是 64 KB，实际应用中长度一般为 10 ~ 100B。在 HBase 内部，行键以字节数组的形式按照字典顺序存储，因此在 HBase 中，相邻行键的行在存储时也相邻存放。在设计行键时，应充分利用这种特性，将经常一起访问的行存储在一起，同时应该避免时序或单调行键的使用，防止大量数据被分配到同一个 HRegion 形成热点，从而造成效率降低。

2. 列族和列名

列族（column family）在创建表时定义，数量不能太多。HBase 表由不同的列族组成，每一个列族又分为不同的列（column）。列的引用格式为“column family:qualifer”，列名以列族名作为前缀，如 sc:cno、sc:grade，列名在不同的列族中可以重复。列的数量没有限制，一个列族可以有多达数百万个列。列族作为 HBase 表模式（schema）的一部分必须预先给出，而列则不需要预先定义，可以随后按需要随时加入。在行之间，列不需要保持一致性，差别也可能非常大。HBase 访问控制、磁盘和内存的使用统计都是在列族层面进行的。

3. 单元格

HBase 将通过行键、列族和列确定的区域叫做单元格（cell）。单元格中存储的数据没有数据类型，总是被视为字节数组。

4. 时间戳

HBase 在进行数据存储时，不是直接覆盖旧的单元格数据，而是通过设定时间戳，在单元格内保留多个版本。时间戳由 64 位整型组成，时间戳一般在 HBase 写入数据时自动赋值，也可以由用户进行显式指定赋值。同一个单元格，不同版本的数据按照时间戳的大小降序排列，即最新的数据总是排在最前面，访问时优先读取。

6.2.2　数据模型

HBase 数据库是谷歌 BigTable 的开源实现，因此 HBase 的存储结构也与 BigTable 非常相似。HBase 表是稀疏的多维映射表，表中的数据通过行键、列族、列名和时间戳这 4 个因素进行索引和定位。

HBase 通过"键值对"进行数据的存取操作，其中键值对的表现形式如下：

{row key, column family, column name, timestamp} →value

从概念结构来看，HBase 是稀疏存储的，因此 HBase 表的某些列值可能为空，即不存在值，如表 6.1 所示。

如果列族值为空，在物理上不需要存储。对于表 6.1 对应的概念视图，存储时，会根据列族的不同，分成 cf1 和 cf2 两个部分存储，如表 6.2 和表 6.3 所示。

表 6.1　HBase 的概念结构

Row Key	TimeStamp	Column Family:cf1		Column Family:cf2	
		列	值	列	值
r1	t1	cf1:name	"张三"		
	t2	cf1:no	"001"		
	t3	cf1:age	"20"		
	t4			cf2:name	"李四"

表 6.2　HBase 的物理存储结构 1

Row Key	TimeStamp	Column Family:cf1	
		列	值
r1	t1	cf1:name	"张三"
	t2	cf1:no	"001"
	t3	cf1:age	"20"

表 6.3 HBase 的物理存储结构 2

Row Key	TimeStamp	Column Family:cf2	
		列	值
r1	t4	cf2:name	"李四"

6.3 HBase 运行机制

6.3.1 系统架构

HBase 是 Hadoop 生态系统的组成部分,HBase 的系统架构遵循主从架构的原则,主要由 HRegion Server 服务器群和 HMaster 服务器构成,HBase 系统架构如图 6.1 所示。HBase 数据库中的数据一般存储在 Hadoop 的 HDFS 分布式文件系统中,由 HRegion Server 服务器存取。

1. HMaster

HMaster 是 HBase 集群的主节点,主要负责管理和维护集群的运行状态,并且是所有元数据更改的接口。当 HMaster 节点发生故障时,由于客户端能够直接与 HRegion Server 进行交互,并且用于存储数据所在 Region 位置信息的. META. 表存储于 ZooKeeper 中,因此整个集群仍然可以继续运行。但是如果没有及时处理故障,HMaster 的相关功能(如 HRegion 的迁移等)仍会受到影响。为了避免 HMaster 的单点故障,ZooKeeper 提供了多 HMaster 机制,即 HMaster 可以启动多个,这些 HMaster 通过 ZooKeeper 的 Master 选举机制来保证同时处于活跃状态的只有一个,其余的则处于热备份状态。这种多 HMaster 的机制提高了 HBase 的可用性以及健壮性。

HMaster 的主要功能如下。

(1) 为 HRegion Server 分配 HRegion。

(2) 维持 HRegion Server 的负载均衡,调整 HRegion 分布。

(3) 检测 HRegion Server 的运行状态,当 HRegion Server 出现故障时,重新分配该 HRegion Server 中的 HRegion,负责失效 HRegion 的迁移。

(4) 管理用户对表的增删改查操作。

(5) 管理权限控制。

2. ZooKeeper

ZooKeeper 是协同服务组件,对 HBase 中所有的 HRegion Server 进行协调处理。ZooKeeper 的主要功能如下。

(1) 负责 HMaster 的故障恢复工作,ZooKeeper 可以帮助选举出一个 HMaster 作为集群的总管,并保证在每个时刻都只有一台 HMaster 运行,这就避免了 HMaster 的"单点失效"问题。

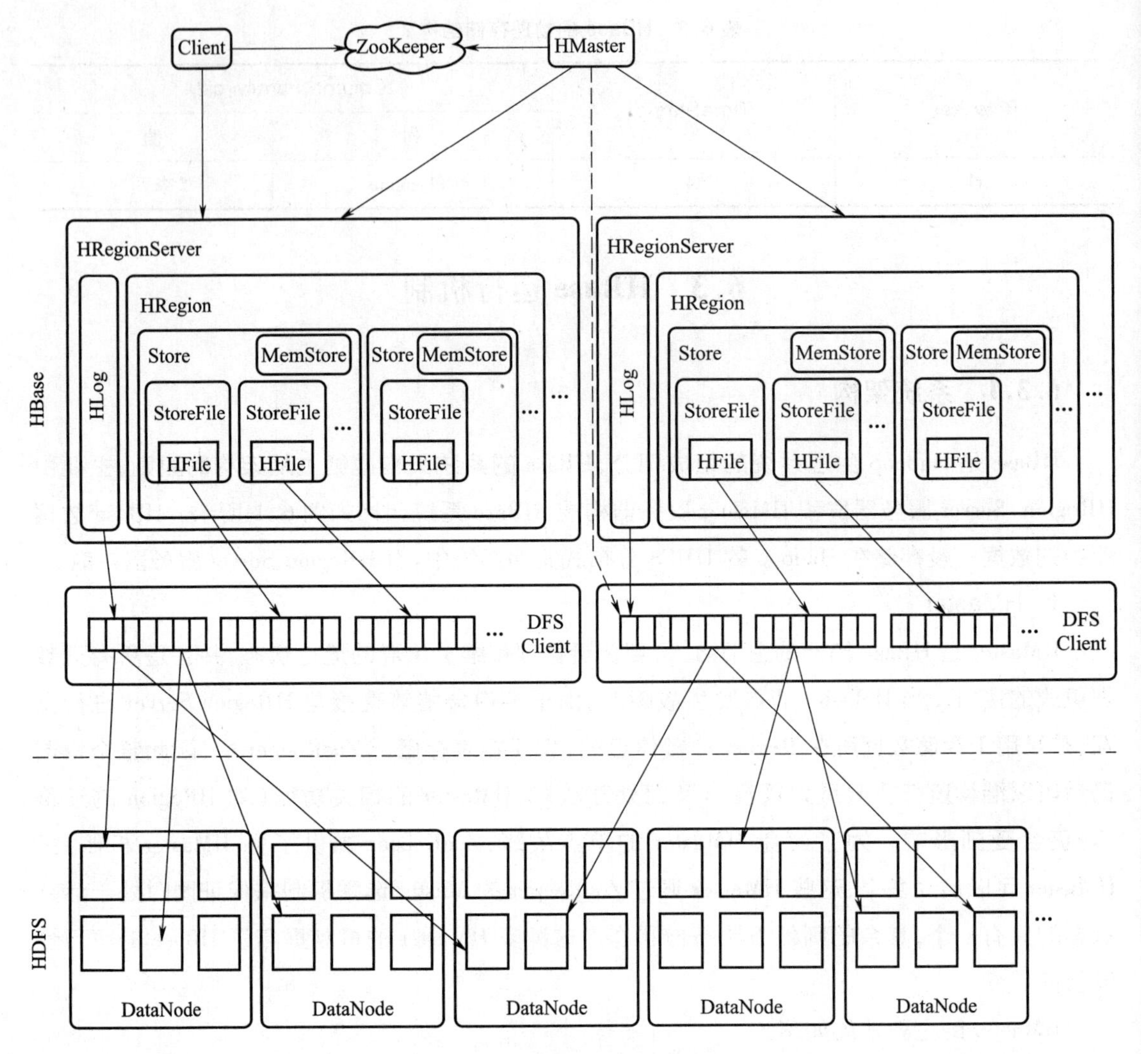

图 6.1 HBase 系统架构

(2) 存储 HBase 中 ROOT 表和.META.表的位置信息,即所有 HRegion 的寻址入口。

(3) 实时监控 HRegion Server 的状态,并将消息回复给 HMaster。

3. HRegion

HRegion 是 HBase 中分布式存储和负载均衡的最小单元,当 HBase 表行的数量非常多,无法存储在一台机器上时,就需要将表的数据进行分区存储。表的分区是按行键进行的,在一定范围内的行键(起始键值和结束键值之间)会放到同一个分区(HRegion)。每个分区在物理上由多个 Store 构成,每个 Store 对应了表在该分区中一个列族的物理存储。每个 Store 由一个 MemStore(内存中的缓存)和多个 StoreFile 文件组成。

在 HBase 中,不同的 HRegion 可以分布在不同的 HRegion Server 上,如图 6.2 所示。

一个 HRegion 存储一个连续的集合,也就是说在同一个 HRegion 中数据介于 start key 与 end key 之间有序排列,同时一个 HRegion 只被一个 HRegion Server 服务。

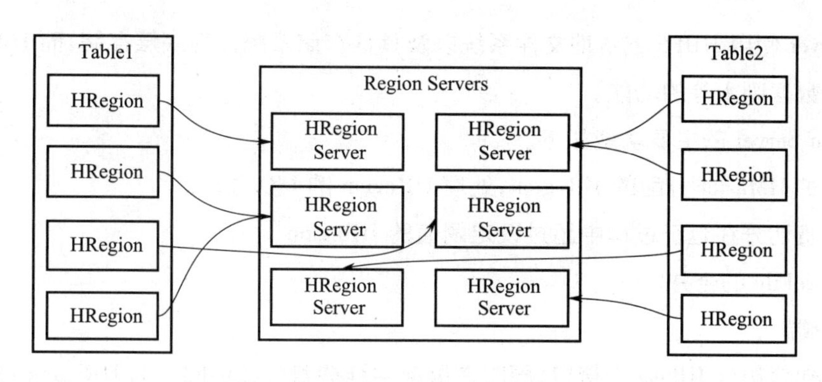

图 6.2　HRegion 部署

当一个 HRegion 随着数据的插入而超过设定阈值时，会启动拆分（Split）操作，如图 6.3 所示。

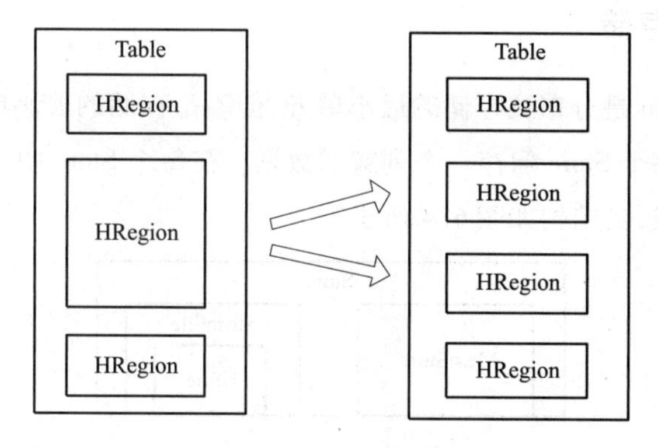

图 6.3　Split 操作

在进行拆分时，无论进行多少次拆分操作，相同行键的数据一定存储在同一个 HRegion。当一个分区切分成两个时，后一个分区中所有行键均大于前一个分区的行键。为了保证实现这一点，在写入数据时，HBase 会按行键的 ASCII 码进行排序。

而另一方面，随着表的增大，HRegion 的数量也将越来越多，而过多的 HRegion 会增加 ZooKeeper 的负担，因此，与拆分操作类似，当 HRegion Server 中的 HRegion 数量达到阈值时，HRegion Server 会启动 HRegion 的合并操作，合并过程如下。

（1）客户端发起一个 HRegion 的合并处理并将请求发送给 HMaster。

（2）HMaster 将 HRegion 移动到一起，并由 HRegion Server 将准备合并的 HRegion 进行合并，在.META.表中更新 HRegion 的元数据。

（3）合并后的 HRegion 开始接受访问并将更新的 HRegion 信息发送给 HMaster，至此 HRegion 合并操作结束。

4. HRegion Server

集群中负责管理 HRegion 的节点叫做 HRegion Server，是 HBase 的核心模块，负责向外提供服务，进行数据读写。每一个 HRegion Server 大约可以管理 1 000 个 HRegion。在 HBase 中，

HRegion Server 使用 HDFS 或本地文件系统以及其他存储系统作为底层存储，而 HBase 自身并不具备维护数据副本等的功能。

HRegion Server 的主要功能如下。

（1）维护 HMaster 分配的 HRegion，处理 HRegion 的 I/O 请求。

（2）负责切分在运行过程中超过设定阈值的 HRegion。

（3）StoreFile 的合并。

5. **客户端**

客户端包含访问 HBase 的接口，同时在缓存中维护着已经访问过的 HRegion 位置信息，用来加快后续数据访问过程。此外，客户端使用 HBase 的 RPC 机制与 HMaster 进行管理类操作的通信以及与 HRegion Server 进行数据读写类操作。

6.3.2 HBase 存储

在 HBase 中，Region 是分布式存储的最小单元，但不是存储的最小单元，一个 Region 由一个或多个 Store 组成，每个 Store 保存一个列簇的数据。在每个 Store 中，由一个 MemStore 以及零或多个 StoreFile 组成，其结构如图 6.4 所示。

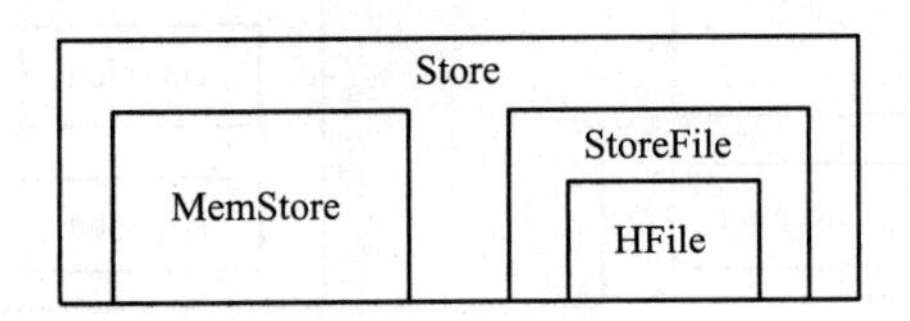

图 6.4　Store 结构

MemStore 的排列顺序为 RowKey、Column Family、Column 的顺序以及 Timestamp 的倒序。HBase 数据在更新时，首先写入 HLog 和 MemStore 中。当 MemStore 累积到超过阈值时，就会创建一个新的 MemStore，而之前的 MemStore 则会刷写到磁盘中成为 StoreFile，StoreFile 底层由 HFile 实现。当一个 Store 中的 StoreFile 的文件数量达到一定的阈值后，就会进行合并操作，即访问 Store 中全部的 StoreFile 和 MemStore，将对同一个 key 的修改合并形成一个大的 StoreFile。当 StoreFile 的文件大小达到阈值后，会对 StoreFile 进行 Split 操作，等分为两个 StoreFile，而原 StoreFile 下线。

当系统出现意外时，可能导致 MemStore 中的数据丢失，此时使用 HLog 来恢复检查点之后的数据。

HFile 是 HBase 中 HRegion Server 的底层文件存储格式，是 Hadoop 的二进制格式文件，由多个数据块（Block）组成。

HFile 格式如图 6.5 所示。

在图 6.5 中，Data 块用于存放 key - value 数据，一般一个 Data 块大小默认为 64 KB。Meta 块用于保存 HFile 的元数据，Index 块用于记录 Data 和 Meta 块的偏移量，File Info 块用于保存

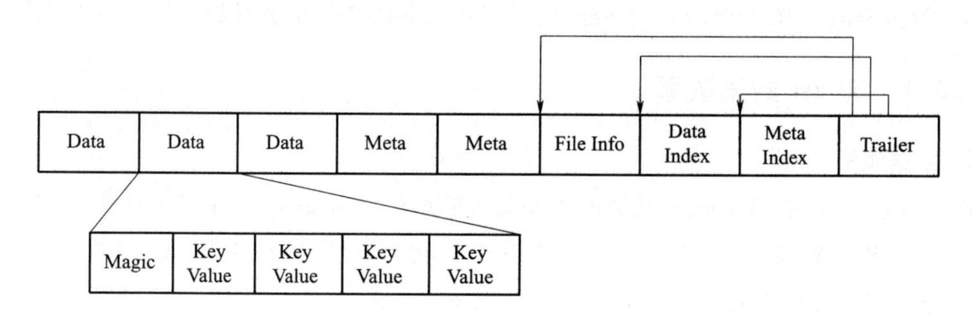

图 6.5　HFile 格式

HFile 的相关信息，Trailer 块则用来保存指向其他块的指针以通过指针找到 Meta Index 块、Data Index 块及 File Info 块。

HFile 里面的每个 Key - Value 对就是一个简单的 byte 数组。这个 byte 数组中包含了很多项，并且有固定的结构。每个 Key - Value 由 Key Length、Value Length、Key 和 Value 四部分组成，Key - Value 格式如图 6.6 所示。

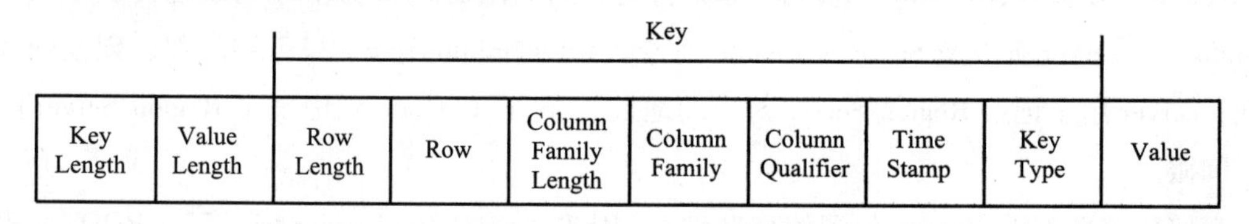

图 6.6　Key - Value 格式

Key Length 和 Value Length 占有固定的存储长度，分别表示 Key 和 Value 部分的长度。Key 部分是变长的，Row Length 表示 RowKey 的长度，接着是 RowKey，然后是 ColumnFamily Length 表示列族长度，之后是列族，然后是列标识符与时间戳，并以 Key Type 结束。Key Type 有 4 种类型，分别是 Put、Delete、DeleteColumn 和 DeleteFamily。Value 部分则是纯粹的二进制数据。

6.3.3　HLog

在分布式系统环境中，一旦 Region Server 意外宕机，MemStore 中的内存数据将会丢失，这就需要引入 HLog。每个 Region Server 中都有一个 HLog 对象，它是 WAL（write ahead log）类的实现。Region Server 会将更新操作（如 Put、Delete 等）先记录到 HLog 中，然后再写入到 Store 的 MemStore 中，最终 MemStore 会将数据持久化到 HFile 中，这样保证了写操作的可靠性。

当 HMaster 通过 ZooKeeper 感知到某个 Region Server 意外宕机时，HMaster 首先会处理遗留的 HLog 文件，按 Region 将 Log 数据拆分为多个日志文件，分别放到对应 Region 的目录下。然后 HMaster 将宕机的 Region Server 中的 Region 重新分配到正常的 Region Server 中。对应的 Region Server 在加载 Region 的过程中，会发现有历史 HLog 日志文件需要处理，Region Server 就会将日志进行重放。日志重放只是简单地读入一个日志，将日志中的条目写入到 MemStore

中,最终 MemStore 的数据会持久化到硬盘,从而实现失效 Region 的数据恢复。

6.3.4 HBase 数据读写

1. 数据读取

在 HBase 中,所有 Region 元数据的相关位置信息包括 Region Server Name 和 Region 标识符被存储在. META. 表中,并且. META. 表会随着存储的信息的增多而增大,进而分裂成多个新的 Region 用于存储相关位置信息,其结构如表 6.4 所示。

表 6.4 .META. 表结构

RowKey	info		
	Regioninfo	server	Server startcode
Table1,K0,123456	...	...	...
Table1,K1,123456	...	...	...

在. META. 表中,RowKey 由表名、起始行键和时间戳信息构成,info 列族包含三个列:Regioninfo 列、server 列以及 Server startcode 列,其中 Regioninfo 用于记录行键范围、列族列表和属性; server 用于记录 Region Server 对应的地址,Server startcode 则记录了 Region Server 的启动时间戳。

存储所需数据的 Region 位置信息存储在. META. 表中,ZooKeeper 记录了 - ROOT - 表的位置,而 - ROOT - 表则只有一个 Region 用于记录. META. 表的位置信息。

HBase 三层寻址结构如图 6.7 所示。

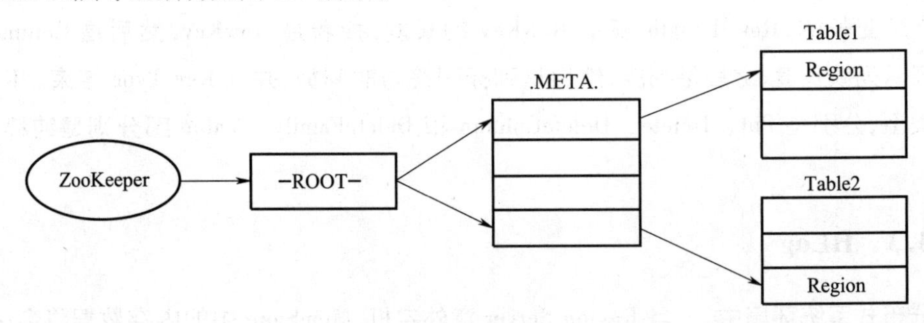

图 6.7 HBase 寻址中的三层结构

如图 6.7 所示,三层结构寻址机制的第一步是在 ZooKeeper 中查找 - ROOT - 表的位置信息。在获取 - ROOT - 表的位置信息后,第二步是从 - ROOT - 表中查找对应. META. 表的位置信息。第三步从相应的. META. 表中找到用户数据所在 Region 和 Region Server 并开始访问。

在 HBase 中,客户端会缓存一个 Region 的地址,因而在下次访问该 Region 时无须再次访问. META. 表。但是若发生了 Region 的移动或合并等操作,则需要重新查找. META. 表获得该 Region 的位置信息。若. META. 表中的相应地址无效,则向 - ROOT - 表查询对应. META. 表的地址；若 - ROOT - 表中的地址无效，则向 ZooKeeper 查询 - ROOT - 表的地址。

数据读取流程如下。

（1）客户端通过 ZooKeeper 中的文件得到 - ROOT - 表的位置，然后通过 - ROOT - 表来查询相应.META.表的位置信息。

（2）从.META.表中获取存放目标数据的 Region 信息，并找到对应的 Region Server。

（3）Region Server 先从 MemStore 中读取数据，若查找不到，则到 StoreFile 中读取数据。

在 HBase 0.96 及之后的版本中，为了提高性能及简化结构，将 - ROOT - 表去掉，只保留了可分区的.META.表，数据读取简化为如下流程。

（1）客户端通过 ZooKeeper 获取.META.表所在的 Region Server 的地址。

（2）从.META.表中获取存放目标数据的 Region 信息，并找到对应的 Region Server 获取所需要的数据。

2. 数据写入

数据写入的具体步骤如下。

（1）客户端向 Region Server 提交写数据请求。

（2）客户端通过 ZooKeeper 和 HMaster 沟通，并由 HMaster 分配要写入的 Region Server，客户端获取到即将要写入的 Region 的位置信息后，将数据写入到 MemStore 中。

（3）在数据写入到 MemStore 中时，会同样将操作和数据写入到 HLog 以防数据丢失或写入失败不能恢复。

（4）若 MemStore 中数据量超过阈值溢满，会将数据溢写磁盘生成一个 StoreFile 文件。

（5）StoreFile 数量超过阈值时，会执行合并（Compact）操作，即将若干 StoreFile 合并为一个 StoreFile。在进行合并操作时，HBase 会将读取的多个文件进行外部排序来合并成一个有序的大文件，此过程需要占用大量的 I/O 以及内存，短期内会对 Region Server 的性能产生影响，但是有利于 HBase 的长期性能优化。

（6）当单个 StoreFile 的大小超过阈值时，会执行 Split 操作，将当前 Region 拆分为 2 个 Region。

6.4 HBase 安装及验证

6.4.1 HBase 安装配置

1. 下载软件安装包

下载 HBase 安装包 hbase-2.1.3.tar.gz。

2. 解压安装包

将 HBase 安装包 hbase-2.1.3.tar.gz 放入/home/jmxx 文件夹中，进行解压操作。

```
[jmxx@master~]$ tar xvf hbase-2.1.3.tar.gz
```

将 hbase-2.1.3 改名为 hbase。

```
[jmxx@master~]$ mv hbase-2.1.3 hbase
```

3. 修改 hbase-env.sh 配置文件

编辑 conf/hbase-env.sh 文件，修改 HBase 运行所需环境变量。

```
[jmxx@master~]$ gedit  ~/hbase/conf/hbase-env.sh
```

在 hbase-env.sh 文件中，找到

```
# export JAVA_HOME=/usr/java/jdk1.8.0_181/
```

并将其内容修改为

```
export JAVA_HOME=/usr/java/jdk/
```

注意：去掉行首的“#”。

在 hbase-env.sh 文件中，找到

```
# export HBASE_MANAGES_ZK=true
```

去掉行首的“#”。

4. 配置 hbase-site.xml

修改 hbase-site.xml 文件：

```
[jmxx@master~]$ gedit  ~/hbase/conf/hbase-site.xml
```

将配置文件 hbase-site.xml 修改如下：

```
<?xml version="1.0"?>
<?xml-stylesheet type="text/xsl" href="configuration.xsl"?>
<configuration>
    <property>
        <name>hbase.cluster.distributed</name>
        <value>true</value>
    </property>
    <property>
        <name>hbase.rootdir</name>
        <value>hdfs://master:9000/hbase</value>
    </property>
    <property>
        <name>hbase.zookeeper.quorum</name>
        <value>master,slave 1,slave 2</value>
    </property>
    <property>
```

```
        <name>hbase.master.info.port</name>
        <value>60010</value>
    </property>
    <property>
        <name>hbase.zookeeper.property.dataDir</name>
        <value>/home/jmxx/zoodata</value>
    </property>
</configuration>
```

配置项目说明如下。

(1) hbase.cluster.distributed 选项用于设定集群的模式是分布式还是单机模式,当属性值为 true 时,表示分布式。默认值为 false,表示单机模式。

(2) hbase.rootdir 选项可以指定 HBase 集群中所有 Region Server 共享目录,用来持久化 HBase 的数据,一般设置的是 hdfs 的文件目录。

(3) hbase.zookeeper.quorum 选项用于指定 ZooKeeper 集群。

(4) hbase.master.info.port 选项是通过 Web 方式查看系统状态的端口号。

(5) hbase.zookeeper.property.dataDir 选项用于指定 zookeeper 的属性数据存储目录，请自行创建相关目录

5. 配置 Region Servers

修改 regionservers 文件。

```
[jmxx@master~]$ gedit  ~/hbase/conf/regionservers
```

添加 slave1 和 slave2 两个节点的机器名或 IP 地址。

```
slave1
slave2
```

6. 配置.bashrc 文件

(1) 修改.bashrc 文件。

```
[jmxx@master~]$ gedit  ~/.bashrc
```

在.bashrc 文件末尾添加如下代码。

```
export HBASE_HOME=/home/jmxx/hbase
export PATH=$HBASE_HOME/bin:$PATH
export HADOOP_CLASSPATH=$HBASE_HOME/lib/*
```

(2) 使刚修改的环境变量生效。

```
[jmxx@master~]$ source  ~/.bashrc
```

7. 复制 HBase 安装文件到 slave 节点

输入命令,分别将 HBase 安装目录复制到 slave1 和 slave2 节点。

[jmxx@ master~] $ scp -r ~/hbase slave1 : ~/

[jmxx@ master~] $ scp -r ~/hbase slave2 : ~/

6.4.2 HBase 启动和验证

1. 启动 HBase

脚本 start-hbase.sh 用来启动 HBase。

[jmxx@ master~] $ ~/hbase/bin/start-hbase.sh

2. jps 验证

(1) master 节点。

[jmxx@ master~] $ jps

运行结果如图 6.8 所示。

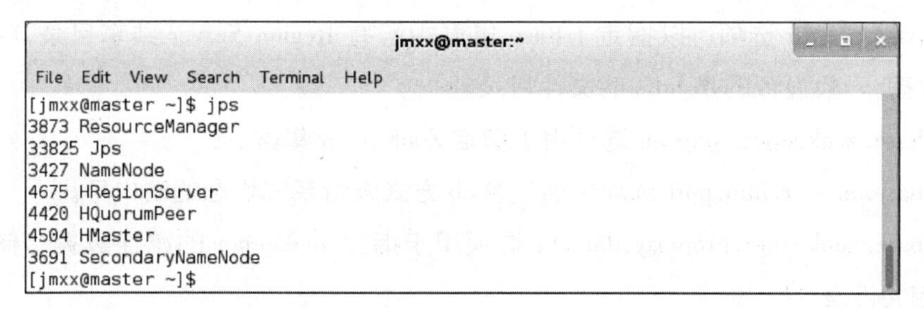

图 6.8 HBase master 节点进程

(2) slave 节点。

[jmxx@ slave1 ~] $ jps

运行结果如图 6.9 所示。

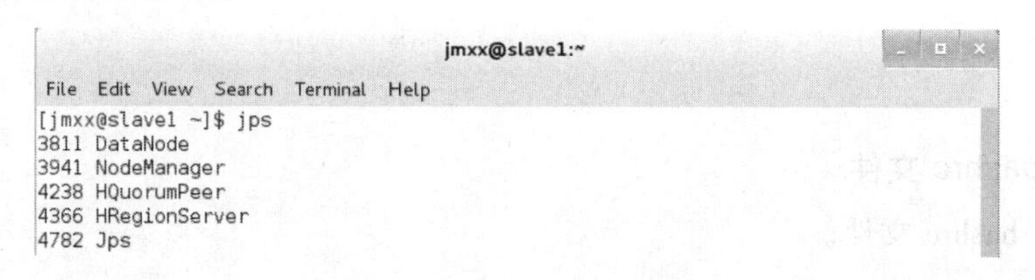

图 6.9 HBase slave 节点进程

3. Web 方式验证

输入网址 master:60010 查看 HBase 运行情况,如图 6.10 所示。

4. 停止 HBase

脚本 stop-hbase.sh 用来停止 HBase。

[jmxx@ master~] $ ~/hbase/bin/stop-hbase.sh

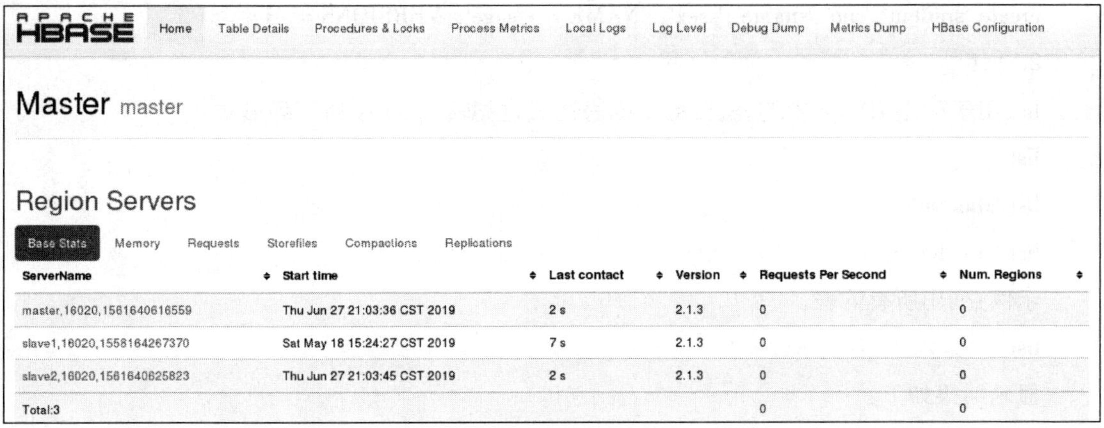

APACHE HBASE | Home | Table Details | Procedures & Locks | Process Metrics | Local Logs | Log Level | Debug Dump | Metrics Dump | HBase Configuration

Master master

Region Servers

Base Stats | Memory | Requests | Storefiles | Compactions | Replications

ServerName	Start time	Last contact	Version	Requests Per Second	Num. Regions
master,16020,1561640616559	Thu Jun 27 21:03:36 CST 2019	2 s	2.1.3	0	0
slave1,16020,1558164267370	Sat May 18 15:24:27 CST 2019	7 s	2.1.3	0	0
slave2,16020,1561640625823	Thu Jun 27 21:03:45 CST 2019	2 s	2.1.3	0	0
Total:3				0	0

图 6.10 HBase Web 监控页面

6.5 HBase shell 操作

输入 hbase shell 进入交互式命令状态。

[jmxx@ master bin] $ hbase shell

HBase Shell; enter 'help < RETURN >' for list of supported commands.

Type " exit < RETURN > " to leave the HBase Shell

Version 2.1.3, rUnknown, Mon Apr 8 02:25:32 CDT 2019

hbase(main) :001:0 >

下面介绍常用 HBase shell 的命令。

1. create

create 命令用来建表及命名空间。

示例:创建命名空间 ns1。

create_namespace 'ns1'

示例:创建表 t1,其命名空间为 ns1,列族为 f1,版本数为 5。

create 'ns1:t1', {NAME => 'f1', VERSIONS => 5}

示例:创建表 t1,列族 f1、f2 和 f3,版本数采用系统默认值。

create 't1', {NAME => 'f1'}, {NAME => 'f2'}, {NAME => 'f3'}

该命令可简写如下:

create 't1', 'f1', 'f2', 'f3'

示例:在同一个 create 语句里为列族指定多个属性,TTL 更新超时时间为 2 592 000 秒。

create 't1', {NAME => 'f1', VERSIONS => 3,TTL => 2592000,BLOCKCACHE => true}

示例:创建 student 表,列族有 sno、sname、ssex 和 sage,且 sage 的版本数为 3。

create 'student','sno','sname','ssex',{NAME=>'sage', VERSIONS=>3}

2. list

list 用于列出 HBase 中的表,支持正则表达式过滤输出,可以有下列形式。

list

list 'abc. * '

list 'ns:abc. * '

示例:列出所有的表。

list

显示结果如下:

TABLE

student

1 row(s) in 0.0260 seconds

=>["student"]

3. describe

describe 命令用于显示表结构。

示例:显示 student 表结构。

describe ' student '

结果如图 6.11 所示。

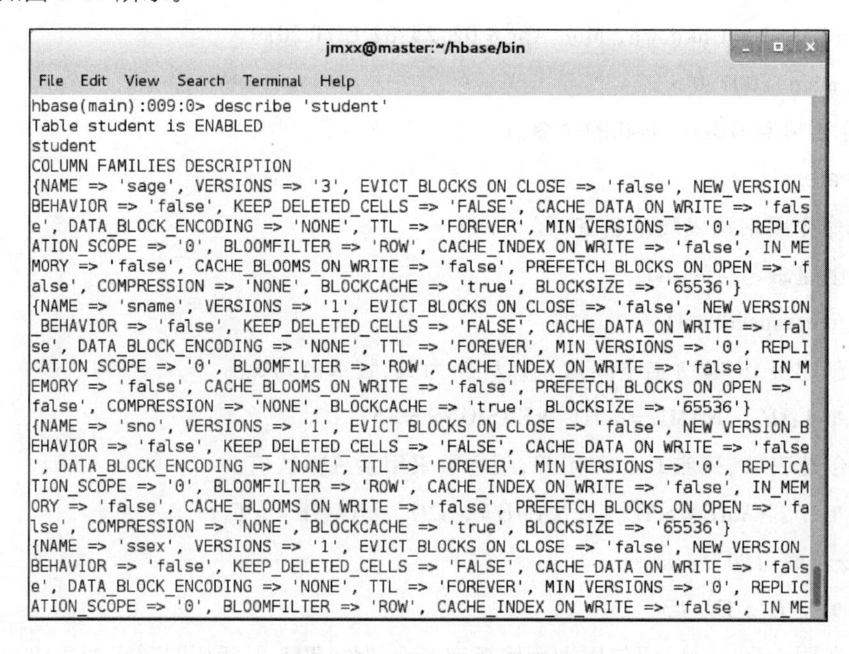

图 6.11 查看 student 表结构

4. put

使用 put 命令添加数据，一次只能为一个表的一个单元格添加一个值，所以直接用 shell 命令插入数据效率很低，在实际应用中，一般都是利用编程方式插入数据。

示例：向 student 表中添加单元格，行键为 15001，姓名 sname 为 liming。

```
put  'student','15001','sname','liming'
```

由于未指定时间戳，时间戳默认设置为系统当前时间。

示例：向 student 表中添加单元格，行键为 15001，列名 sname:nickname 为 pepper。

```
put  'student','15001','sname:nickname','pepper'
```

示例：向 student 表中添加单元格，行键为 15001，年龄 sage 依次为 20、30、40。

```
put  'student','15001','sage','20'
put  'student','15001','sage','30'
put  'student','15001','sage','40'
```

5. get

get 命令用来获取单元格中的数据。

示例：获取 student 表，行键为 15001，所有列族的值。

```
get 'student','15001'
```

由于没有指定列族，返回这一行所有列族的值，命令执行结果如下：

```
COLUMN                    CELL
sage:                 timestamp = 1554865066591 ,  value = 40
sname:                timestamp = 1554865024919 ,  value = liming
sname:nickname        timestamp = 1554865042214 ,  value = pepper
3 row(s) in 0.0270 seconds
```

示例：获取 student 表，行键 15001，列族 sage 的值。

```
get 'student','15001','sage'
```

默认返回最新版本，命令执行结果如下：

```
COLUMN                              CELL
sage:                           timestamp = 1554865066591 ,  value = 40
1 row(s) in 0.0630 seconds
```

示例：获取 student 表，行键 15001，列族 sname 的值。

```
get 'student','15001','sname'
```

命令执行结果如下：

```
COLUMN                         CELL
sname:                     timestamp = 1554865024919 ,  value = liming
sname:nickname             timestamp = 1554865042214 ,  value = pepper
```

2 row(s) in 0.0570 seconds

示例:获取 student 表,行键 15001,列 sname:nickname 的值。

get 'student','15001','sname:nickname'

命令执行结果如下:

```
COLUMN                     CELL
sname:nickname        timestamp=1554865042214, value=pepper
1 row(s) in 0.0190 seconds
```

示例:获取 student 表,行键 15001,列族 sage 多个版本的值。

get 'student','15001',{COLUMN=>'sage',VERSIONS=>3}

命令执行结果如下:

```
COLUMN                     CELL
sage:                 timestamp=1554865066591, value=40
sage:                 timestamp=1554865062456, value=30
sage:                 timestamp=1554865056772, value=20
3 row(s) in 0.0250 seconds
```

6. scan

scan 用于扫描表。为了更好地说明 scan 命令的使用方法,再增加一行数据。

put 'student','15002','sname','liuchen'

put 'student','15002','sage','50'

示例:扫描 student 表。

scan 'student'

执行结果如下:

```
ROW             COLUMN+CELL
15001           column=sage:, timestamp=1554865066591, value=40
15001           column=sname:, timestamp=1554865024919, value=liming
15001           column=sname:nickname, timestamp=1554865042214, value=pepper
15002           column=sage:, timestamp=1554865345992, value=50
15002           column=sname:, timestamp=1554865336010, value=liuchen
2 row(s) in 0.0510 seconds
```

示例:扫描 student 表,显示前 5 行。

scan 'student', {LIMIT=>5}

LIMIT 用于限定返回的行数。

示例:扫描 student 表的 sage 列族,下面两种形式都可以。

scan 'student',{COLUMNS=>'sage'}

scan 'student',COLUMNS =>'sage'

示例:扫描 student 表的 sno、sname、sage 列族。

scan 'student',{COLUMNS =>['sno','sname','sage']}

示例:扫描 student 表的 sno、sname、sage 列族,指定开始行键。

scan 'student',{COLUMNS =>['sno','sname','sage'],STARTROW =>'15002'}

执行结果如下:

```
ROW                    COLUMN + CELL
15002                  column = sage:, timestamp = 1554865345992, value = 50
15002                  column = sname:, timestamp = 1554865336010, value = liuchen
1 row(s) in 0.0820 seconds
```

7. count

count 命令的功能是查询表中的数据行数,其格式如下:

count<table>, {INTERVAL => intervalNum, CACHE => cacheNum}

该操作运行可能需要很长时间。INTERVAL 设置多少行显示一次及对应的 rowkey,默认为 1 000; CACHE 为每次获取的缓存区大小,默认为 10,调整该参数可提高查询速度。

8. drop

drop 命令用于删除表。删除表的操作分为两个步骤:第一步,使该表不可用,第二步,删除表。

示例:删除 t1 表。

disable 't1'

drop 't1'

9. delete

delete 命令用于删除一个单元格内的数据。

示例:删除 student 表,行键 15001,sage 列族所有版本数据。

delete 'student', '15001', 'sage'

10. deleteall

deleteall 命令用于删除指定行的数据。

示例:删除 student 表,行键 15001 指定行的数据。

deleteall 'student', '15001'

示例:删除 student 表,行键 15001 指定行的 sname 列族。

deleteall 'student', '15001', 'sname'

11. alter

(1) 增加列族。

alter 'student', NAME =>'sdept'

（2）删除列族。

alter 'student' , NAME => 'sdept', METHOD => 'delete'

或

alter 'student' ,'delete' => 'sdept'

（3）修改列族版本数。

alter 'student', { NAME =>'sname', VERSIONS => 3 }

12. exists

exists 命令用于判断指定表是否存在。

示例：

exists 'student'

执行结果如下：

Table student does exist

0 row(s) in 0.7600 seconds

6.6 HBase 开发

6.6.1 Java API 简介

HBase 的 Java API 包含很多内容，已经比较完善，下面介绍常用的类。

1. HBaseConfiguration 类

HBaseConfiguration 类属于 org.apache.hadoop.hbase 包，功能是通过添加 HBase 的配置文件对 HBase 进行配置。常用的方法如下。

（1）static org.apache.hadoop.conf.Configuration create()

通过读取默认位置(classpath)下的 hbase-site.xml 文件，得到各配置项的值，填充到产生 Configuration 的实例中。

（2）public static org.apache.hadoop.conf.Configuration

create(org.apache.hadoop.conf.Configuration that)

读取指定的配置对象，并覆盖默认的 HBase 配置。

获得 org.apache.hadoop.conf.Configuration 实例后，可以任意修改配置，例如：

Configuration conf = HbaseConfiguration.create();

conf.set("hbase.rootdir", "hdfs://localhost:9000/hbase");

2. Connection 接口

通过如下代码创建 Connection 实例。

Configuration conf = HbaseConfiguration.create();

Connection connection = ConnectionFactory.createConnection(conf);

Connection 提供的常用方法有以下几个。

(1) Admin getAdmin() throws IOException

返回实施管理 HBase 集群的一个管理员类 Admin 实例。返回的 Admin 不保证是线程安全的,应该为每个使用线程创建一个新实例;这是一个轻量级的操作;不建议对返回的 Admin 进行池或缓存操作。

(2) Table getTable(TableName tableName) throws IOException

返回一个 Table 实例,该实例不是线程安全的,应该为每个使用线程创建一个新实例。如果表不存在会抛出异常。使用实例后,调用者负责使用 Table.close()方法及时关闭。

(3) org.apache.hadoop.conf.Configuration getConfiguration()

返回一个配置 Configuration 实例。

(4) boolean isClosed()

返回连接是否关闭。

3. Put 类

Put 类位于 org.apache.hadoop.hbase.client 包,主要用来对单元格进行添加数据操作。

(1) Put 类构造方法。Put 类的常用构造方法有以下几个。

① public Put(byte[]row)

指定行键 row,行键类型为 byte[]。

② public Put(byte[]row, long ts)

指定行键 row 和时间戳 ts,行键类型为 byte[]。

③ public Put(ByteBuffer row)

指定行键 row,行键类型为 ByteBuffer。

④ public Put(ByteBuffer row, long ts)

指定行键 row 和时间戳 ts,行键类型为 ByteBuffer。

⑤ public Put(byte[]rowArray, int rowOffset, int rowLength)

从字符串 rowArray 中提取子串作为行键,参数 rowOffset 和 rowLength 分别为偏移量和截取长度。

⑥ public Put(byte[]rowArray, int rowOffset, int rowLength, long ts)

从字符串 rowArray 中提取子串作为行键,并指定时间戳 ts。

⑦ public Put(Put putToCopy)

复制构造方法。

(2) Put 类常用方法。Put 类的常用方法如表 6.5 所示。

表 6.5 Put 类的常用方法

方法名	方法说明
Put add(Cell kv)	添加 KeyValue 对象
Put addColumn(byte [] family,byte [] qualifier,byte [] value)	把指定的列族、限定符和值添加到 Put 中
List < Cell > get(byte [] family,byte [] qualifier)	查询指定的列族和限定符所匹配的值,组织成 KeyValue 类型的 List 列表返回
boolean has(byte [] family,byte [] qualifier)	是否含有指定的列族和限定符
boolean has(byte [] family, byte [] qualifier, byte [] value)	是否含有指定的列族、限定符和值
boolean has(byte [] family, byte [] qualifier, long ts)	是否含有指定的列族、限定符和时间戳
boolean has(byte [] family, byte [] qualifier, long ts, byte [] value)	是否含有指定的列族、限定符、时间戳和值

4. Get 类

Get 类位于 org.apache.hadoop.hbase.client 包,主要用来获取一行数据。

(1) Get 类构造方法。

① public Get(byte[]row)

按指定行键 row 创建 Get 对象,行键类型为 byte[]。

② public Get(Get get)

复制构造方法。

(2) Get 类常用方法。Get 类的常用方法如表 6.6 所示。

表 6.6 Get 类的常用方法

方法名	方法说明
Get addFamily(byte [] family)	获取指定的列族的所有列
Get addColumn(byte [] family,byte [] qualifier)	获取指定的列族和列限定符所确定的列
Get setTimeRange (long minStamp, long maxStamp) throws IOException	获取指定的时间戳范围的值
Get setTimeStamp(long timestamp) throws IOException	获取指定的时间戳的值
Get setMaxVersions()	把要取出的最大版本数设为用户在列族描述符中可配置的最大版本数
Get setMaxVersions(int maxVersions) throws IOException	把要取出的最大版本数设为 maxVersions

5. Delete 类

Delete 类位于 org.apache.hadoop.hbase.client 包,主要用来删除列族或列。

(1) Delete 类构造方法。

① public Delete(byte[]row)

按指定行键 row 创建 Delete 对象。

② public Delete(byte[]row, long timestamp)

按指定行键 row 和时间戳 timestamp 创建 Delete 对象。

③ public Delete(byte[]rowArray, int rowOffset, int rowLength)

按指定行键创建 Delete 对象。

④ publicDelete(byte[]rowArray, int rowOffset, int rowLength, long ts)

按指定行键和时间戳 ts 创建 Delete 对象。

(2) Delete 类常用方法。Delete 类的常用方法如表 6.7 所示。

表 6.7 Delete 类的常用方法

方法名	方法说明
Delete addFamily(byte [] family)	删除指定列族的所有列、所有版本
Delete addFamilyVersion(byte [] family,long timestamp)	删除指定的列族,且时间戳等于 timestamp 的版本
Delete addFamily(byte [] family, long timestamp)	删除指定列族,且时间戳小于等于 timestamp 的版本
Delete addColumn(byte [] family, byte [] qualifier)	删除由指定列族和列限定符所确定的列的最新版本
Delete addColumn(byte [] family, byte [] qualifier, long timestamp)	删除由指定列族、列限定符所确定的列,且时间戳等于 timestamp 的版本
Delete addColumns(byte [] family, byte [] qualifier)	删除由指定列族和列限定符所确定的列的所有版本
Delete addColumns(byte [] family, byte [] qualifier, long timestamp)	删除由指定列族、列限定符所确定的列,且时间戳小于等于 timestamp 的版本
Delete setTimestamp(long timestamp)	设置时间戳

6. Append 类

Append 类位于 org.apache.hadoop.hbase.client 包,主要用于在原有单元格值的基础上追加新值。

(1) Append 类构造方法。

① public Append(byte[]row)

按指定的行键 row 创建 Append 对象。

② public Append(byte[]rowArray, int rowOffset, int rowLength)

按指定的行键创建 Append 对象。

③ public Append(Append a)

复制构造方法。

(2) Append 类常用方法。

① Append add(byte[]family, byte[]qualifier, byte[]value)

在指定列族和限定符所确定的列追加值 value。

② Append add(Cell cell)

在参数 cell 指定的位置追加值。

7. Scan 类

Scan 类属于 org.apache.hadoop.hbase.client 包,用来限定查询的数据,限定条件有版本号、起始行号、终止行号、列族等。

(1) Scan 类构造方法。

① public Scan(byte[]startRow)

创建 Scan 对象,指定开始行。

② public Scan(byte[]startRow, byte[]stopRow)

创建 Scan 对象,指定开始行和结束行。

③ public Scan(byte[]startRow, Filter filter)

创建 Scan 对象,指定开始行和过滤条件。

④ public Scan(Get get)

创建与 get 相同规格的 Scan 对象。

(2) Scan 类常用方法。Scan 类的常用方法如表 6.8 所示。

表 6.8 Scan 类的常用方法

方法名	方法说明
Scan addFamily(byte [] family)	指定要查询的列族
Scan addColumn(byte [] family,byte [] qualifier)	指定要查询的列族和列限定符指定的列
Scan setMaxVersions()	指定每一列获取所有版本
Scan setMaxVersions(int maxVersions)	指定每一列的最大版本数
Scan setTimeStamp(long timestamp) throws IOException	查询指定时间戳的值
Scan setTimeRange(long minStamp, long maxStamp) throws IOException	查询指定时间戳范围的值
Scan setStartRow(byte [] startRow)	指定查询的开始行, startRow 闭区间
Scan setStopRow(byte [] stopRow)	指定查询的结束行, stopRow 开区间

8. Result 类

Result 类位于 org.apache.hadoop.hbase.client 包,主要用来存放 Get 和 Scan 操作后的结果,以键值对的形式存放在 Map 结构中。

Result 的主要方法如表 6.9 所示。

表 6.9 Result 类的常用方法

方法名	方法说明
byte [] getValue(byte [] family, byte [] qualifier)	返回列族 family 包含的列限定符 qualifier 确定的列的最新版本
Cell getColumnLatestCell (byte [] family, byte [] qualifier)	返回列族 family 和列限定符 qualifier 确定的列的最新版本
List < Cell > getColumnCells(byte [] family, byte [] qualifier)	返回列族 family 和列限定符 qualifier 确定的列的所有单元格
NavigableMap < byte [] ,byte [] > getFamilyMap(byte [] family)	返回列族 family 包含的列限定符 qualifier 和值 value 组成的 < qualifier, value > 形式的 Map
boolean containsColumn (byte [] family, byte [] qualifier)	判断是否包含由列族和列限定符所确定的列
boolean containsEmptyColumn (byte [] family, byte [] qualifier)	判断是否包含由列族和列限定符所确定的空列

9. ResultScanner 接口

ResultScanner 接口位于 org. apache. hadoop. hbase. client 包，ResultScanner 的主要方法如表 6. 10所示。

表 6.10 ResultScanner 接口的常用方法

方法名	方法说明
void close()	关闭 scaner 并释放分配给它的资源
Result next()	取得下一行的值，返回 Result 实例
Result [] next(int nbRows)	取得 nbRows 行的值，返回 Result 数组

10. Table 接口

Table 接口位于 org. apache. hadoop. hbase. client 包。Table 主要用来和 HBase 表进行交互，可用于从表中获取、插入、删除或扫描数据。

Table 实例通过 Connection 实例的 getTable(TableName tableName) 方法获得。

Table 接口的主要方法如表 6. 11 所示。

表 6.11 Table 接口的常用方法

方法名	方法说明
TableName getName()	获取表的全名
void close() throws IOException	释放内部缓冲区中持有或挂起的资源，并将变化的数据更新到 Table

续表

方法名	方法说明
void put() throws IOException	向表中添加值
void put(List < Put > puts) throws IOException	将 List 中的 Put 成批添加到表中
void delete() throws IOException	删除指定的行或单元格
void delete(List < Delete > deletes) throws IOException	批量删除 List 中的 Delete 对象
boolean exists(Get get) throws IOException	返回 Get 对象指定的列是否存在
Result get() throws IOException	从指定的行提取单元格数据
Result [] get(List < Get > gets) throws IOException	批量处理 List 中的 Get 实例
ResultScanner getScanner(byte [] family) throws IOException	获取 ResultScanner 实例
Result append() throws IOException	按指定行和列进行追加操作,返回追加后的值
HTableDescriptor getTableDescriptor() throws IOException	获取表的 HTableDescriptor 实例

11. HColumnDescriptor 类

HColumnDescriptor 属于 org.apache.hadoop.hbase 包,其含有列族的详细信息,例如,最大版本数、最小版本数、压缩算法、块大小、生存期、Bloom 过滤器等信息。

(1) HColumnDescriptor 类构造方法。

① public HColumnDescriptor(byte[] familyName)

使用 familyName 创建 HColumnDescriptor 对象,其他属性使用默认值。

② public HColumnDescriptor(String familyName)

使用 familyName 创建 HColumnDescriptor 对象,其他属性使用默认值。

③ HColumnDescriptor(HColumnDescriptor desc)

复制构造方法。

(2) HColumnDescriptor 类常用方法。HColumnDescriptor 类的主要方法如表 6.12 所示。

表 6.12 HColumnDescriptor 类的常用方法

方法名	方法说明
byte[] getName()	返回字节数组类型的列族名
String getNameAsString()	返回 String 类型的列族名
HColumnDescriptor setMaxVersions(int max versions)	设置最大版本数
int getMaxVersions()	取得最大版本数
HColumnDescriptor setMinVersions(int value)	设置最小版本数
int getMinVersions()	取得最小版本数

12. HTableDescriptor 类

HTableDescriptor 类属于 org.apache.hadoop.hbase 包,常用构造方法如下:

HTableDescriptor(TableName name)

其作用是根据给定的表名创建实例。

HTableDescriptor 类常用的方法如表 6.13 所示。

表 6.13 HTableDescriptor 类的常用方法

方法名	方法说明
HTableDescriptor addFamily(HcolumnDescriptor family)	增加列族
Collection <HColumnDescriptor> getFamilies()	以集合的形式返回表中所有的列族
HColumnDescriptor [] getColumnFamilies()	以数组的形式返回表中所有的列族
HColumnDescriptor getFamily(byte[]column)	返回参数 column 指定的列族
HTableDescriptor setRegionReplication(int regionReplication)	设置 region 的副本数
TableName getTableName()	返回表名
HTableDescriptor setValue(String key,String value)	设置元数据键值对
String getValue(String key)	返回元数据中键对应的值

13. Admin 接口

Admin 接口位于 org.apache.hadoop.hbase.client 包,常用的方法如表 6.14 所示。

表 6.14 Admin 接口的常用方法

方法名	方法说明
void addColumn (TableName tableName, ColumnFamilyDescriptor columnFamily)	向一个已存在的表中添加列
void deleteColumn(TableName tableName, byte [] columnFamily)	从表中删除列
void createTable(TableDescriptor desc)	创建表
void deleteTable(TableName tableName)	删除表
HTableDescriptor getTableDescriptor(TableName tableName)	取得指定表的 HtableDescriptor
HTableDescriptor [] listTables()	列出所有的表
boolean tableExists(TableName tableName)	检查表是否存在

6.6.2 HBase Java 开发过程

下面以一个简单的程序为例,说明 HBase Java 程序的开发过程。

1. 新建 Java Project

在 Eclipse 主界面,依次选择 File→New→Project→Java→Java Project 命令,新建 Java 项目,如图 6.12 所示。

单击 Next 按钮,出现如图 6.13 所示界面。

Project name 填写:HBasetest。JRE 选择 Use a project specific JRE 选项,Project layout 选项

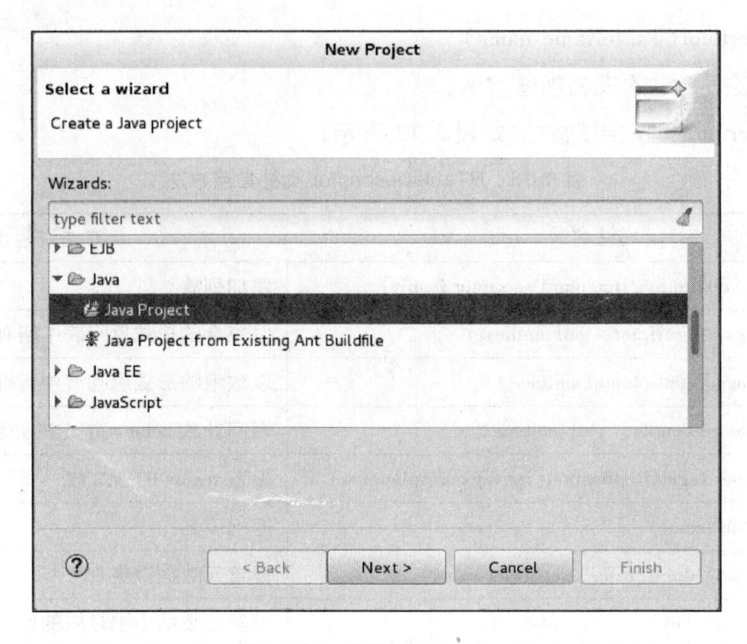

图 6.12 新建 Java Project

图 6.13 配置 Java Project

为 Create seperate folders for sources and class files，然后单击 Next 按钮，出现如图 6.14 所示界面。

图 6.14　Libraries 选项卡

2. 添加 jar 包

单击 Libraries 选项卡，单击 Add External JARs 按钮，向工程中导入 $ {HBASE_HOME} / lib 目录下的所有 jar 包，ruby 目录不选，如图 6.15 所示。

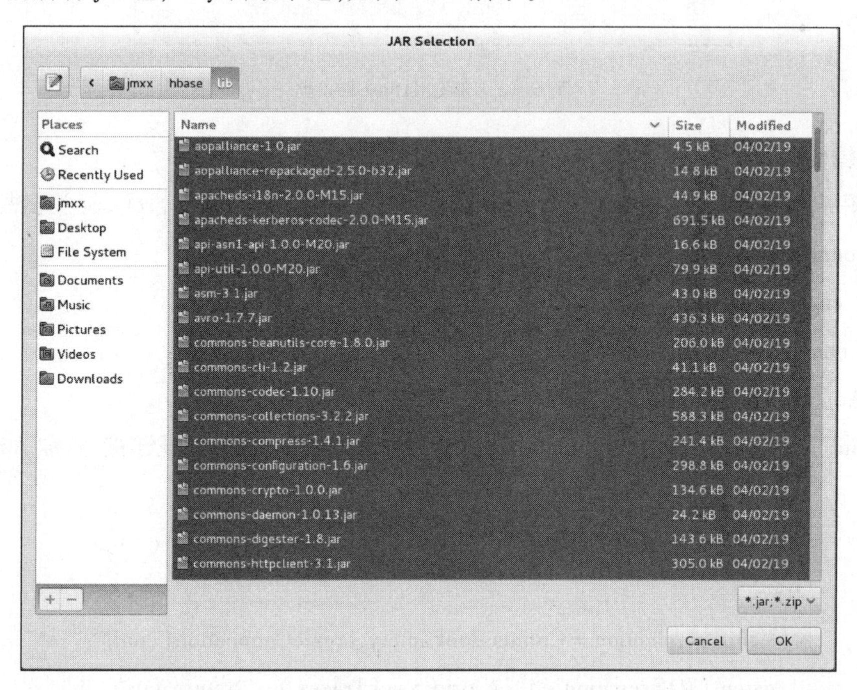

图 6.15　添加 jar 包

添加 jar 包操作也可以在创建 Project 完成之后进行。操作方法如下:在项目名 hbasetest 上右击,依次选择 Build Path→Configure Build Path 命令,出现图 6.14 所示界面,此后操作步骤与上述相同。

3. 新建 class 类

右击项目名,选择 New→Class 命令,新建 HBaseTest 类,如图 6.16 所示。

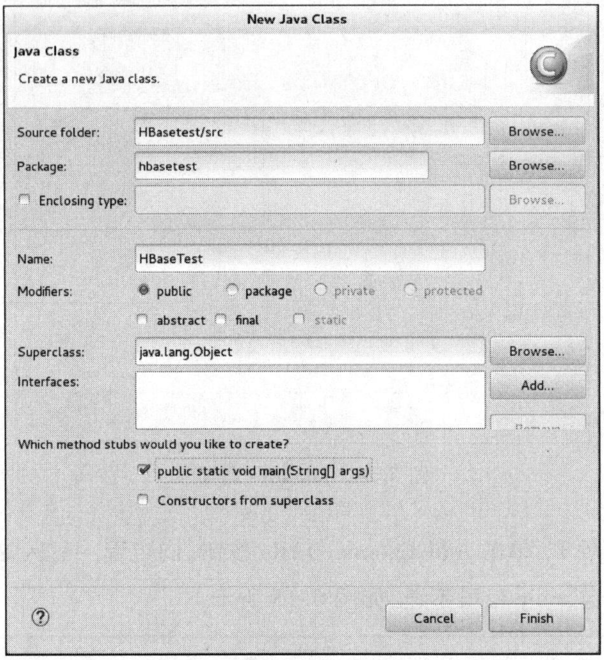

图 6.16 新建 HBaseTest 类

4. 编辑代码

在代码中创建两个方法:init()负责建立连接和获得 Admin 对象; close()方法负责关闭 admin 和 connection。代码如下:

```
public class HBaseTest {
    Connection connection = null;
    Admin admin = null;
    public Boolean init() {      //初始化代码,读取配置文件,完成连接,获取 Admin 对象
        Configuration conf = HBaseConfiguration.create();
        //conf.set("hbase.rootdir", "hdfs://localhost:9000/hbase");
        try {
            this.connection = ConnectionFactory.createConnection(conf);
        } catch (IOException e) {e.printStackTrace();   return false; }
        try { this.admin = this.connection.getAdmin();
```

```
        } catch (IOException e) {
            e.printStackTrace();
            try {   this.connection.close();
            } catch (IOException e1) {e1.printStackTrace();return false;}
            return false;
        }
        return true;
    }
public void close(){ //关闭 admin、connection 代码
        if(admin!=null){
            try {   admin.close();} catch (IOException e) {e.printStackTrace();}
        }
        if(connection!=null){
            try {   connection.close();} catch (IOException e) {e.printStackTrace();}
        }
    }
    public static void main(String[] args) {
        HBaseTest test = new HBaseTest();
        if(! test.init())return;
        try {   System.out.println(admin.tableExists(TableName.valueOf("student")));}
            catch (IOException e) {
                e.printStackTrace();
        } finally {
            test.close();
        }
    }
}
```

5. **运行程序**

在类 HBaseTest 代码的空白处右击，选择 Run As→Java Application 命令运行。

6.6.3 编程实例

1. **显示表及其列族**

【实例 6-1】显示系统中的所有表及其列族信息。

```
public class HBaseTest {
```

```
    Connection connection = null;
    Admin admin = null;
    public void showAllTables() throws IOException {
        HTableDescriptor []htables = admin.listTables();
        for (HTableDescriptor hdes : htables) {
            HColumnDescriptor []cdeses = hdes.getColumnFamilies();
            System.out.println("=====================================");
            System.out.println("table: " + hdes.getNameAsString() + " \tColumn Fami-
lies:");
            System.out.println("-----------------------------------");
            for (HColumnDescriptor cdes : cdeses){
                System.out.println(cdes.getNameAsString());
            }
        }
    }
    public static void main(String[] args) {
            HBaseTest test = new HBaseTest();
            if(! test.init())return;
            try {test.showAllTables();
            } catch (IOException e) {
                e.printStackTrace();
            } finally {test.close();}
    }
}
```

2. 表的创建和删除

(1) 创建表。

【实例 6-2】 创建表。

```
public void createTable(String myTableName, String[]colFamily)throws IOException {
        TableName tableName = TableName.valueOf(myTableName);
        if (admin.tableExists(tableName)) {
            System.out.println("talbe is exists!");
        } else {
            HTableDescriptor hTableDescriptor = new HTableDescriptor(tableName);
            for (String str : colFamily) {
```

```
            HColumnDescriptor hColumnDescriptor = new HColumnDescriptor(str);
            hColumnDescriptor.setMaxVersions(5);//设置版本数为 5
            hTableDescriptor.addFamily(hColumnDescriptor);
        }
        admin.createTable(hTableDescriptor);
        System.out.println("create table success");
    }
}
```

（2）删除表。

【实例 6-3】删除表。

```
public void deleteTable(String tableName) throws IOException {
        TableName tabName = TableName.valueOf(tableName);
        if (admin.tableExists(tabName)) {
            admin.disableTable(tabName);
            admin.deleteTable(tabName);
        }
}
```

3. 增加数据

（1）编写增加数据 insertCell 方法。

【实例 6-4】编写 insertCell 方法，将数据增加到指定单元格。参数依次为表名、行键、列族、列限定符和值。

```
public  void insertCell(String tableName, String rowKey,
        String colFamily, String col, String val) throws IOException {
        Table table = connection.getTable(TableName.valueOf(tableName));
        Put put = new Put(rowKey.getBytes());
        put.addColumn(colFamily.getBytes(), col.getBytes(), val.getBytes());
        table.put(put);
        table.close();
}
```

（2）编写增加数据 insertCell 重载方法。

【实例 6-5】编写 insertCell 重载方法，增加时间戳参数。参数依次为表名、行键、列族、列限定符、时间戳和值。

```
public void insertCell (String tableName, String rowKey,
         String colFamily, String col,long ts, String val) throws IOException {
```

```
        Table table = connection.getTable(TableName.valueOf(tableName));
        Put put = new Put(rowKey.getBytes());
        put.addColumn(colFamily.getBytes(), col.getBytes(),ts, val.getBytes());
        table.put(put);
        table.close();
}
```

系统会按指定的时间戳增加数据到单元格。如果时间戳指定的数据在单元格中已经存在,那么新值将覆盖旧值,该方法就起到了修改数据的作用。

(3) 编写批量增加 insertList 方法。

【实例 6-6】编写代码,实现根据列族和列限定符、行键和数值,批量插入数据。

```
public   void insertList(String tableName, String[] rowKey,
            String colFamily, String col,String[]val) throws IOException {
        Table table = connection.getTable(TableName.valueOf(tableName));
        ArrayList<Put> list = new ArrayList<Put>();
        for(int i = 0;i < rowKey.length;i++){
            Put put = new Put(rowKey[i].getBytes());
            put.addColumn(colFamily.getBytes(), col.getBytes(),val[i].getBytes());
            list.add(put);
        }
        table.put(list);
        table.close();
}
```

4. 追加数据

【实例 6-7】向单元格追加数据。

```
public   void appendCell(String tableName, String rowKey,
        String colFamily, String col, String val) throws IOException {
        Table table = connection.getTable(TableName.valueOf(tableName));
        Append append = new Append(rowKey.getBytes());
        append.add(Bytes.toBytes(colFamily), Bytes.toBytes(col),Bytes.toBytes(val));
        table.append(append);
        table.close();
}
```

5. 查看数据

(1) 显示单元格的内容。

【实例 6-8】显示单元格内容。

```
public void showCell(Result result, boolean flag) {
    List < Cell > cells = result.listCells();
    if (flag)System.out.println("Row    Family:Qualifier        Timetamp            value");
    for (Cell cell : cells) {
        System.out.println("------------------------------------------------------------------------");
        System.out.printf("%-20s", new String(cell.getRowArray(), cell.getRowOffset(), cell.getRowLength()));
        System.out.printf("%s:%s   ", new String(cell.getFamilyArray(), cell.getFamilyOffset(), cell.getFamilyLength()),new String(cell.getQualifierArray(), cell.getQualifierOffset(), cell.getQualifierLength()));
        System.out.printf("%15s   ",cell.getTimestamp());
        System.out.printf("%-20s \n",   new String(cell.getValueArray(), cell.getValueOffset(), cell.getValueLength()));
    }
}
```

（2）显示一行中的内容。

【实例 6-9】编写方法 getData，能够根据表名、行键、列族、列限定符、版本数进行数据显示。如果列限定符 col 为空，则显示列族中所有列。如果版本数 maxVersions 大于 1，则显示 maxVersions 个版本，否则显示最新的版本。

```
public void getData(String tableName, String rowKey, String colFamily, String col,int maxVersions) throws IOException {
    Table table = connection.getTable(TableName.valueOf(tableName));
    Get get = new Get(Bytes.toBytes(rowKey));
    if (col.equals(""))
        get.addFamily(Bytes.toBytes(colFamily));
    else
        get.addColumn(Bytes.toBytes(colFamily), Bytes.toBytes(col));
    if(maxVersions >1){
        get.setMaxVersions(maxVersions);
    }
    Result result = table.get(get);
    showCell(result,true);
    table.close();
```

```
}
```

(3) 扫描表中的内容。

【实例 6-10】 编写方法 scanData,能够根据表名、列族、列限定符、版本数进行数据显示。如果列限定符 col 为空,则显示列族中所有列。如果版本数 maxVersions 大于 1,则显示 maxVersions 个版本,否则显示最新的版本。

```
public void scanData( String tableName, String colFamily, String col, int maxVersions) throws
IOException {
    Table table = connection. getTable( TableName. valueOf( tableName) ) ;
    Scan scan = new Scan( ) ;
    if ( col. equals( "" ) )
        scan. addFamily( Bytes. toBytes( colFamily) ) ;
    else
        scan. addColumn( Bytes. toBytes( colFamily) , Bytes. toBytes( col) ) ;

    if ( maxVersions ! =0) {
        scan. setMaxVersions( maxVersions) ;
    }

    ResultScanner rs = table. getScanner( scan) ;
    boolean flag = true;
    for ( Result result : rs) {
        showCell( result, flag) ;
        flag = false;
    }
    rs. close( ) ;
    table. close( ) ;
}
```

6. 删除数据

(1) 删除列族。

【实例 6-11】 编写程序实现删除列族,可以删除指定列族的所有列和版本,删除指定时间戳的版本和删除小于等于时间戳的版本。

```
public void deleteFamily( String tableName, String rowKey, String colFamily, int flag, long
timeStamp) throws IOException {
    Table table = connection. getTable( TableName. valueOf( tableName) ) ;
```

```
        Delete delete = new Delete(Bytes.toBytes(rowKey));
        switch (flag) {
        case 0://删除指定列族的所有列和版本
                delete.addFamily(Bytes.toBytes(colFamily));
                break;
        case 1://删除指定时间戳的版本
                delete.addFamilyVersion(Bytes.toBytes(colFamily), timeStamp);
                break;
        case 2://删除小于等于时间戳的版本
                delete.addFamily(Bytes.toBytes(colFamily), timeStamp);
        }
        table.delete(delete);
        table.close();
    }
```

（2）删除列。

【实例6-12】 编写程序实现删除列,可以删除列的所有版本,删除指定时间戳的版本,删除小于等于时间戳的版本,删除列的最新版本。

```
    public void deleteColumn(String tableName, String rowKey, String colFamily, String col,int
flag, long timeStamp)      throws IOException {
        Table table = connection.getTable(TableName.valueOf(tableName));
        Delete delete = new Delete(Bytes.toBytes(rowKey));
        switch (flag) {
        case 0://删除列的所有版本
                delete.addColumns(Bytes.toBytes(colFamily),Bytes.toBytes(col));
                break;
        case 1: //删除指定时间戳的版本
                delete.addColumn(Bytes.toBytes(colFamily), Bytes.toBytes(col),timeStamp);
                break;
        case 2: //删除小于等于时间戳的版本
                delete.addColumns(Bytes.toBytes(colFamily), Bytes.toBytes(col),timeStamp);
                break;
        case 3://删除列的最新版本
                delete.addColumn(Bytes.toBytes(colFamily),Bytes.toBytes(col));
        }
```

```
        table.delete(delete);
        table.close();
    }
```

小结

本章首先介绍了 HBase 的相关原理及数据模型,在此基础上介绍了 HBase 的运行机制,包括系统架构、存储、HLog,并重点说明了 HBase 的数据读写过程。然后,本章对 HBase 的安装配置过程进行了细致的说明,读者可以据此正确完成 HBase 的安装配置。随后,本章对 HBase 的常用 Shell 命令进行了详细的说明,并给出较丰富的示例,帮助读者掌握 HBase 的常用 Shell 操作。最后,本章对 HBase 的相关 Java API 进行了详细的说明,并提供了大量实例,以方便读者进行 HBase 程序的开发。

通过本章的学习,读者不仅可以掌握 HBase 的相关理论知识,对 HBase 产生系统性的认知,而且能够熟练进行 HBase 的 Shell 操作并提升 HBase 编程开发水平。

习题

1. 简述 HBase 数据库的特点。
2. 简述 HBase 的系统架构组成。
3. 简述 HLog 的工作原理。
4. 简述 Store 的存储结构。
5. 简述 HBase 数据的读写过程。

即测即评

扫描二维码,测试本章学习效果。

实验四　HBase 的安装和使用

一、 实验目的

1. 理解并掌握 HBase 分布式数据库的相关概念。
2. 了解 HBase 的数据模型及系统架构。
3. 学习并掌握 HBase 的安装与配置。
4. 熟悉并掌握常用的 HBase Shell 命令。
5. 熟练使用 Java API 进行 HBase 编程。

二、实验内容

1. HBase 安装配置。
(1) 下载 HBase 软件安装包。
(2) 解压安装包。
(3) 查看 HBase 安装的文件列表。
(4) 修改 hbase-env.sh 配置文件。
(5) 配置 hbase-site.xml。
(6) 配置 regionservers。
(7) 配置.bashrc 文件。
(8) 复制 HBase 安装文件到 slave 节点。
2. HBase 启动、关闭和验证。
(1) 启动 HBase。
(2) 使用 jps 命令验证 HBase 是否启动成功。
(3) 使用 Web 方式验证 HBase 是否启动成功。
(4) 停止 HBase。
3. HBase Shell 命令操作。
掌握 create、list、desc、put、get、scan、delete 和 drop 等命令的使用方法。
4. HBase Java 编程开发。
(1) 显示系统中的所有表及其列族信息。
(2) 创建和删除表。
(3) 向表中增加数据。
(4) 向单元格中追加数据。
(5) 查看数据。
(6) 删除数据。

第 7 章　Hive 数据仓库

Hive 是基于 Hadoop 的数据仓库工具,Hive 的设计目标是将 Hadoop 上的数据操作与传统数据库结合,从而让熟悉 SQL 编程的开发人员能够轻松使用 Hadoop 平台。本章将详细介绍 Hive 的基本原理、基本操作、HQL 语句,并讲解 Hive JDBC 编程的有关知识。

7.1　Hive 基本原理

7.1.1　Hive 简介

Hadoop 系统是为处理大规模数据而产生的解决方案,然而使用 MapReduce 编程对大数据进行处理分析,技术人员不仅要求了解 Hadoop 的基本结构,而且还要求掌握 MapReduce 编程和高级算法设计。这对于专业的数据库技术人员来说技术门槛高、费时费力、过程艰难,由此,Apache 在 Hadoop 的基础上构建了 Hive 分布式数据仓库系统。

Hive 最初是 Facebook 公司的 Jeff Jammerbacher 领导的团队开发的一个开源项目,是建立在 Hadoop 上用来处理结构化数据的数据仓库基础架构。Hive 提供了一系列的工具,用来进行数据提取、转换、加载(ETL),同时 Hive 定义了简单的类似 SQL 的查询语言,称为 HQL,它允许熟悉 SQL 的用户进行数据查询。Hive 支持熟悉 MapReduce 的开发者开发自定义的 Mapper 和 Reducer 程序,来处理内建的 Mapper 和 Reducer 无法完成的复杂的分析工作。

Hive 也是 SQL 解析引擎,将 SQL 语句转换成 MapReduce Job,然后在 Hadoop 上运行。Hive 将元数据存储在数据库中,目前 Hive 支持 MySQL、Derby、Oracle 等关系数据库存储元数据,Hive 默认采用 Derby 数据库。Hive 中的元数据包括表的名字,表的列和分区及其属性,表的数据所在目录等信息。

7.1.2　Hive 与传统数据库的比较

由于 Hive 采用了类 SQL 的查询语言 HQL,因此很容易将 Hive 理解为数据库,但 Hadoop 以及 HDFS 的设计本身限制和约束了 Hive 所能胜任的工作。Hive 和传统的关系型数据库有很多相似之处,同时也存在很多不同点,具体区别如下,如表 7.1 所示。

(1) Hive 和传统的关系型数据库数据存储的位置不同。Hive 的数据存储在 Hadoop 的分布式文件系统 HDFS 上,关系型数据库则将数据存储在本地服务器的文件系统中。

（2）Hive和传统的关系型数据库的计算模型不同。Hive以Hadoop中的MapReduce计算框架作为计算模型，关系型数据库则使用自带的计算模型。

（3）Hive和传统的关系型数据库执行任务的延迟性不同。Hive对海量数据进行分析处理，具有高延迟性，实时性很差，关系型数据库则能提供实时查询，其延迟性较低。

（4）Hive和传统的关系型数据库可扩展性不同。Hive可以自动适应机器和数据量的动态变化，具有良好的可扩展性，关系型数据库的可扩展性则很差。

（5）Hive和传统的关系型数据库数据更新能力不同。Hive不支持数据更新，关系型数据库则可以实时更新。

表7.1　Hive与传统数据库的区别

查询语言	HiveQL	SQL
数据格式	用户定义	系统决定
数据更新	不支持	支持
执行引擎	依赖于MapReducer框架	Excutor
执行延迟	高	低
可扩展性	高	低
数据规模	大	小
存储	HDFS	集群存储，存在容量上限， 计算速度随着容量增长急速下降
分析速度	与MapReduce和集群规模有关， 数据量大时，速度快于传统数据库	数据容量小，快 数据容量大，慢
可靠性	可靠性高，容错性高	可靠性较低，数据容错依赖于硬件
价格	开源产品	商用比较昂贵，开源的性能低

7.1.3　Hive运行模式

Hive共有3种运行模式。

1. 内嵌模式

将元数据保存在本地内嵌的Derby数据库中，这是使用Hive最简单的方式。但是这种运行模式缺点也比较明显，因为一个内嵌的Derby数据库每次只能访问一个数据文件，因此该模式不支持多会话连接，当尝试多个会话连接时会报错。

2. 本地模式

本地模式是将元数据保存在本地独立的数据库中（一般是MySQL），支持多会话和多用户连接，该模式一般应用在公司内部同时使用Hive的场景。

3. 远程模式

远程模式应用于Hive客户端较多的情况。把MySQL数据库独立出来，将元数据保存在远端独立的 MySQL 服务中,避免了在每个客户端都要安装 MySQL 服务从而造成冗余浪费的情况出现。

7.1.4 Hive 数据类型

Hive 支持多种数据类型,主要包括数值型、日期型、字符型和复杂型等数据类型。

1. 数值型数据类型

数值型数据类型如表 7.2 所示。

表 7.2 数值型数据类型

数据类型	描述	实例
TINYINT	有符号整型,范围:-128 ~ 127	120
SMALLINT	有符号整型,范围:-32 768 ~ 32 767	30000
INT/INTEGER	4 字节有符号整型,范围: -2 147 483 648 ~ 2 147 483 647	34000
BIGINT	8 字节有符号整型,范围: -9 223 272 036 854 775 808 ~ 9 223 272 036 854 775 807	9000000000000000000
BOOLEAN	布尔型,取值为 true 或 false	true
FLOAT	4 字节单精度浮点数	3.14159
DOUBLE	8 字节单精度浮点数	3.14159
DOUBLE PRECISION (DOUBLE 的别名,从 Hive 2.2.0 开始提供)	8 字节单精度浮点数	3.14159

2. 日期型数据类型

日期型数据类型如表 7.3 所示。

表 7.3 日期型数据类型

数据类型	描述	实例
TIMESTAMP	时间戳,可以精确到纳秒,0.8.0 及以上版本适用	2017 - 10 - 31 09:00:00.000000000
DATE	日期类型,范围:0000 - 01 - 01 至 9999 - 12 - 31	2013 - 01 - 01
INTERVAL	时间间隔	INTERVAL '1' DAY

3. 字符型数据类型

字符型数据类型如表 7.4 所示。

表7.4 字符型数据类型

数据类型	描述	实例
STRING	字符串型,单双引号均可	'today','"today"
VARCHAR	使用长度说明符(介于1和65 535之间)该长度说明符定义字符串中允许的最大字符数	VARCHAR(10)
CHAR	与VARCHAR类似,固定长度,比固定长度短的值,用空格填充,最大长度为255	CHAR(10)

4. 其他数据类型

其他数据类型如表7.5所示。

表7.5 其他数据类型

数据类型	描述	实例
BOOLEAN	布尔型,取值为true或false	true
BINARY	字节数组,0.8.0及以上版本适用	无

5. 复杂类型

复杂类型如表7.6所示。

表7.6 复杂型数据类型

数据类型	描述	实例
ARRAY	数组,Hive 0.14开始允许使用负值和非常量表达式	ARRAY(1,2,3)
MAP	键值对集合	MAP(1:'today',2:'yes')
STRUCT	一组任意基本数据类型的数据集合	STRUCT(1,2.0,'t')
UNION	一组任意类型的数据,包括复杂数据类型,0.7.0及以上版本适用	{1:{2:"is"}}

7.1.5 Hive数据模型

Hive的数据存储在Hadoop的分布式文件系统HDFS中,主要包含4种基本数据模型:内部表(Managed Table)、外部表(External Table)、分区(Partition)和桶(Bucket)。

1. 内部表

内部表,又称管理表,与关系数据库的表在概念上类似,Hive使用表的形式实现对数据的管理和维护。在Hive中创建表时,列的数据类型有多种,既可以是基本数据类型INT、FLOAT和STRING等,又可以是复杂数据类型MAP、STRUCT等。Hive中的表在逻辑上由两部分组成,一部分是描述表中数据形式的元数据信息,另一部分是存储的真实数据。其中真实数据一般存储在Hadoop的分布式文件系统上的/user/hive/warehouse目录中(由hive-site.xml配置文件中的 hive. metastore. warehouse. dir 属性指定),且每个表都对应一个 HDFS 存储目录(以子目录的形式存在),而描述表中数据形式的元数据信息则存储在关系数据库中。

在表创建完成后,Hive 负责管理内部表的数据。加载数据实际上是将数据放入 Hive 数据仓库对应的表目录中。当删除表时,该表的元数据信息和存储的实际数据都将被删除。

2. 外部表

Hive 除了可以创建内部表外,还可以创建外部表,外部表创建时需要添加关键字 EXTERNAL。外部表的元数据管理和存储与内部表相同,但是外部表的实际数据存储位置不是在数据仓库内,而是位于 LOCATION 参数指定的 HDFS 路径中。外部表的实际数据不是由 Hive 负责管理的,而是由外部数据源负责。创建外部表时也不会在数据仓库下创建对应的表目录。外部表进行删除操作时,只删除该表的元数据信息,保存在 HDFS 上的真实数据不会被删除。

3. 分区

为了提高对表中数据进行查询和管理的效率,Hive 提供了将表进行“分区”的功能。分区是一种根据“分区列”的值对数据表进行划分的机制。Hive 表可以通过多个角度来进行分区,如日期、地理位置等,并且可以嵌套使用。Hive 表中创建的每个分区都对应数据库中相应分区列的一个索引。分区表在数据仓库中占用一个表目录,每个分区对应表目录下的一个子目录。分区通过创建表时的 PARTITION BY 语句来建立,该语句中定义的列称为分区列,要求与表中定义的列不同。将数据加载到表内之前,需要数据加载人员明确知道需要加载的数据属于哪一个分区。例如:

```
CREATE TABLE example (time BIGINT, line STRING)
PARTITIONED BY (data STRING, country STRING)
```

4. 桶

Hive 表或分区还可以进一步划分为“桶”,当单个分区或者表中的数据量越来越大,而分区不能更细粒度地划分数据时,可以采用分桶技术对数据进行更细粒度的划分和管理。桶的划分是通过对指定列进行哈希计算来实现的,通过哈希计算将一个列名下的数据切分为一组桶,并将每个桶对应于该列名下的一个存储文件。创建带有桶的表的语句如下:

```
CREATE TABLE student(sno INT, name STRING)
CLUSTERED BY (sno) INTO 3 BUCKETS;
```

分“桶”的意义在于以下两点。

(1) 获得更高的查询处理效率,提高 Join 查询效率。桶为表加上了额外的结构,Hive 在处理某些查询时能够利用这个结构。具体而言,连接两个在(包含连接列的)相同列上划分了桶的表,可以使用 Map 端连接(Map - Side Join)高效地实现。比如 Join 操作,进行 Join 操作的两个表有一个相同的列,如果对这两个表都进行了桶操作,那么将保存相同列值的桶进行 Join 操作就可以,可以大大减少 Join 的数据量。

(2) 方便取样。在处理大规模数据集时,在开发和修改查询的阶段,如果能在数据集的一小部分数据上试运行查询,会带来很多方便。

7.1.6 Hive 系统架构

Hive 是基于 Hadoop 的分布式数据仓库,Hive 功能的实现依赖于 HDFS 分布式文件系统和MapReduce 并行计算框架,Hive 系统架构如图 7.1 所示。

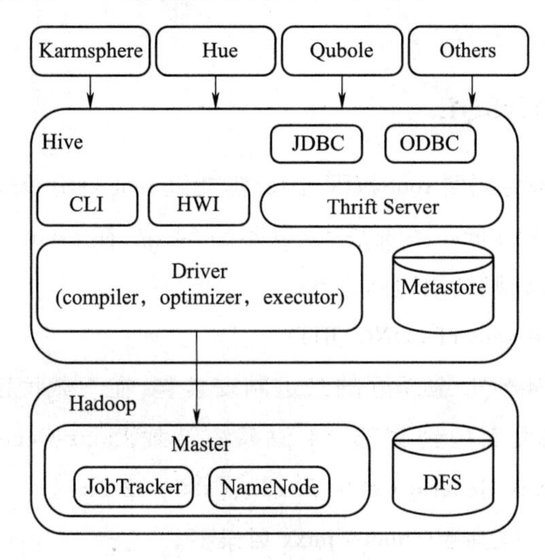

图 7.1 Hive 基本架构

Hive 主要由以下几个部分组成。

(1) 用户接口层。主要负责接收用户输入的指令,并将指令发送到 Hive 引擎进行数据处理。用户接口层主要包括 CLI(命令行接口)、Java 编程接口 JDBC/ODBC 和 Hive 网页界面 HWI。

(2) 元数据存储层。Hive Metastore 是管理和存储元信息的服务,用于存储 Hive 中数据库表的元数据信息。Metastore 可以采用 MySQL 数据库或内置 Derby 数据库存储元数据。

(3) Hive 驱动引擎。主要包括编译器、优化器和执行器,Hive 驱动引擎主要对 HQL 查询语句进行解析、编译、优化以及查询计划的生成,生成的查询计划存储在 HDFS 中,随后由 MapReduce 调用执行。

(4) Hadoop 数据存储及处理平台。在 Hive 架构中,最底层是 Linux 操作系统,操作系统之上是 Hadoop 集群,NameNode 名称节点用来管理整个 Hadoop 集群的工作,DataNode 数据节点用来存储数据,Hive 中的数据最终存储在 Hadoop 中的 DataNode 节点上。JobTracker 任务调度器负责任务的调度,在 Hive 中执行一条 HQL 语句,HQL 语句实际上会被解析成 MapReduce 作业并提交到 Hadoop 集群上运行,最后将结果返回给用户,该过程就是由 JobTracker 负责的。

另外,Hive 构建在 Hadoop 之上,而 Hadoop 是静态批处理系统,所以在作业提交和调度的过程中有大量的开销,通常也会有较高的延迟,因此 Hive 并不适合对低延迟有较高要求的应用。Hive 更适合大数据集的批处理操作,例如网络日志分析。

7.2 Hive 安装部署

Hive 软件安装需要在 Hadoop 已经成功安装的基础上进行,并且要求 Hadoop 已经正常启动。

7.2.1 安装配置 MySQL

安装和配置 MySQL 服务需要 root 权限,因此需要以 root 身份登录。

(1) 下载软件包。查看 Linux 系统是 32 位还是 64 位,在 Linux 终端输入 getconf LONG_BIT 命令,如果是 64 位机器,则结果显示为 64。

```
[root@ master jmxx] # getconf LONG_BIT
```

到 MySQL 官网下载 MySQL 编译好的二进制安装包,在下载页面 Select Platform 栏选择 linux-generic 选项,然后把页面拉到底部,64 位系统下载 Linux-Generic (glibc 2.12) (x86, 64-bit),32 位系统下载 Linux-Generic (glibc 2.12) (x86, 32-bit)。

(2) 将下载好的软件包复制到/home/jmxx 目录下。

(3) 解压安装包。

```
[root@ master jmxx] # tar  -zxvf  mysql-5.7.23-linux-glibc2.12-x86_64.tar.gz
[root@ master jmxx] # mv  mysql-5.7.23-linux-glibc2.12-x86_64  /usr/local/mysql
```

(4) 添加 mysql 组和 mysql 用户。

```
[root@ master~] # groupadd  mysql
[root@ master~] # useradd  -r  -g  mysql  mysql
```

(5) 安装数据库。

① 进入 mysql 安装目录。

```
[root@ master~] # cd  /usr/local/mysql
```

② 修改当前目录拥有者为 mysql 用户。

```
[root@ master mysql] # chown  -R  mysql:mysql  ./
```

③ 安装数据库,会生成 mysql 临时密码,出现“[Note] Atemporary password is generated for root@ localhost:密码”,此处密码为 FzaSCao1pp.V。

```
[root@ master mysql] # bin/mysqld --initialize --user=mysql --basedir=/usr/local/mysql
  --datadir=/usr/local/mysql/data
```

④ 执行以下命令创建 RSA private key。

```
[root@ master mysql] # bin/mysql_ssl_rsa_setup  --datadir=/usr/local/mysql/data
```

（6）修改配置文件。

① 修改 my.cnf。

[root@ master mysql] # gedit /etc/my.cnf

输入以下内容：

```
[ mysqld ]
character_set_server = utf8
init_connect = 'SET NAMES utf8'
basedir = /usr/local/mysql
datadir = /usr/local/mysql/data
socket = /tmp/mysql.sock
lower_case_table_names = 1
log-error = /var/log/mysqld.log
pid-file = /usr/local/mysql/data/mysqld.pid
```

② 添加开机启动。

[root@ master mysql] # cp /usr/local/mysql/support-files/mysql.server /etc/init.d/mysqld

[root@ master mysql] # gedit /etc/init.d/mysqld

添加以下内容：

```
basedir = /usr/local/mysql
datadir = /usr/local/mysql/data
```

（7）启动 mysql。

[root@ master mysql] # service mysqld start

（8）登录修改密码，登录密码为（5）中的临时密码。

[root@ master mysql] # mysql -uroot -p

Enter password：FzaSCao1pp.V

如果出现 command not found，需要添加软连接后再重新登录。

[root@ master mysql] # ln -s /usr/local/mysql/bin/mysql /usr/bin

[root@ master mysql] # mysql -uroot -pFzaSCao1pp.V

登录成功后可修改密码，修改后的密码为 root。

mysql > alter user 'root'@ 'localhost' identified by 'root';

mysql > flush privileges;   # 刷新权限

（9）添加 hive 用户。

mysql > grant all on *.* to hive@ '%' identified by 'jmxx';

mysql > grant all on *.* to hive@ 'localhost' identified by 'jmxx';

mysql > grant all on *.* to hive@ 'master' identified by 'jmxx';

mysql > flush privileges;

(10) 创建数据库。

mysql > create database hive;

(11) 退出。

mysql > quit;

7.2.2 Hive 安装

以下操作均需使用 jmxx 身份进行,并且所有操作都在 Hadoop Master 节点上进行。

(1) 下载软件安装包。从清华大学开源软件镜像站下载 apache-hive-3.1.0-bin.tar.gz。

(2) 解压安装包。将 hive 软件包复制到/home/jmxx/目录下,解压软件包,出现 apache-hive-3.1.0-bin 目录。

[jmxx@master~]$ tar -zxvf apache-hive-3.1.0-bin.tar.gz

将目录名 apache-hive-3.1.0-bin 改为 hive,方便后续使用。

[jmxx@master~]$ mv apache-hive-3.1.0-bin hive

(3) 查看 hive 包含的文件。

[jmxx@master~]$ cd hive

[jmxx@master hive]$ ls -l

目录结构如图 7.2 所示。

```
[jmxx@master hive]$ ls -l
total 220
drwxrwxr-x. 3 jmxx jmxx   4096 Oct 12 18:36 bin
drwxrwxr-x. 2 jmxx jmxx   4096 Oct 12 18:36 binary-package-licenses
drwxrwxr-x. 2 jmxx jmxx   4096 Oct 12 18:36 conf
drwxrwxr-x. 4 jmxx jmxx     32 Oct 12 18:36 examples
drwxrwxr-x. 7 jmxx jmxx     63 Oct 12 18:36 hcatalog
drwxrwxr-x. 2 jmxx jmxx     43 Oct 12 18:36 jdbc
drwxrwxr-x. 4 jmxx jmxx  12288 Oct 12 18:36 lib
-rw-r--r--. 1 jmxx jmxx  20798 May 22 14:08 LICENSE
-rw-r--r--. 1 jmxx jmxx    230 May 22 14:08 NOTICE
-rw-r--r--. 1 jmxx jmxx 167884 Jul 18 16:38 RELEASE_NOTES.txt
drwxrwxr-x. 4 jmxx jmxx     33 Oct 12 18:36 scripts
```

图 7.2　Hive 目录结构

7.2.3 Hive 配置

(1) 配置环境变量。

[jmxx@master hive]$ vim ~/.bashrc

添加以下内容:

export HIVE_HOME = /home/jmxx/hive

export PATH = $HIVE_HOME/bin: $PATH

(2) 创建 HDFS 目录并赋予权限。

```
[jmxx@master~]$ hdfs  dfs  -mkdir  -p  /usr/hive/warehouse
[jmxx@master~]$ hdfs  dfs  -mkdir  -p  /usr/hive/tmp
[jmxx@master~]$ hdfs  dfs  -mkdir  -p  /usr/hive/log
[jmxx@master~]$ hdfs  dfs  -chmod  g+w  /usr/hive/warehouse
[jmxx@master~]$ hdfs  dfs  -chmod  g+w  /usr/hive/tmp
[jmxx@master~]$ hdfs  dfs  -chmod  g+w  /usr/hive/log
```

(3) 配置 hive-env.sh。

```
[jmxx@master ~]$ cd  ~/hive/conf
[jmxx@master conf]$ cp  hive-env.sh.template  hive-env.sh
[jmxx@master conf]$ vim  hive-env.sh
```

添加以下内容:

```
export JAVA_HOME=/usr/java/jdk
export HADOOP_HOME=/home/jmxx/hadoop
export HIVE_HOME=/home/jmxx/hive
export HIVE_CONF_DIR=$HIVE_HOME/conf
export HIVE_AUX_JARS_PATH=$HIVE_HOME/lib/*
```

(4) 配置 hive-site.xml。

```
[jmxx@master conf]$ cp  -r  hive-default.xml.template  hive-site.xml
[jmxx@master conf]$ gedit  hive-site.xml
```

修改后的内容如下:

```
<configuration>
  <property>
    <name>javax.jdo.option.ConnectionURL</name>
    <value>jdbc:mysql://master:3306/hive?characterEncoding=UTF-8</value>
  </property>
  <property>
    <name>javax.jdo.option.ConnectionDriverName</name>
    <value>com.mysql.jdbc.Driver</value>
  </property>
  <property>
    <name>javax.jdo.option.ConnectionUserName</name>
    <value>hive</value>
  </property>
  <property>
```

```
        <name>javax.jdo.option.ConnectionPassword</name>
        <value>jmxx</value>
    </property>
    <property>
        <name>hive.metastore.warehouse.dir</name>
        <value>/user/hive/warehouse</value>
    </property>
    <property>
        <name>hive.exec.scratchdir</name>
        <value>/user/hive/tmp</value>
    </property>
    <property>
        <name>hive.querylog.location</name>
        <value>/user/hive/log</value>
    </property>
    <property>
        <name>hive.server2.thrift.port</name>
        <value>10030</value>
    </property>
    <property>
        <name>hive.server2.thrift.bind.host</name>
        <value>master</value>
    </property>
</configuration>
```

配置选项说明如下。

① javax.jdo.option.Connection.URL 属性用于指定 JDBC 连接字符串。

② javax.jdo.option.Connection.DriverName 属性用于指定 JDBC 驱动类名。

③ javax.jdo.option.Connection.UserName 属性用于指定用户名。

④ javax.jdo.option.Connection.Password 属性用于指定密码。

（5）将 MySQL Java 驱动 jar 包 mysql-connector-java-5.1.40-bin.jar 复制到依赖库中，该驱动 jar 包需要自己在网上下载。

```
[jmxx@master~]$ tar  -zxvf  mysql-connector-java-5.1.40.tar.gz
[jmxx@master~]$ cp  mysql-connector-java-5.1.40/mysql-connector-java-5.1.40-bin.jar ~/hive/lib/
```

（6）使用 schematool 初始化 mysql 数据库。

[jmxx@ master~] $ schematool -dbType mysql -initSchema

（7）启动 hive。

[jmxx@ master conf] $ hive

7.3 Hive 基本操作

CLI 即 Shell 命令行，是 Hive 提供的用户接口之一。用户可以通过 HiveQL 语言，实现对 Hive 的数据操作。目前 Hive 中的数据管理操作主要分为三类：DDL 数据定义语句、DML 数据操作语句和 QUERY 数据查询语句。DDL 数据定义语句主要包含 CREATE、ALTER、SHOW、DESCRIBE、DROP 等命令，DML 数据操作语句主要包含 LOAD DATA、INSERT 等命令，QUERY 数据查询语句则主要是指 SELECT 命令。

JDBC 也是 Hive 与用户交互的接口，是一种用来执行 HiveQL 语句的 Java API。

7.3.1 DDL 操作

1. 数据库操作

（1）查看数据库。查看数据库的语法格式如下：

SHOW (DATABASES|SCHEMAS) [LIKE 'identifier_with_wildcards'];

使用 LIKE 子句可以使用正则表达式匹配数据库名，不过只允许使用“*”（表示任意长度字符串）和“|”（表示或者）两个符号。

示例：查看当前拥有的数据库。

hive > show databases;

（2）创建数据库。创建数据库或模式的语法格式如下：

```
CREATE (DATABASE|SCHEMA) [ IF NOT EXISTS ] database_name
  [ COMMENT database_comment ]
  [ LOCATION hdfs_path ]
  [ WITH DBPROPERTIES (property_name = property_value, …) ];
```

参数说明如下。

① DATABASE|SCHEMA：要创建的数据库或模式名。

② IF NOT EXISTS：目标不存在时才创建。

③ COMMENT：注释说明。

④ LOCATION：创建数据库的位置，默认位置由配置参数 hive. metastore. warehouse. dir 指定。

⑤ WITH DBPROPERTIES：为数据库提供描述信息。

示例:创建数据库 test、test1。

hive > create database test;

hive > create database test1;

查看为新建的两个数据库创建的目录。

hive > dfs -ls /user/hive/warehouse

Found 2 items

drwxrwxrwx - jmxx supergroup 0 2019-3-15 16:51 /user/hive/warehouse/test.db

drwxrwxrwx - jmxx supergroup 0 2019-3-15 16:51 /user/hive/warehouse/test1.db

结果显示/user/hive/warehouse 目录下新创建了两个子目录,分别是 test.db 和 test1.db。

(3) 删除数据库。删除数据库的命令格式如下:

DROP (DATABASE|SCHEMA) [IF EXISTS] database_name [RESTRICT|CASCADE];

若数据库不为空,使用 RESTRICT 选项删除数据库时将报错。若同时删除数据库及其数据库对象,应使用 CASCADE 选项。数据库被删除后,对应的目录也将被删除。

示例:删除数据库 test1。

hive > drop database test1;

(4) 修改数据库。修改数据库的命令格式如下:

ALTER (DATABASE|SCHEMA) database_name SET DBPROPERTIES
(property_name = property_value, …);

修改数据库 DBPROPERTIES 中 key - value 描述信息。

ALTER (DATABASE|SCHEMA) database_name SET OWNER [USER|ROLE] user_or_role ;

修改数据库所属用户或角色。

ALTER (DATABASE|SCHEMA) database_name SET LOCATION hdfs_path;

SET LOCATION 语句不会将数据库当前目录的内容移动到新指定的位置。它不会改变与指定数据库下的任何表/分区相关联的位置,只更改默认的父目录,在该数据库添加新表时生效。

示例:

hive > ALTER DATABASE test SET DBPROPERTIES ('owner' = 'alt') ;

使用 DESCRIBE DATABASE EXTENDED 查看修改效果:

Hive > DESC DATABASE EXTENDED test;

test hdfs://master:9000/user/hive/warehouse/test.db jmxx USER {owner = alt}

(5) 切换当前工作数据库。USE 命令用于将某个数据库设置为用户当前工作数据库,命令格式如下:

USE database_name;

2. 表操作

(1) 列表。该命令语法格式如下:

SHOW TABLES [IN database_name] ['identifier_with_wildcards'];

正则表达式可以用于表名匹配,只允许使用“*”(表示任意长度字符串)和“|”(表示或者)两个符号。

(2) 显示表信息。显示表信息的命令语法格式如下:

DESCRIBE [EXTENDED|FORMATTED] [db_name.] table_name;

EXTENDED 选项显示详细信息,FORMATTED 选项以表格的格式显示信息,更容易阅读。

(3) 创建表。创建表的命令语法格式有两种。

格式一:

```
CREATE [ TEMPORARY ] [ EXTERNAL ]TABLE [ IF NOT EXISTS ] [ db_name. ] table_name
    [ (col_name data_type [ COMMENT col_comment ] , … [ constraint_specification ] ) ]
    [ COMMENT table_comment ]
    [ PARTITIONED BY (col_name data_type [ COMMENT col_comment ] , …) ]
    [ CLUSTERED BY (col_name, col_name, …) [ SORTED BY (col_name [ ASC|DE-
SC ] , …) ] INTO num_buckets BUCKETS ]
    [ ROW FORMAT row_format ]
    [ STORED AS file_format ]
    [ LOCATION hdfs_path ]
    [ TBLPROPERTIES (property_name = property_value, …) ]
    [ AS select_statement ];
```

参数说明如下。

① PARTITIONED BY:指定分区列。

② CLUSTERED BY:根据列之间的相关性,将指定若干列聚类到相同的桶中。SORTED BY 可以对表内容某一列进行升序(ASC)或降序(DESC)排序。

③ ROW FORMAT:可以进一步分为以下形式:

```
DELIMITED [ FIELDS TERMINATED BY char
          [ ESCAPED BY char ] ] [ COLLECTION ITEMS TERMINATED BY char ]
          [ MAP KEYS TERMINATED BY char ] [ LINES TERMINATED BY char ]
          [ NULL DEFINED AS char ]
```

FIELDS TERMINATED BY 指定字段之间的分隔符,默认为'^A',即 Ctrl + A; ESCAPED BY 指定分隔符的转义,如果数据包含分隔符则必须启用转义; COLLECTION ITEMS TERMINATED BY 是指复合数据类型数据项间的分隔符,默认为'^B',即 Ctrl + B; MAP KEYS TERMINATED BY 指定 MAP 类型 key 与 value 之间的分隔符,默认为' ^C' 即 Ctrl + C; NULL DEFINED 用于指定 NULL 格式,默认为' \N'; LINES TERMINATED BY 指定记录分隔符,默认为换行符 ' \n'。

④ STORED AS:指定表数据在 HDFS 上的存储格式,默认为 TEXTFILE,包括 SEQUENCEFILE、RCFILE、ORC 和 AVRO 等格式。

⑤ LOCATION:指定存储位置,默认为当前数据库。

⑥ TBLPROPERTIES:指定表的属性。

格式二:

```
CREATE [ TEMPORARY ] [ EXTERNAL ] TABLE [ IF NOT EXISTS ] [ db_name. ] table_name
  LIKE existing_table_or_view_name
  [ LOCATION hdfs_path ];
```

示例:创建 emp 雇员表。

```
create table emp(
    empno   string,
    ename   string,
    deptno  string,
    mgr     string,
    salary  int
) row format delimited fields terminated by ',';
```

示例:创建 demo 表,结构与 emp 表相同。

```
hive > create table demo like emp;
```

(4) 删除表。删除表可以将表的元数据和存储数据一并删除,命令语法格式如下:

```
DROP TABLE [ IF EXISTS ] table_name [ PURGE ];
```

(5) 截断表。删除表中所有的行,命令语法格式如下:

```
TRUNCATE TABLE table_name [ PARTITION partition_spec ];
```

若指定分区,则删除分区内的所有行,否则删除表的所有行。

(6) 修改表。

① 修改表名,命令语法格式如下:

```
ALTER TABLE table_name RENAME TO new_table_name;
```

② 修改约束。创建主键约束,命令语法格式如下:

```
ALTER TABLE table_name ADD CONSTRAINT constraint_name
```

PRIMARY KEY (column, …) DISABLE NOVALIDATE;

创建外键约束,命令语法格式如下:

ALTER TABLE table_name ADD CONSTRAINT constraint_name FOREIGN KEY (column, …) REFERENCES table_name(column, …) DISABLE NOVALIDATE RELY;

删除约束,命令语法格式如下:

ALTER TABLE table_name DROP CONSTRAINT constraint_name;

③ 修改列,命令语法格式如下:

```
ALTER TABLE table_name [ PARTITION partition_spec ]
        CHANGE [ COLUMN ]col_old_name col_new_name column_type
    [ COMMENT col_comment ] [ FIRST|AFTER column_name ] [ CASCADE|RESTRICT ];
```

示例:

```
hive > create table test( a int,b int,c int) ;
//将列 a 的名字修改为 a1
hive > alter table test change a a1 int;
```

//将列 a1 的名字修改为 a2, 类型为 string, 放在列 b 的后面,新的表结构为 b int, a2 string, c int

```
hive > alter table test change a1 a2 string after b;
//为列 a2 增加说明
hive > alter table test change a2 a2 string comment  'this is column a2';
```

④ 增加或替换列,命令语法格式如下:

```
ALTER TABLE table_name
  [ PARTITION partition_spec ]
  ADD|REPLACE COLUMNS ( col_name data_type [ COMMENT col_comment ] , …)
  [ CASCADE|RESTRICT ]
```

示例:增加列 d,类型为 timestamp。

```
hive > alter table test add columns ( d timestamp);
```

示例:替换列。

```
hive > alter table test replace columns( f int,g string) ;
```

命令执行后,test 表中只包含 f、g 列,使用 desc test 命令查看替换后的结果。

```
hive > desc test;
OK
f                    int
g                    string
Time taken: 0.076 seconds, Fetched: 2 row(s)
```

7.3.2 DML 操作

1. **加载数据** Load

Load 可以将文件中的数据加载到表中,其命令格式如下:

LOAD DATA [LOCAL]INPATH 'filepath' [OVERWRITE]INTO TABLE tablename

[PARTITION (partcol1 = val1, partcol2 = val2 …)]

说明:

(1) filepath。可以是相对路径,例如,project/data1。可以是绝对路径,例如,/user/hive/project/data1。也可以是完整的 URI,例如,hdfs://namenode:9000/user/hive/project/data1。

(2) LOCAL。如果使用 LOCAL 关键字,将从本地文件系统查找 filepath。如果 filepath 使用相对路径,会从用户的当前目录开始查找。也可以使用完整的 URI 的形式,例如,file:///home/jmxx/data。

(3) OVERWRITE。若使用 OVERWRITE 关键字,表或分区中的数据将被删除,并由 filepath 指定的文件内容所替换。如果未使用 OVERWRITE 关键字,filepath 指定的文件内容将增加到表或分区中。

2. **插入数据** Insert

(1) SQL 语句插入。使用类似标准 SQL 语句的形式插入数据,格式如下:

INSERT INTO TABLE tablename [PARTITION (partcol1 [= val1] , partcol2 [= val2]…)]

VALUES values_row [, values_row …]

示例:

hive > insert into emp (empno, ename, deptno, salary)

values ('5000','Smith','10',3000), ('4000','Jone','20',3500);

(2) 将子查询的结果插入。

① 可以将子查询返回的数据插入到表中,其标准命令格式如下:

INSERT OVERWRITE TABLE tablename1 [PARTITION (partcol1 = val1, partcol2 = val2 …) [IF NOT EXISTS]] select_statement1 FROM from_statement;

INSERT INTO TABLE tablename1 [PARTITION (partcol1 = val1, partcol2 = val2 …)] select_statement1 FROM from_statement;

示例:

hive > create table demo like emp;

hive > insert into demo select * from emp;

② Hive 扩展命令支持多表插入,把 FROM 子句放在最前面,其命令格式如下:

FROM from_statement

INSERT OVERWRITE TABLE tablename1 [PARTITION (partcol1 = val1, partcol2 = val2 …)

[IF NOT EXISTS]] select_statement1

[INSERT OVERWRITE TABLE tablename2 [PARTITION … [IF NOT EXISTS]] select_statement2]

[INSERT INTO TABLE tablename2 [PARTITION …] select_statement2]…,

或

FROM from_statement

INSERT INTO TABLE tablename1 [PARTITION (partcol1 = val1, partcol2 = val2 …)] select_statement1

[INSERT INTO TABLE tablename2 [PARTITION …] select_statement2]

[INSERT OVERWRITE TABLE tablename2 [PARTITION … [IF NOT EXISTS]] select_statement2]…;

3. 将表数据写入文件系统

可以将 Hive 表中的数据导出到文件系统,可以是本地文件系统或 HDFS,其命令格式如下:

```
INSERT OVERWRITE [ LOCAL ]DIRECTORY directory1
[ ROW FORMAT row_format ] [ STORED AS file_format ]
SELECT …FROM …
```

示例:

```
hive > insert  overwrite  local  directory  'emp'
row format delimited fields terminated by  '\t'  select * from emp
```

查看结果:

```
[ jmxx@ master emp] $ cd ~/emp
[ jmxx@ master emp] $ ls
000000_0
[ jmxx@ master emp] $ cat 000000_0
5000  Smith  10  \N  3000
4000  Jone   20  \N  3500
```

4. 导出导入

导出命令 EXPORT 将表或分区的数据连同元数据一同导出到指定的输出位置。然后可以将输出位置移到不同的 Hadoop 或 Hive 实例,并使用 IMPORT 命令导入数据。

导出命令 EXPORT 的格式如下:

```
EXPORT TABLE tablename [ PARTITION ( part_column = "value" [ , … ] ) ]
  TO 'export_target_path' [  FOR replication( 'eventid')  ]
```

导入命令 IMPORT 的格式如下:

```
IMPORT [ [ EXTERNAL ]TABLE new_or_original_tablename
    [ PARTITION ( part_column = "value" [ , … ] ) ] ]  FROM 'source_path'
    [ LOCATION 'import_target_path' ]
```

示例:简单的导出。

```
hive > export table emp to '/exportdir/emp';
```

查看导出目录,包含存放元数据的文件/_metadata 和存放表数据的 data 目录。

```
hive > dfs -ls /exportdir/emp
Found 2 items
-rwxr-xr-x   1 jmxx supergroup        1563 2019-03-05 10:04 /exportdir/emp/_metadata
drwxr-xr-x   - jmxx supergroup           0 2019-03-05 10:04 /exportdir/emp/data
```

示例:导入时改变表名。

```
hive > import table emp1 from '/exportdir/emp';
```

7.3.3 HQL 基本查询

Hive 查询语句的格式如下:

```
SELECT [ ALL|DISTINCT ] select_expr, select_expr, …
  FROM table_reference
  [ WHERE where_condition ]
  [ GROUP BY col_list ]
  [ ORDER BY col_list ]
  [ CLUSTER BY col_list
    |[ DISTRIBUTE BY col_list ] [ SORT BY col_list ]
  ]
 [ LIMIT [ offset, ]rows ]
```

参数说明如下。

(1) ALL|DISTINCT:ALL 是默认形式; DISTINCT 用于消除取值重复的行。

(2) 返回的列名可以使用 Java 支持的正则表达式,但需将 hive-site.xml 配置文件中 hive.support.quoted.identifiers 属性设置为 none。

示例: 查询名字以 e 开始的列。

```
hive > select 'e.*' from emp;
```

示例: 查询名字不是 mgr 和 ename 的列。

```
hive > select '(mgr|ename)?+.+' from emp;
```

(3) FROM:指定所要查询的数据库表,可以是多个表,多个表之间用“,”分隔。

(4) WHERE:指定查询条件。

(5) GROUP BY:根据表中的字段或处理后的字段对表数据进行分组处理。

(6) ORDER BY:对查询结果进行全局排序,升序(ASC,默认)或降序(DESC)。

(7) DISTRIBUTE BY:保证具有相同的 Key 记录分配到同一个 Reducer 上。

(8) SORT BY:对数据进行局部排序。

(9) CLUSTER BY:除了具有 DISTRIBUTE BY 的功能外,还会对指定列进行排序,如果 DISTRIBUTE BY 的 SORT BY 中涉及的字段完全相同,并且都进行升序排序,CLUSTER BY 就相当于(7)(8)两条语句。

数据准备(本节使用的数据库表分别是 student、course、sc):

(1) 创建并使用数据库 education。

```
hive >create database education;
hive >use education;
```

(2) 创建 student 表,表中数据以“,”隔开。

```
hive >create table student(sno string,sname string,ssex string,sage int,sdept string) row format delimited fields terminated by ',';
```

(3) 新建本地文件 student.txt,并输入内容。

```
[jmxx@ master~] $ gedit student.txt
```

内容如下:

```
15001,李勇,男,20,CS
15002,刘晨,女,19,CS
15003,王敏,女,18,MA
15004,张立,男,18,IS
```

(4) 向 student 表中载入 student.txt 文件中的数据,并显示。

```
hive >load data local inpath '/home/jmxx/data/student.txt' overwrite into table student;
hive >select * from student;
```

(5) 创建 course 表。

```
hive >create table course(cno string,cname string,cpno string,ccredit int) row format delimited fields terminated by ',';
```

(6) 本地新建文件 course.txt,并输入内容。

```
[jmxx@ master~] $ gedit course.txt
```

内容如下:

```
1,数据库,5,4
2,数学,,2
3,信息系统,1,4
4,操作系统,6,3
```

5,数据结构,7,4

6,数据处理,,2

7,C 语言,6,4

(7) 向 course 表中载入 course.txt 文件中的数据。

hive > load data local inpath '/home/jmxx/data/course.txt' overwrite into table course;

(8) 创建 sc 表。

hive > create table sc(sno string, cno string, grade int) row format delimited fields terminated by ',';

(9) 创建本地文件 sc.txt,并输入内容。

$ gedit sc.txt

内容如下:

15001,1,92

15001,2,85

15001,3,88

15002,2,90

15002,3,80

15003,1,76

(10) 向 sc 表中载入 sc.txt 文件中的数据。

hive > load data local inpath '/home/jmxx/data/sc.txt' overwrite into table sc;

1. SELECT…FROM 语句

(1) 查询 student 表中所有数据:

hive > select * from student;

(2) 查询 student 表中的学生学号和姓名:

hive > select sno, sname from student;

(3) LIMIT 查询前几行值:

hive > select sno, sname from student limit 2;

对于查询操作,可能在大多数情况下会触发 MapReduce 任务,查询速度也随之变慢。Hive 中对某些情况的查询可以避免使用 MapReduce,也就是所谓的本地模式。

① select * from student; 这种情况下可以直接读取数据库表 student 对应的存储目录下的文件,然后输出格式化后的内容到控制台。

② WHERE 语句中过滤条件只是分区字段(无论是否使用 LIMIT 语句),也不会触发 MapReduce 任务。

③ 属性 hive.exec.model.local.auto 的值设置为 true。

2. WHERE 语句

WHERE 语句用于过滤查询条件，结合 SELECT 语句，可以更加准确地找到符合条件的记录。WHERE 语句也可以使用谓词表达式。

（1）简单的查询语句：

hive > select * from student where sno = '15001';

（2）LIKE 查询。

格式：

select…from table where A like B

LIKE 后跟 SQL 下的简单的正则表达式，B 的表达式说明如下：'x%'表示 A 必须以字母'x'开头，'%x'表示 A 必须以字母'x'结尾，'%x%'表示 A 必须包含字母'x'。

hive > select * from sc where sno like '%1';

OK

15001 1 92

15001 2 85

15001 3 88

Time taken: 0.34 seconds, Fetched: 3 row(s)

（3）RLIKE 查询。RLIKE 是 Hive 中 LIKE 功能的扩展，可以通过 Java 的正则表达式来指定匹配条件。

hive > select sname, sno from student where sno rlike '.*(001|002)';

OK

李勇 15001

刘晨 15002

Time taken: 0.358 seconds, Fetched: 2 row(s)

RLIKE 后的字符串表达的含义如下：'.'表示和任意的字符串匹配，'*'表示重复左边的字符串 0 到无数次。'x|y'表示和 x 或者 y 匹配。

3. GROUP BY 语句

GROUP BY 语句通常和聚类函数一起使用，按照一个或者多个列对结果进行分组，然后对每个组执行聚合操作。GROUP BY 后面跟的字段必须是表中的字段或者是经过处理的字段。带有 GROUP BY 的 SELECT 查询语句，SELECT 后查询的字段必须是 GROUP BY 指定的分组字段。在 GROUP BY 语句中通常配合 HAVING 语句，HAVING 子句对产生的分组进行条件过滤。

GROUP BY 语句查询的语法规则如下：

SELECT [ALL|DISTINCT]SELECT_expr, SELECT_expr, …

FROM table

```
[ WHERE WHERE_condition ]
[ GROUP BY col_list ]
[ HAVING col_list ]
[ ORDER BY col_list ]
```

查询每个学生的学号、选课数量和选课成绩的平均值。

```
hive > select sno,count( * ),avg(grade) from sc group by sno;
```

结果:

```
15001   3   88.33333333333333
15002   2   85.0
15003   1   76.0
```

4. JOIN 语句

Hive 支持通常的 SQL JOIN 语句,但是只支持等值连接。Hive 中的连接包括内连接、外连接(左外连接、右外连接、全外连接)、半连接、Map 连接。

(1) INNER JOIN(内连接)。当进行连接的两个表中都存在与连接标准匹配的数据时,才可进行内连接。ON 子句用来指定两个表进行连接的条件。

```
hive > select a.sno,a.sname,b.cno,b.grade from student a join sc b on a.sno = b.sno;
```

结果:

```
15001   李勇 1   92
15001   李勇 2   85
15001   李勇 3   88
15002   刘晨 2   90
15002   刘晨 3   80
15003   王敏 1   76
```

(2) LEFT OUTER JOIN(左外连接)。在左外连接中,JOIN 操作符左边表中符合 WHERE 子句的所有记录将会被返回。JOIN 操作符右边表中如果没有符合 ON 后面连接条件的记录时,那么右边表指定选择的列的值将会是 NULL。

第一条:

```
hive > select a. * ,b. * from student a left outer join sc b on a.sno = b.sno;
```

结果:

```
15001   李勇 男   20   CS   15001   1   92
15001   李勇 男   20   CS   15001   2   85
15001   李勇 男   20   CS   15001   3   88
15002   刘晨 女   19   CS   15002   2   90
15002   刘晨 女   19   CS   15002   3   80
```

15003　王敏 女　18　MA　15003　1　76

15004　张立 男　18　IS　NULL　NULL　NULL

第二条：

hive > select a. * ,b. * from student a left outer join sc b on a.sno = b.sno where b.grade > 82;

结果：(在第一条结果中过滤 b.grade > 82)

15001　李勇 男　20　CS　15001　1　92

15001　李勇 男　20　CS　15001　2　85

15001　李勇 男　20　CS　15001　3　88

15002　刘晨 女　19　CS　15002　2　90

第三条：

hive > select a. * ,b. * from student a left outer join sc b on a.sno = b.sno and b.grade > 82;

结果：

15001　李勇 男　20　CS　15001　1　92

15001　李勇 男　20　CS　15001　2　85

15001　李勇 男　20　CS　15001　3　88

15002　刘晨 女　19　CS　15002　2　90

15003　王敏 女　18　MA　NULL　NULL　NULL

15004　张立 男　18　IS　NULL　NULL　NULL

查找没有选课的学生信息：

hive > select a. * from student a left outer join sc b on a.sno = b.sno where b.sno is null;

结果：

15004　张立 男　18　IS

在标准 SQL 中可以使用 select * from student where sno not in (select sno from sc)，但 Hive 不支持 in 和 exists 子句，因此采用左外连接加过滤条件的形式来实现。

(3) LEFT SEMI-JOIN(左半连接)。左半连接会返回左边表的记录，前提是其记录对于右边表满足 ON 语句中的判定条件。使用左半连接的限制是右侧表只能在 ON 子句中设置过滤条件。

hive > SELECT a.key, a.val FROM a LEFT SEMI JOIN b ON a.key = b.key;

(4) MAP-SIDE JOIN(map 端连接)。如果参与连接的表中只有一张表是小表，那么可以在最大的表通过 Mapper 时将小表存放到内存中。Hive 可以在 map 端执行连接过程(称为 map-side JOIN)，在该过程中与内存中的小表进行逐一匹配，从而省略掉常规连接操作所需要的 reduce 过程。从 Hive0.7 版本开始，使用 map 端连接时需要设置属性 hive.auto.convert.join 的值为 true。

hive > set hive. auto. convert. join = true;

hive > SELECT a. key, a. val FROM a JOIN b ON (a. key = b. key);

另外，用户也可以修改属性 hive. mapjoin. smalltable. filesize，配置能够使用这个优化的小表的大小。需要注意的是，Hive 对于右外连接和全外连接不支持这个优化。

5. ORDER BY 和 SORT BY

Hive 中的 ORDER BY 语句可以对查询结果进行全局排序,所有的数据都通过一个 Reduce 进行排序,当数据集较大时,执行时间会比较长。因此 Hive 中添加了 SORT BY 功能,对每个 Reduce 中的数据进行局部排序,不保证全局有序。两种语法的共同点是,都可以在字段后面加 ASC(升序,默认)或 DESC(降序)关键字进行排序。

使用 order by 将 student 表中的学生信息按年龄降序排序:

hive > select * from student order by sage desc;

也可将查询结果保存到本地:

[jmxx@ master bin] $ hive -e " use education; select * from student order by sage desc" > /home/jmxx/data/test.txt

查看/data/test.txt 文件,查询结果如下:

15001 李勇 男 20 CS

15002 刘晨 女 19 CS

15004 张立 男 18 IS

15003 王敏 女 18 MA

6. 含有 SORT BY 的 DISTRIBUTE BY

DISTRIBUTE BY 语句可以控制 Map 的某个输出应该到哪个 Reducer 中,MapReduce job 中传输的数据都是键值对,因此 Hive 中的查询语句转换成 MapReduce job 需要在内部使用该功能。当使用 SORT BY 语句时,不同的 Reducer 的数据内容虽然有序,但也会有重叠。DISTRIBUTE BY 和 GROUP BY 控制 Reducer 接收一行行数据进行处理的方式,SORT BY 则控制 Reducer 内数据的排序规则。Hive 要求 DISTRIBUTE BY 语句要写在 SORT BY 语句之前。

[jmxx@ master bin] $ hive -e " use education; select * from student distribute by sage sort by sage asc, sno asc;" > /home/jmxx/data/test1.txt

查看/data/test1.txt 文件,查询结果如下:

15003 王敏 女 18 MA

15004 张立 男 18 IS

15002 刘晨 女 19 CS

15001 李勇 男 20 CS

7. CLUSTER BY

如果在 DISTRIBUTE BY 语句中和 SORT BY 语句中涉及的列完全相同,而且采用的是升序排序,那么 CLUSTER BY 就等价于前面的两个语句。

[jmxx@ master bin] $ hive -e " use education; select * from student cluster by sage;" >/home/jmxx/data/test2.txt

查看/data/test2.txt 文件,查询结果如下:

15004 张立 男 18 IS

15003 王敏 女 18 MA

15002 刘晨 女 19 CS

15001 李勇 男 20 CS

7.3.4 Hive 内置函数

Hive 内置的函数主要分为三类:标准函数、聚合函数和表生成函数。

(1) 标准函数:Hive 内置函数中的大部分都属于标准函数如表 7.7 所示。在标准函数中,一行的一列或多列作为参数传入,返回值为一个值,例如,sqrt( ) 函数。

表 7.7 Hive 内置数学函数

函数	描述	返回值类型
round(DOUBLE d)	输入 DOUBLE 类型的 d,返回 BIGINT 类型近似值	BIGINT
round(DOUBLE d,INT n)	输入 DOUBLE 类型的 d,返回保留 n 位小数的 DOUBLE 类型近似值	DOUBLE
floor(DOUBLE d)	输入 DOUBLE 类型的 d,返回 < = d 的最大 BIGINT 类型值	BIGINT
ceil(DOUBLE d) ceiling(DOUBLE d)	输入 DOUBLE 类型的 d,返回 > = d 的最小 BIGINT 类型值	BIGINT
rand( ) rand(INT seed)	每行返回一个 DOUBLE 类型随机数,整数 seed 是随机因子	DOUBLE
exp(DOUBLE d)	输入 DOUBLE 类型的 d,返回 DOUBLE 类型的 e 的 d 次幂	DOUBLE
ln(DOUBLE d)	返回 DOUBLE 类型的以自然数为底 d 的对数	DOUBLE
ln10(DOUBLE d)	返回 DOUBLE 类型的以 10 为底 d 的对数	DOUBLE
ln2(DOUBLE d)	返回 DOUBLE 类型的以 2 为底 d 的对数	DOUBLE
log(DOUBLE base,DOUBLE d)	返回 DOUBLE 类型的以 base 为底 d 的对数,其中 base 和 d 都是 DOUBLE 类型	DOUBLE
sqrt(DOUBLE d)	返回 d 的平方根,其中 d 是 DOUBLE 类型	DOUBLE
bin(DOUBLE i)	返回二进制值 i 的 STRING 类型,其中 i 是 BIGINT 类型	STRING
pow (DOUBLE d, DOUBLE p) power(DOUBLE d,DOUBLE p)	返回 d 的 p 次幂,其中 d 和 p 都是 DOUBLE 类型	DOUBLE
hex(BIGINT i)	返回十六进制 i 的 STRING 类型值	STRING

续表

函数	描述	返回值类型
hex(STRING str)	返回十六进制表达的值 str 的 STRING 类型值	STRING
hex(BINARY b)	返回二进制表达的值 b 的 STRING 类型值(Hive 0.12.0 新增)	STRING
unhex(STRING i)	hex(STRING str)的逆方法	STRING
conv(BIGINT num, INT form_base,INT to_base)	将 BIGINT 类型的 num 从 from_base 进制转换成 to_base 进制,并返回 STRING 类型结果	STRING
conv(STRING num, INT form_base,INT to_base)	将 STRING 类型的 num 从 from_base 进制转换成 to_base 进制,并返回 STRING 类型结果	STRING
abs(DOUBLE b)	计算 d 的绝对值	DOUBLE
pmod(INT i1,INT i2)	i1 对 i2 取模,均为 INT 类型	INT
pmod(DOUBLE d1,DOUBLE d2)	d1 对 d2 取模,均为 DOUBLE 类型	DOUBLE
sin(DOUBLE d)	d 的正弦值	DOUBLE
asin(DOUBLE d)	d 的反正弦值	DOUBLE
cos(DOUBLE d)	d 的余弦值	DOUBLE
acos(DOUBLE d)	d 的反余弦值	DOUBLE
tan(DOUBLE d)	d 的正切值	DOUBLE
atan(DOUBLE d)	d 的反正切值	DOUBLE
degrees(DOUBLE d)	将 DOUBLE 类型弧度值 d 转换为角度值	DOUBLE
radians(DOUBLE d)	将 DOUBLE 类型角度值 d 转换为弧度值	DOUBLE
positive(INT i)	返回 INT 类型值 i	INT
positive(DOUBLE d)	返回 DOUBLE 类型值 d	DOUBLE
negative(INT i)	返回 INT 类型值 i 的负数	INT
negative(DOUBLE d)	返回 DOUBLE 类型值 d 的负数	DOUBLE
sign(DOUBLE d)	如果 d 为正数,则返回 FLOAT 类型值 1.0;为负数则返回 -1.0;否则返回 0.0	FLOAT
e()	数学常数 e,即超越数	DOUBLE
pi()	数学常数 pi,即圆周率	DOUBLE

(2)聚合函数:聚合参数中,0 行到多行的 0 列到多列作为参数传入,返回单一值,聚合函数通常和 GROUP BY 子句使用,例如,sum(col)、avg(col)函数,表 7.8 主要介绍常用的几种聚合函数。

表 7.8 Hive 内置的聚合函数

函数	描述	返回值类型
count(*) count(expr) count(DISTINCT expr [,EXPR_.])	count(*)返回检索到的行总数,包括含有 NULL 值的行 count(expr)返回 expr 表达式不是 NULL 的行的数量 count(DISTINCT expr [, expr])返回 expr 去重后非 NULL 的行的数量	BIGINT
sum(col) sum(DISTINCT col)	sum(col)对组内某列求和(包含重复值) sum(DISTINCT col)对组内某列求和(不包含重复值)	DOUBLE
avg(col), avg(DISTINCT col)	对组内某列元素求平均值(包含重复值或不包含重复值)	DOUBLE
min(col) max(col)	计算指定列的最小值或最大值	DOUBLE
variance(col),var_pop(col)	返回集合 col 中一组数值的方差	DOUBLE
var_samp(col)	返回集合 col 中一组数值的样本方差	DOUBLE
stddev_pop(col)	返回集合 col 中一组数值的标准偏差	DOUBLE
stddev_samp(col)	返回集合 col 中一组数值的标准样本偏差	DOUBLE
covar_pop(col1, col2)	返回集合 col 中一组数值的协方差	DOUBLE
covar_samp(col1, col2)	返回集合 col 中一组数值的样本协方差	DOUBLE
corr(col1, col2)	返回两组数值的相关系数	DOUBLE
collect_set(col)	返回集合 col 元素去重后的数组	ARRAY

(3) 表生成函数:在该函数中,参数为 0 个或多个输入,产生多列或多行输出,例如,explode(Array a)函数,如表 7.9 所示。

表 7.9 Hive 内置的表生成函数

函数	描述	返回值类型
explode(ARRAY array)	返回 0 到多行结果,每行都对应 array 数组中的一个元素	N 行结果
explode(MAP map)	返回 0 到多行结果,每行对应每个 map 键值对,一列为 map 的键,另一列是 map 的值(Hive 0.8.0 新增)	N 行结果
explode(ARRAY < TYPE > a)	对于 a 中的每个元素,explode( )会生成一行记录且包含这个元素	数组类型

续表

函数	描述	返回值类型
inline(Array <STRUCT [,STRUCT] >)	将结构体数组提取出来并插入表中(Hive 0.10.0新增)	结果插入表中
stack(INT n,col1,…,colm)	把 m 列转换成 n 行,每行有 m/n 个字段。其中,n 必须是常数	N 行结果

7.4 Hive 编程

7.4.1 Hive JDBC 编程

Hive JDBC 的开发步骤如下。

(1) 修改配置文件,启动远程服务。启动 Hive 远程服务,需要修改/home/jmxx/hadoop/etc/hadoop/core-site.xml,添加超级代理。因为 Hadoop 引入安全伪装机制,使得 Hadoop 不允许上层系统直接将实际用户传递到 Hadoop 层,而是将实际用户传递给一个超级代理,由此代理在 Hadoop 上执行操作,避免任意客户端随意操作 Hadoop。

增加内容如下。

```
<property>
    <name>hadoop.proxyuser.jmxx.hosts</name>
    <value> * </value>
</property>
<property>
    <name>hadoop.proxyuser.jmxx.groups</name>
    <value> * </value>
</property>
```

另外 Hive 远程服务端口号默认 10000,该部分设置为 10030。启动远程服务的命令如下:

```
[jmxx@master ~]$ ~/hive/bin/hive --service hiveserver2
```

注意:Java、Python 等程序实现通过 JDBC 接口访问 Hive 采用该方式。

(2) 使用 Eclipse,新建 MapReduce 项目。右击项目,选择 Build Path→Configure Build Path 命令,单击 Add External JARs 按钮,将 hive/lib 下所有的包导入,如图 7.3 所示。

(3) 如果 Eclipse 没有安装 MapReduce 插件,那么可以新建 Java Project,将 hive/lib 下所有的包导入外,还需将 hadoop/目录下的三个 jar 包导入,这三个 jar 包分别如下。

hadoop/share/hadoop/common/hadoop-common-2.9.0.jar

hadoop/share/hadoop/common/lib/commons-cli-1.2.jar

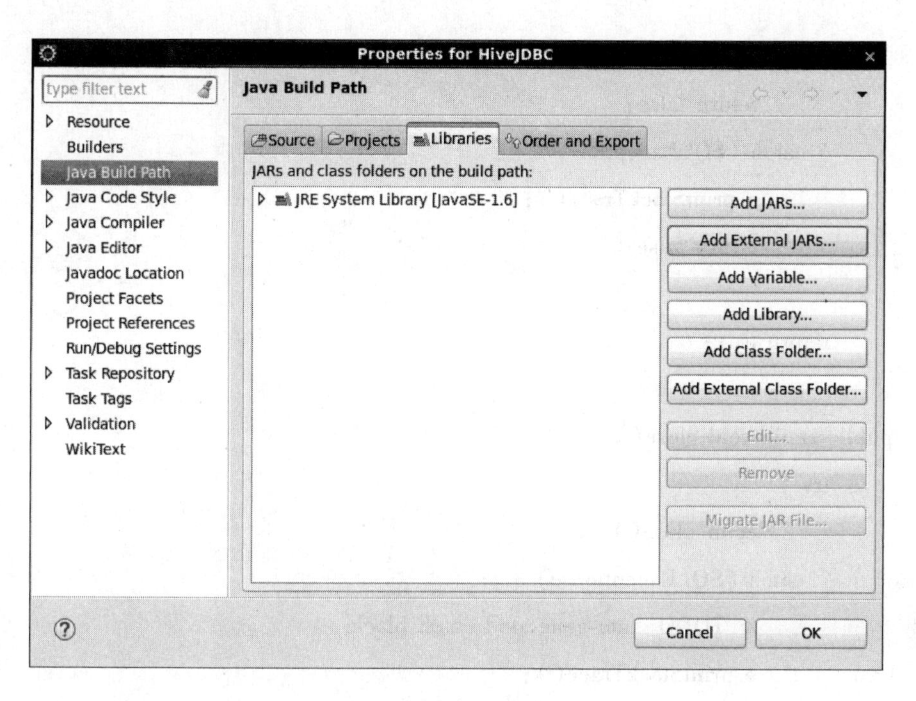

图 7.3　添加必要的包

hadoop/share/hadoop/mapreduce/hadoop-mapreduce-client-core-2.9.0.jar

(4) 程序代码。新建 class,名为 Hive,内容如下。

```
import java.sql.DriverManager;
import java.sql.Connection;
import java.sql.PreparedStatement;
import java.sql.ResultSet;
import java.sql.ResultSetMetaData;
import java.sql.SQLException;
public class Hive {
    private static String driverName = "org.apache.hive.jdbc.HiveDriver";
    private static String url = "jdbc:hive2://master:10030/test";//test 是数据库名
    private static String user = "jmxx"; // 应填写 Linux 用户,而不是 Hive 用户
    private static String password = "jmxx";
    private static Connection conn = null;
    public static boolean init() {
        try {
            Class.forName(driverName);
            conn = DriverManager.getConnection(url, user, password);
        } catch (ClassNotFoundException e) {
```

```
            e.printStackTrace();
            return false;
        } catch (SQLException e) {
            e.printStackTrace();
            return false;
        }
        return true;
    }
    public static void close(){
        try {
            conn.close();
        } catch (SQLException e) {
            // TODO Auto-generated catch block
            e.printStackTrace();
        }
    }
    //显示 ResultSet 所有内容
    public static void showResult(ResultSet rs) throws SQLException {
        ResultSetMetaData rsmd = rs.getMetaData();
        int ct = rsmd.getColumnCount();//获取列数
        while (rs.next()) {
            String s = "";
            for (int i = 1; i< =ct; i + +) {
                s = s + String.valueOf(rs.getObject(i)) + " \t";
            }
            System.out.println(s);
        }
    }
    //执行查询,返回结果集
    public static ResultSet executeQuery(String sql) throws SQLException{
        PreparedStatement ps = conn.prepareStatement(sql);
        ResultSet rs = ps.executeQuery();
        return rs;
    }
```

```
//执行查询,并显示结果集的内容
public static void executeQuery1(String sql) throws SQLException{
    PreparedStatement ps = conn.prepareStatement(sql);
    ResultSet rs = ps.executeQuery();
    showResult(rs);
}
//用于不返回结果集的 DDL
public static void executeUpdate(String sql) throws SQLException{
    PreparedStatement ps = conn.prepareStatement(sql);
    ps.executeUpdate();
}
public static void main(String[] args) throws ClassNotFoundException, SQLException {
    if(! init())return;
    String sql = null;
    System.out.println("1.显示数据库");
    sql = "show databases";
    executeQuery1(sql);
    System.out.println("2.使用 test 数据库");
    sql = "use test";
    executeUpdate(sql);
    System.out.println("3.显示 test 数据库中的表");
    sql = "show tables";
    executeQuery1(sql);
    System.out.println("4.显示 student 表结构");
    sql = "desc student";
    executeQuery1(sql);
    System.out.println("5.删除 userinfo 表");
    sql = "drop table userinfo";
    executeUpdate(sql);
    System.out.println("6.重新创建 userinfo 表");
sql = "create table userinfo (key int, value string)  row format delimited fields terminated by '\t'";
    executeUpdate(sql);
    System.out.println("7.添加信息");
```

```
        sql = " insert into table userinfo values (19001,'liyong'),(19002,'liuchen')" ;
        executeUpdate(sql);
        System.out.println("8.查询 userinfo 表中的信息");
        sql = " select *  from userinfo" ;
        executeQuery1(sql);
        System.out.println("9.查询 userinfo 表中的信息数目");
        sql = " select count( * )  from userinfo" ;
        executeQuery1(sql);
        close();
    }
}
```

(5) 程序运行。在代码中右击,选择 Run As→Run on Hadoop 命令运行即可,在该程序中,采用的是本地运行模式。

7.4.2 用户自定义函数

Hive 不仅内置了许多函数,而且当内置函数不能满足需要时,Hive 可以通过用户自定义函数进行扩展,用户自定义函数必须使用 Java 编写。在使用函数时,只需要在查询中调用函数名并传入参数即可。某些函数需要指定参数个数和参数类型,其他函数不需要指定参数个数和参数类型。SHOW FUNCTION 命令可列举出当前 Hive 会话中所加载的所有函数的名称。使用 DESCRIBE FUNCTION 命令可展示对应函数的使用说明。用户自定义函数也分为标准函数(UDF)、聚合函数(UDAF)、表生成函数(UDTF)。本节主要介绍如何编写用户自定义函数。

1. 标准函数

编写 UDF 需要继承 org.apache.hadoop.hive.ql.exec.UDF 类,并实现 evaluate 函数,evaluate 函数支持重载。

【实例 7-1】 在查询字段前加"Hello"字段。

(1) 同 7.4.1 节,需要导入相关的 jar 包并创建 Java Project,编写 HiveUdf 类继承 UDF,并且重写 evaluate 方法。

```
package hive_study;
import org.apache.hadoop.hive.ql.exec.UDF';
public class HiveUdf extends UDF{
    public String evaluate(String pnb){
        return "Hello " + pnb;
    }
```

}

（2）生成 jar 包。右击 HiveUdf. java 项目，选择 Export→Java→JAR file 命令，单击 Next 按钮，填写保存目录及 jar 包名称，单击 Finish 按钮。

（3）上传 jar 包：

```
hive > add jar /home/jmxx/data/hiveudf.jar;
```

（4）创建临时函数（只对当前 session 有效）：

```
hive > create temporary function say_hello as 'hive_study.HiveUdf';
hive > select say_hello(sname) from student;
OK
Hello 李勇
Hello 刘晨
Hello 王敏
Hello 张立
```

（5）创建永久函数：

```
[jmxx@master hadoop-2.9.0]$ bin/hdfs dfs -put /home/jmxx/data/hiveudf.jar /
hive > create function say_hello1 as 'hive_study.HiveUdf' using jar 'hdfs:///hiveudf.jar';
Added [/tmp/53033d3c-65d7-4afe-80d4-bb3aa101d5bf_resources/hiveudf.jar] to class path
Added resources: [hdfs:///hiveudf.jar]
OK
Time taken: 2.117 seconds
```

（6）退出 hive，再重新进入，使用 say_hello1 函数进行查询。

```
hive > select say_hello1(sname) from student;
Added [/tmp/a2303003-d946-490e-99da-64476acbe716_resources/hiveudf.jar] to class path
Added resources: [hdfs:///hiveudf.jar]
OK
Hello 李勇
Hello 刘晨
Hello 王敏
Hello 张立
Time taken: 5.25 seconds, Fetched: 4 row(s)
```

2. 聚合函数

编写 UDAF 函数同样需要继承 org.apache.hadoop.hive.ql.exec.UDAF 类，且包含一个或多个嵌套的、实现了 org.apache.hadoop.hive.ql.UDAFEvaluator 的静态类。另外，还需要实现 5 个方法：init、iterater、merge、terminatePartial、terminate，表 7.10 是对 5 个方法的具体描述。

表7.10 方法描述

方法名	描述
init	Hive 调用该方法初始化 UDAFEvaluator 类，一般在静态类中定义一个内部字段存放最终返回结果
iterate	每次对一个新数据进行聚合计算都会调用 iterate 方法
terminatePartial	terminatePartial( )类似于 Hadoop 的 Combiner，Hive 需要部分结果时会调用该方法，返回一个封装当前聚合内容的对象
merge	接收 terminatePartial( )的返回结果，进行数据聚合操作，其返回类型为 Boolean
terminate	返回最终的聚合结果给 Hive

【实例 7-2】 查询 student 表中的最大年龄。

(1) 自定义求最大值的 UDAF：

```
package hive_study;
import org.apache.hadoop.hive.ql.exec.UDAF;
import org.apache.hadoop.hive.ql.exec.UDAFEvaluator;
import org.apache.hadoop.io.FloatWritable;
public class HiveUdaf extends UDAF{
    public static class MaxiNumberIntUDAFEvaluator implements UDAFEvaluator{
        //最终结果
        private FloatWritable result;
        //负责初始化计算函数并设置它的内部状态,result 存放最终结果
        public void init() {
            result = null;
        }
        //每次对一个新值进行聚集计算都会调用 iterate 方法
        public boolean iterate(FloatWritable value) {
            if(value == null)
                return false;
            if(result == null)
              result = new FloatWritable(value.get());
            else
              result.set(Math.max(result.get(), value.get()));
            return true;
        }
```

```
        //Hive 需要部分聚集结果时会调用该方法
        //会返回一个封装了聚集计算当前状态的对象
        public FloatWritable terminatePartial( ) {
            return result;
        }
        //合并两个部分聚集值会调用这个方法
        public boolean merge(FloatWritable other) {
            return iterate(other);
        }
        //Hive 需要最终聚集结果时会调用该方法
        public FloatWritable terminate( ) {
            return result;
        }
    }
}
```

（2）上传 jar 包并创建临时函数 Udaf_max：

```
hive > add jar /home/jmxx/data/hiveudaf. jar;
Added [ /home/jmxx/data/hiveudaf. jar ] to class path
Added resources: [ /home/jmxx/data/hiveudaf. jar ]
hive > create temporary function Udaf_max as 'hive_study. HiveUdaf';
OK
Time taken: 0.909 seconds
hive > select Udaf_max( sage) from student;
```

（3）执行结果：

```
2019-04-01 21:52:28,738 Stage-1 map =0% ,  reduce =0%
2019-04-01 21:53:13,221 Stage-1 map =100% ,  reduce =0% , Cumulative CPU 8.81 sec
2019-04-01 21:53:33,031 Stage-1 map = 100% ,  reduce = 100% , Cumulative CPU 11.65 sec
MapReduce Total cumulative CPU time: 11 seconds 650 msec
Ended Job = job_1554120591406_0001
MapReduce Jobs Launched:
Stage-Stage-1: Map: 1   Reduce: 1   Cumulative CPU: 11.65 sec   HDFS Read: 8844 HDFS Write: 104 SUCCESS
Total MapReduce CPU Time Spent: 11 seconds 650 msec
```

```
OK
20.0
Time taken: 195.214 seconds, Fetched: 1 row(s)
```

3. 表生成函数

编写 UDTF 函数，需要继承 org.apache.hadoop.hive.ql.udf.generic.GenericUDTF 类，并实现 initialize、process、close 三个方法。其中 initialize 方法和 UDF 中的类似，主要是判断输入类型并确定返回行的个数和字段类型。process 方法是对输入行进行处理的过程，其返回值类型为 void，通过调用 forward 方法返回一行或多行数据。close 方法在 process 调用结束后调用，用于进行其他一些额外操作，只执行一次。

【实例 7-3】 将形如 k1:v1;k2:v2 的字符串拆成两行多列的 UDTF。

（1）创建 key_value.txt 文件，内容如下：

```
15001:李勇,男,20,CS;15002:刘晨,女,19,CS;
15003:王敏,女,18,MA;15004:张立,男,18,IS;
```

（2）创建 studentInfo 表，表中的数据为 key_value.txt 中的信息。

```
hive > create table studentInfo(sInfo string);
OK
Time taken: 2.69 seconds
hive > load data local inpath '/home/jmxx/data/key_value.txt' overwrite into table studentInfo;
Loading data to table education.studentinfo
OK
Time taken: 2.939 seconds
hive > select * from studentInfo;
OK
15001:李勇,男,20,CS;15002:刘晨,女,19,CS;
15003:王敏,女,18,MA;15004:张立,男,18,IS;
Time taken: 0.455 seconds, Fetched: 2 row(s)
```

（3）编写 UDTF 函数。

```
package hive_study;
import java.util.ArrayList;
import org.apache.hadoop.hive.ql.exec.UDFArgumentException;
import org.apache.hadoop.hive.ql.exec.UDFArgumentLengthException;
import org.apache.hadoop.hive.ql.metadata.HiveException;
import org.apache.hadoop.hive.ql.udf.generic.GenericUDTF;
import org.apache.hadoop.hive.serde2.objectinspector.ObjectInspector;
```

```
import org.apache.hadoop.hive.serde2.objectinspector.ObjectInspectorFactory;
import org.apache.hadoop.hive.serde2.objectinspector.StructObjectInspector;
import org.apache.hadoop.hive.serde2.objectinspector.primitive.PrimitiveObjectInspectorFactory;
public class HiveUdtf extends GenericUDTF{
    public void close() throws HiveException {
        // TODO Auto-generated method stub
    }
    public StructObjectInspector initialize(ObjectInspector []args)
            throws UDFArgumentException {
        if (args.length != 1) {
            throw new UDFArgumentLengthException("ExplodeMap takes only one argu-
ment");
        }
        if (args[0].getCategory() != ObjectInspector.Category.PRIMITIVE) {
            throw new UDFArgumentException("ExplodeMap takes string as a parameter");
        }
        ArrayList<String> fieldNames = new ArrayList<String>();
        ArrayList<ObjectInspector> fieldOIs = new ArrayList<ObjectInspector>();
        fieldNames.add("col1");
        fieldOIs.add(PrimitiveObjectInspectorFactory.javaStringObjectInspector);
        fieldNames.add("col2");
        fieldOIs.add(PrimitiveObjectInspectorFactory.javaStringObjectInspector);
        return ObjectInspectorFactory.getStandardStructObjectInspector(fieldNames,fieldOIs);
    }
    public void process(Object []args) throws HiveException {
        String input = args[0].toString();
        String[] test = input.split(";");
        for(int i =0; i<test.length; i++) {
            try {
                String[]result = test[i].split(":");
                forward(result);
            } catch (Exception e) {
                continue;
            }
```

```
        }
    }
}
```

(4) 执行结果:

```
hive > add jar /home/jmxx/data/hiveudtf. jar;
Added [ /home/jmxx/data/hiveudtf. jar ] to class path
Added resources: [ /home/jmxx/data/hiveudtf. jar ]
hive > create temporary function key_value as 'hive_study. HiveUdtf';
OK
Time taken: 0. 542 seconds
hive > select key_value( sInfo) from studentInfo;
OK
15001       李勇,男,20,CS
15002       刘晨,女,19,CS
15003       王敏,女,18,MA
15004       张立,男,18,IS
Time taken: 0. 754 seconds, Fetched: 4 row(s)
```

小结

Hive 是基于 Hadoop 的数据仓库工具,以 MapReduce 计算框架作为计算模型,可以将结构化的数据文件映射为一张数据库表。其优点是学习成本低,可扩展性强,适合数据仓库的统计分析。

本章首先对 Hive 基本原理进行详细的讲解,包括 Hive 与传统数据库的区别、Hive 三种运行模式、数据类型、数据模型和 Hive 系统架构。之后详细地介绍了 Hive 的安装部署过程。为了读者能够较好地运用 Hive 进行数据处理,本章重点介绍了 Hive 的基本操作,包括 DDL 数据定义语句、DML 数据操作语句和 QUERY 数据查询语句,并提供相关实例。然后本章介绍了 Hive 中的内置函数。最后,本章重点介绍了 Hive 编程,包括 Hive JDBC 编程和用户自定义函数,且详细说明了 Hive JDBC 的开发步骤和如何编写用户自定义函数,并给出了相关实例,方便读者理解。

通过本章的学习,读者可以掌握 Hive 的基本原理,并且能够运用 Hive 基本操作、相关的内置函数和自定义函数等知识,对实际复杂数据进行分析处理。

习题

1. Hive 和传统的关系型数据库有什么不同?

2. 简述 Hive 的基本组成架构。

3. Hive 包含哪些数据类型?

4. Hive 与 HBase 数据库存在哪些异同?

5. 对于 MySQL 数据库,在忘记了 root 用户密码的情况下怎样重置 root 用户密码?

6. Hive 管理表和外部表有什么区别?

即测即评

扫描二维码,测试本章学习效果。

实验五 Hive 数据仓库及 JDBC 编程

一、 实验目的

1. 熟悉并掌握 Hive 的基本原理。

2. 了解 Hive 数据模型及 Hive 内置函数。

3. 掌握 Hive 基本操作。

4. 掌握 Hive JDBC 编程,能够编写自定义函数。

二、 实验内容

1. 安装配置 Hive。

2. 使用数据库 example 中的学生表 student、课程表 course 以及成绩表 sc,写出 HQL 语句,完成下列查询。

(1) 统计学生总人数和平均年龄。

(2) 查询每个系的男生人数。

（3）查询每个学生的学号、选修课程数和平均成绩。

（4）查询选修了 3 门以上课程的学生学号、选修课程数和平均成绩。

（5）查询每个学生的学号、姓名、课程号、课程名和成绩。

（6）查询学生学号,要求每门课程都在 85 分以上。

（7）查询学了 1 号课,没学 2 号课的学生学号。

（8）查询考试成绩大于所属课程的平均成绩的学生学号、课程号和成绩。

（9）查询选了课的学生信息。

（10）查询学生的学号、姓名、课程号和成绩,包括那些没有选课的学生。

（11）查询平均成绩最高的课程号。

（12）查询与学号为 15001 的学生有共同选修课的学生学号。

3. Hive JDBC 编程实现对表的遍历,并编写自定义函数。

第 8 章　NoSQL 数据库及 MongoDB

传统关系型数据库在大数据环境下的不足,促进了 NoSQL 数据库的产生与发展。NoSQL 数据库起源于互联网领域,可以更好满足目前互联网大数据环境下数据存储和查询要求,是大数据时代不可或缺的工具。本章将对 NoSQL 数据库及 MongoDB 的原理与使用进行讲解。

8.1　NoSQL 数据库

8.1.1　NoSQL 数据库兴起的原因

关系数据库即采用关系模型的数据库,1970 年由 E. F. Codd 提出,具有规范的行列结构,目前使用较多的关系数据库有 Oracle 数据库、SQL Server 数据库和 MySQL 数据库等。关系数据库较好地满足了银行、电信等传统行业对数据管理的需求,但随着 Web 2.0 的兴起和大数据时代的到来,关系数据库暴露出许多不足,难以满足新的应用需求。于是 NoSQL 数据库被提出,并且受到越来越多的关注。

1. 关系数据库难以满足大数据时代的需求

随着各类互联网新业务的兴起,人们在工作和生活中利用信息数据的方式发生了很大改变。信息数据在互联网上产生之后,一般不会被删除或离线保存,而是会被在线使用和分享,例如,可以在线查询和分享很久以前的新闻,因而典型互联网业务数据总量巨大,且保持持续增长。关系数据库很难完成大数据量级的数据存储和快速查询。

通常情况下,关系数据库可以通过纵向扩展的方式,即升级硬件配置的方法,来提高单机处理能力。但是,近年来计算机硬件更新升级的脚步放缓,限制了数据库的纵向扩展,难以应对互联网数据井喷式增长的业务需求。针对这一问题,人们提出横向扩展的升级方式,即采用多个计算机组成集群,共同对数据进行存储、组织和管理。但关系数据库由于受到关系数据模型、事务的强一致性和完整性约束等特点的制约,难以实现分布式部署。

2. 关系数据库特性在典型互联网应用中不再适用

关系数据库自身的特点在典型的互联网业务中不能体现出优势,主要表现在以下三点。

(1) 新型互联网应用通常不需要严格的数据库事务管理。对于大多数新型互联网应用来说,数据库事务已经不再不可或缺。例如,对于社交软件而言,如果用户在发布朋友圈过程中出错,可以直接丢弃该消息,而无须执行关系数据库复杂的回滚操作。关系数据库的数据库事务复杂的实现机制会增加系统的开销,对于实时读写请求频繁的新型互联网应用而言,如此巨大的开销难以承受。

(2) 新型互联网应用对读写实时性要求不再严格。对于金融、电信等传统的行业,对读写的实时性要求十分严格,一条记录成功插入数据库后可以立即被查询是十分重要的,否则可能会造成巨大的损失。但在新型的互联网应用中,一般没有这种实时的读写需求,一些写入内容可以在几分钟后更新。

(3) 新型互联网应用不再需要大量复杂的 SQL 查询。关系数据库强大的查询机制,通常需要通过多表连接操作实现,然而多表连接的代价高昂。尽管可以通过优化机制降低连接代价,但大量复杂 SQL 查询的代价对于数据量巨大的互联网应用而言无法接受。

综上所述,关系数据库自身的优势可以很好地满足传统行业对数据管理的需求,但是对于互联网领域存在难以克服的缺陷,NoSQL 数据库应运而生。

8.1.2 NoSQL 数据库简介

NoSQL,即 not only SQL,含义是“不仅仅是 SQL”。目前,把新型的非关系数据库统称为 NoSQL 数据库。NoSQL 数据库起源于互联网领域,是为了满足大数据场景下数据查询和处理的要求而产生的数据库系统。2009 年 Hadoop 技术在大数据处理中的成功应用也使得 NoSQL 数据库得到大力发展。NoSQL 数据库具有强大的分布式部署能力,较好地满足了大数据时代海量异构数据的存储需求。NoSQL 数据库为了提高响应速度和运行效率,在数据存储结构简化、数据并行处理和代码实现等方面做出了大量创新设计。NoSQL 数据库支持分布式快速写入和简单查询,与关系数据库不同,NoSQL 数据库一般不直接支持对数据进行复杂的查询和处理。常见的 NoSQL 数据库有 HBase、Cassandra、Redies 和 MongoDB 等。

关系数据库基于关系模型构建,具有支持 SQL 语言、支持事务机制和完整性约束的特性。NoSQL 数据库没有严格的定义和统一的模型,通常被认为是关系数据库的简化。NoSQL 数据库弱化了传统关系数据库的关系模型,如弱化事务机制,弱化完整性约束,弱化模式和表结构。对关系模型弱化的目的在于去除关系模型的约束,强化分布式部署能力,包括增强分区容错性、伸缩性和提高访问效率等。NoSQL 数据库在数据模型上不再使用传统意义的行结构,而且采用非预先定义表结构的模式,不会要求事先定义表的结构和约束条件。

NoSQL 数据库往往是开源的,使用者可以免费获取 NoSQL 数据库软件的使用权,有助于降低使用成本。但 NoSQL 数据库不能像商业化软件那样获得良好的技术支持和规范的文档说明。

需要注意的是,关系数据库与 NoSQL 数据库是互补关系,在不限定场景的情况下,无法分辨优劣。关系数据库在保持数据的完整性和事务的一致性方面具有更好的表现,同时支持对数据的复杂查询,在现实中使用更加广泛。NoSQL 数据库在通用性和事务处理上都与传统关系数据库存在较大差距。NoSQL 数据库的优势在于可以更好地实现分布式架构,大多应用于特定的场景,例如,在大数据和新型互联网领域有着更好的应用前景。

NoSQL 数据库通常支持自动分片,也就是说数据库可以自动地在多台服务器上分发数据,无须应用程序额外的操作。NoSQL 数据库支持自动复制,分布式部署的 NoSQL 数据库会自动对数据进行备份。

目前,国际上谷歌、亚马逊等知名公司都在大量应用 NoSQL 数据库,国内诸如新浪、淘宝网和优酷等公司也在使用 NoSQL 数据库。

8.1.3 NoSQL 数据库的四大类型

NoSQL 数据库的常见类型有键值数据库、列族数据库、文档数据库和图形数据库等。键值数据库、列族数据库和文档数据库使用面向聚合的数据模型,是 NoSQL 数据库中应用较为广泛的数据库。NoSQL 数据库的几种类别有别于传统关系数据库的关系模型,但没有绝对清晰的界限。

1. 键值数据库

键值数据库采用 Key-Value 存储模式,数据表的每行由键(Key)和数值(Value)两部分组成。Key 用来存储和检索 Value,Value 可以看作一个独立的存储单元,存储的内容可以是任何数据类型,包括整型、字符型、数组和对象等。在实际使用过程中,每个 Key 对应的 Value 可能由不同的列组成,所以表的结构无法提前设定,所以说键值数据库的表是无结构的。由于值中的列不确定,键值数据库通常不支持建立索引。通过按 Key 查询的方式定位数据的速度十分迅速,但按 Value 的内容查找数据则必须进行全表遍历,在大数据环境下效率不高。在分布式集群上,可以按 Key 进行排序和分区,不同的数据分块部署在不同的节点上,这样使得数据遍历可以并行执行,检索效率会明显提升。

根据数据的保存方式,键值数据库可以分为临时性和永久性两种。所谓临时性键值数据库指将所有的数据存放于内存中,数据存在丢失的风险,但具有较高的存取速度。当数据库关闭时,数据会被全部清除。当用于操作的数据大于内存容量时,内存中原有的数据会被替换,Memcached 数据库是典型的临时键值数据库。永久性键值数据库指正常情况下,数据库中的数据永远不会丢失,与临时性数据库不同,永久性数据库将数据存放于硬盘中,处理数据的性能相对来说不如临时性数据库,但数据的永久存储是其根本优势。

使用较多的键值型数据库有 Flare、LevelDB 和 Redies 等。Flare、ROMA 数据库是典型的永久键值数据库。Redis 数据库兼具临时性、永久性两种数据库的特点,首先将数据保存在内存中,按照设置的不同条件(如固定的时间间隔)将数据写入硬盘,既保证了数据的高速处理,又可以保证数据的永久存储。

2. 文档数据库

在文档数据库中,文档是数据库的最小单位,可以通过键来定位文档,所以可以认为文档数据库是键值数据库的升级版。一个文档可以包含非常复杂的数据结构,如嵌套对象,并且不需要采用统一的数据模式,每个文档的结构可能完全不同。

文档通常是半结构化的内容,一般使用 JSON 和 XML 等方式对文档进行组织。与 XML 相比,JSON 定义数据更加简洁,处理和存储数据效率更高。JSON 支持如下数据类型。

(1) 整数:{"amount":200}。

(2) 浮点数:{"price":9.15}。

(3) 字符串:{"name":"pen"}。

(4) 对象:{"name":"pen","price":9.15,"amount":200}。

(5) 布尔值:{"onsale":true}。

(6) 数组:{"color":["blcak","red","blue"]}。

【实例 8-1】 面向文档存储实例(电话和地址的结构都是嵌套的)。

```
{
"Name":"Bob"
"Telephones":[
            {"Type":"Work","Tel":"0311-87652345"},
            {"Type":"Home","Tel":"0311-88886666"},
            {"Type":"Mobile","Tel":"18988883214"},
 ]
"Addresses":[
            {"Type":"Work","Add":"hbjmdx"},
            {"Type":"Home","Add":"sjz"},
 ]
}
```

文档数据库既可以根据文档字段建立索引,也可以按照文档的内容来建立索引,这使得文档数据库可以支持更加复杂的查询,具有更高的查询效率。文档数据库可以实现除事务处理外的大部分功能,借助于文档嵌套结构的优势,可以将传统关系数据库中需要进行连接(Join)查询的字段整合为一个文档。这种方式通过增加存储代价来减少分布式环境下实现连接查询的代价,从而提高查询效率。

常用的文档数据库有 MongoDB、CouchDB、Elastic 和 Azure DocumentDB 等。

3. 列族数据库

列族数据库主要应用于数据仓库和联机分析处理(OLAP)等场合。目前,热度较高的 NoSQL 数据库 Big Table、Dremal、HBase 和 Cassandra 都具有列族数据库的特点。列族数据库一般不需要预先定义表结构。通过若干列的集合形式组织数据,这一集合称为列族。在每一行上,列族含有的列的数量和名称都可以不同。

在列族数据库中,数据以列或列族作为基本存储单位,不同列或列族的数据存储在不同的文件中。在分布式系统中,这些文件可以位于不同的节点上,或者存放在同一节点的不同位置。而传统关系数据库采用面向行的存储模式,数据以行的形式整合在一起,数据行中的所有列必须存储在一起,如果要读取其中一列的属性值,需要先读取整行的数据。具体如表 8.1 和表 8.2 所示。

表 8.1　行存储模式

学号	出生年月	专业
1001	null	会计
1002	1995.7.23	计算机
1003	1995.11.12	null

表 8.2　列族数据库存储

(a)

学号	出生年月
1002	1995.7.23
1003	1995.11.12

(b)

学号	专业
1001	会计
1002	计算机

列族数据库在特定条件下的查询具有十分明显的优势。例如,查询某一列的数据,仅需访问对应列的存储文件,避免对无关列存储文件的检索,从而提高检索的效率。对于行列数超大的数据表,特别是在表十分稀疏的情况下,列族数据库的检索具有明显的优势。

在一个稀疏二维表中,假设每一行仅在其中某一列上有值,其他列上均为空值,该表中必然存在大量的空值。在面向行存储的关系数据库中,对于数据中出现的空值,数据库预留出空间,以便后期对数据的修改,对于记录较多的稀疏表来说,这必然会造成存储空间的极大浪费。但在执行插入和更新操作时,由于行存储模式的数据库预先留出存储空间,插入和更新操作更加容易。列族数据库对于空值一般不会预留出空间,因此在存储稀疏表时有较高的存储效率。列族数据库一般通过在尾部追加的方式实现插入。

4. 图形数据库

图形数据库以图论为基础。图是一种数据模型,它包括节点、边以及它们附带的一系列属性。节点其实就是大家所熟知的实体,而边标识了两个节点之间存在的关系,属性则标识了点或者边所具有的一系列特征。节点设有指向其所有相连对象的指针,这样可以实现快速路由,路径检索和处理也更加简单。但是,也正因为节点间的相互连接关系使得数据集的分片和分布式部署存在较大的难度。图形数据库专门用于处理具有高度相互关联的数据,广泛应用在社交网络分析、地理空间分析、商品推荐系统以及路径寻找等领域。常见的图形数据库有 Neo4J、OrientDB、JanusGraph 和 ArangoDB 等。

8.1.4 分布式系统的一致性问题

1. ACID 特性

在传统的关系型数据库中,事务的 ACID 特性包括 A(atomicity)原子性、C(consistency)一致性、I(isolation)隔离性和 D(durability)持久性。

(1) 原子性。事务是数据库的逻辑工作单位,一个事务中的所有操作要么都做,要么都不做。

(2) 一致性。事务执行的结果必须使数据库从一个一致性状态变到另一个一致性状态。

(3) 隔离性。一个事务的执行不能被其他事务干扰,即事务的内部操作及使用的数据对并发事务是隔离的,并发执行的所有事务间不能互相干扰。

(4) D 持久性。持久性也称永久性(permanence),即事务一旦提交,它对数据库中数据的改变应该是永久性的,之后的其他操作及故障不应对其执行结果有任何影响。

2. CAP 理论

与关系型数据库的 ACID 特性相对应,NoSQL 数据库中,使用 CAP 理论来保证数据库的一致性。CAP 指分布式系统中 C(consistency)一致性、A(availability)可用性和 P(partition tolerance)分区容错性三个特性。下面具体介绍这三个特性。

(1) 一致性。一致性指分布式系统任何一个读操作总是读到此前完成的写操作的结果,也就是分布式系统中多点的数据是一致的。NoSQL 数据库系统关注数据多副本一致性,另外还关注一致性的强度,例如,是否被允许数据库中多个副本存在暂时不一致的情况。

一致性的类型包括强一致性和弱一致性。强一致性指当执行完一次更新操作后,后续的其他读操作就可以保证读到更新后的最新数据; 反之,如果不能保证后续访问读到的都是更新后的最新数据,那么就是弱一致性。

(2) 可用性。可用性指响应的及时性,即在规定的时间内做出响应并返回操作结果。

(3) 分区容错性。分区容错性是指当出现网络分区的情况时(即系统中的一部分节点无法和其他节点进行通信),分离的系统也能够正常运行,集群仍然可以提供服务,完成数据访问。

CAP 原理指分布式系统中 C、A 和 P 三个特性无法同时满足,最多只能同时满足两个,即只能同时满足 CA、CP、AP 三种组合中的一种。CAP 原理最早由加州大学伯克利分校教授 Eric Brewer 于 2000 年在波兰召开的可扩展分布式系统研讨会上给出阐述,并在 2002 年由麻省理工学院的两位科学家 Seth Gilbert 和 Nancy Lynch 给出证明。CAP 原理如图 8.1 所示。

兼顾 CA 则系统不能采用多副本,可扩展性变差; 兼顾 CP 则当出现网络分区时,受影响的服务需要等待数据一致,在等待期间无法对外提供服务; 兼顾 AP 则需要容忍系统出现副本数据不一致的情况。

在实际的 NoSQL 系统中,根据 CAP 原理,一般通过设计上的取舍和使用过程中的配置,在 A 和 C 之间进行权衡;对于大多数分布式系统,P 是必需的。在系统设计层面或系统的模块设计层面以及在不同的业务场景下,都可能采用不同的取舍策略或配置策略。

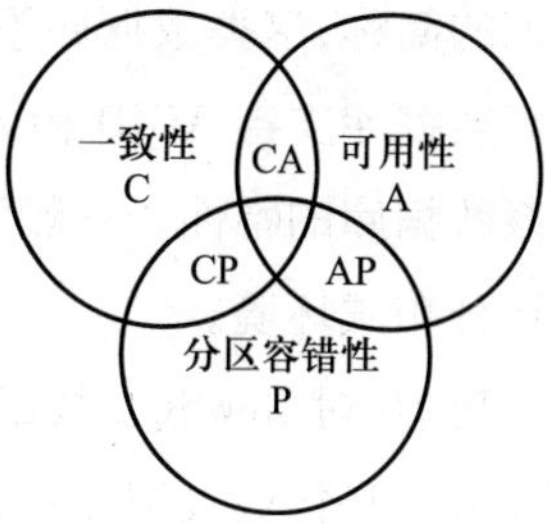

图 8.1 CAP 理论

3. BASE 和最终一致性

根据 CAP 原理,分布式系统中无法兼顾一致性、可用性和分区容错性。NoSQL 数据库的设计中存在以下难题。

(1) NoSQL 数据库是否需要维持像关系数据库一样的强一致性。

(2) 如何保证 NoSQL 数据库的可用性。

(3) 大数据的价值在于完整和在线,支持分布式副本是大多数 NoSQL 数据库的必选项,NoSQL 数据库如何兼顾分区容错性也是一个重要的问题。

为了解决上述问题,分布式系统在实际使用中,往往对一致性做出让步,但并非忽略分布式系统的一致性保障,而是提供弱一致性保障。BASE 的基本思想就是以此为基础发展而来,BASE 的含义是基本可用(basically available)、软状态(soft - state)和最终一致性(eventual consistency)。

(1) 基本可用:允许分布式系统的部分节点出现故障时,系统的核心功能和其他数据仍然可用,也就是允许分区失败的情形出现。

(2) 软状态:"软状态"(soft - state)是与"硬状态"(hard - state)相对应的一种提法。数据库保存的数据是"硬状态"时,可以保证数据一致性,即保证数据一直是正确的。"软状态"是指状态可以有一段时间暂时不一致,即多副本的暂时不一致。

(3) 最终一致性:最终一致性是弱一致性的一种特例,允许系统的状态或多副本间存在暂时的不一致,在一段时间后总会变得一致,这个不一致的时间一般不会太长。

BASE 理论的核心是最终一致性,即通过弱化一致性要求,实现分布式系统更好的伸缩性和响应能力。实际使用时,NoSQL 数据库往往不支持分布式事务,关注点更多在多副本的最终一致性上,即是否允许数据副本存在短时间或发生故障期间出现不一致。

8.1.5 NewSQL 数据库

NoSQL 数据库提供了良好的扩展性和灵活性,在处理大数据有关问题中具有良好的表现。由于 NoSQL 数据库采用非关系模型,因此不具备高度结构化查询等特性,复杂条件查询的效率低于关系数据库。NoSQL 数据库不能保证 ACID 特性,不支持事务处理。另外,不同的 NoSQL 数据库都有自己的查询语言,很难规范应用程序接口。这使得习惯使用关系数据库的用户在使用 NoSQL 数据库时可能感到非常不便。

近几年,NewSQL 数据库逐渐开始升温。NewSQL 数据库是对各种新的可扩展和高性能数据库的简称，这类数据库不仅具有 NoSQL 数据库对海量数据的存储管理能力，还保持了传统关系数据库支持 ACID 和 SQL 查询等特性。NewSQL 数据库具有 NoSQL 数据库的优点和传统关系数据库的特性。一般认为 NewSQL 数据库支持强事务机制，并且具有良好的横向扩展性，支持分布式环境。

目前，对 NewSQL 数据库仍然没有明确的定义，具体的分类也十分模糊，不过 NewSQL 数据库依然是行业发展和探索的方向之一。

8.2 MongoDB

8.2.1 MongoDB 基本概念

1. MongoDB 简介

MongoDB 是一款开源、性能优越的无模式文档型 NoSQL 数据库，旨在为 Web 应用提供分布式、可扩展和高性能数据存储解决方案。MongoDB 采用类似 JSON 的方式存储数据，可以实现字段的嵌套和循环，可以建立比关系数据库二维表更为复杂的数据结构。MongoDB 支持分布式架构，支持横向扩展，且具有弱一致性、弱事务等特点。MongoDB 提供了丰富的功能，例如，支持索引，支持聚合查询以及对大文件的存储和管理等。MongoDB 是一种介于关系数据库与非关系数据库之间的产品，具有大部分关系数据库的特点，在许多经典的应用场景中可以使用 MongoDB 替代传统的关系型数据库，且具有良好的性能。与关系数据库不同，由于 MongoDB 具有弱一致性和弱事务等特点，更加适合互联网应用。

2. 文档和集合

MongoDB 采用“文档”(document)来表示描述数据的结构。一个文档可以看作一个数据条目，一组文档称为“集合”，可以类比于关系数据库中的表。集合是无模式的，理论上 MongoDB 允许不同结构的文档存储于同一个集合。而实际上为了提高查询效率，一般在集合中存储相同结构的文档。文档使用类似 JSON 的形式，例如：

{"school":"heuet", "address": "shijiazhuang","zip":"050061"}

MongoDB 将文档以 JSON 的二进制形式 BSON 格式保存，同时也将数据结构完整存储。MongoDB 会将数据与数据结构以特定的键值形式进行关联。BSON 已经具有开放标准，在实际的数据库使用中，BOSN 将字段长度存储在其头部，为数据遍历提供依据，易于跳过无用数据，提高检索效率。

在 MongoDB 中，集合对应关系型数据库中的表，文档对应关系数据库中的记录，如表 8.3 所示。

表8.3 概念对比

关系型数据库	MongoDB
表	集合
记录	文档

3. MongoDB 支持的数据类型

（1）Boolean：布尔类型，值为“true”或“flase”。

（2）Int：短整型，32 位。

（3）Long：长整型，64 位。

（4）Double：浮点型。

（5）Arrays：数组。

（6）Date：日期或时间（UNIX 格式）。

（7）BinaryDate（bindata）：二进制数。

（8）String：字符串。

8.2.2 MongoDB 分片机制

1. 分片机制

MongoDB 的分片机制（sharding）即水平扩展机制。MongoDB 可以根据分片键（shard keys）对文档自动进行切割，这一技术称为自动分片机制（auto-sharding）。分片键是MongoDB 的切分依据，由文档的一个或多个字段组成。MongoDB 的自动分片技术解决了海量数据存储和动态扩容的问题，但其实际应用还有一定的局限，可靠性与可用性有待进一步探究。

MongoDB 分片的基本思想是将文档进行切割，形成小块，这些文档小块散落到各个片区中，数据块由路由进程 Mongos 统一管理，对于客户端应用则隐藏分片细节，如图 8.2 所示。

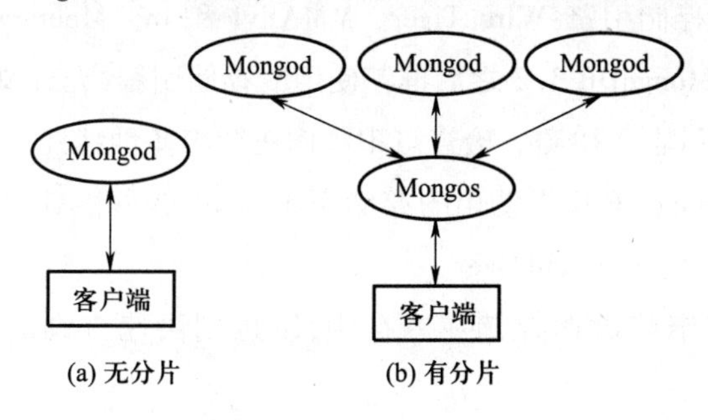

图 8.2 有无分片对比

MongoDB 支持多种分片策略。例如，根据分片键进行排序，当前分片中存储量到达峰值时进行分片，之后的数据将分配到最新的分片中。在这种分片策略下，可能会造成两个数据片间数据量相差较大的情况。将分片键进行哈希运算可以将新写入的数据平均到各个分片中，会使数据分布更加均衡。

2. **复制集**

MongoDB支持以主从备份形式实现的分片多副本集。MongoDB中将这种机制称为复制集(replication set)机制。在复制集机制中,主节点称为Primary节点,从节点称为Secondary节点。主节点负责写入和更新数据。主节点在更新和写入数据的同时,将所做的操作写入日志文件,MongoDB的日志为oplog。从节点监听oplog的变化,根据oplog中的内容对自身数据进行维护,保持与主节点的数据一致。

亚马逊Dynamo是一个允许多方写入的数据库,具有较好的写入效率,但存在数据冲突问题。MongoDB的数据仅通过主节点写入和更新,有效避免了由于多方写入造成的数据版本不一致问题,具有更好的写一致性。但也因为仅能通过主节点写入,数据的写入和更新效率不如允许多方写入的数据库。

MongoDB对数据的读取没有限制,用户可以从主、从节点中的任意节点读取数据。MongoDB仅保证主从节点数据的最终一致性,在对数据一致性要求较高的情况下,应选择仅从主节点读取数据,以保证数据的正确。

从节点的个数取决于配置的副本数量,各节点间相互监控心跳信息。当主节点宕机时,从节点无法继续检测到主节点的心跳信息,从节点间通过选举算法,推选出新的主节点,替代原有的主节点执行任务。

MongoDB的副本集故障转移功能得益于MongoDB的选举机制。MongoDB选举机制使用了Bully算法,可以方便快速地从分布式节点中选出主节点。Bully算法是一种协调者竞选算法,核心思想是集群中的所有节点都可以声明自己是主节点,并广播通知其他节点,别的节点可以接受这个声明或者拒绝这个声明并选择加入主节点的竞争。从节点只有获得半数以上的节点支持,才可以成为主节点。

3. **存储引擎**

MongoDB支持三类存储引擎:WiredTiger、MMAPv1和In - Memory。

(1) WiredTiger是MongoDB 3.2之后推荐使用的存储引擎,允许文档级别的多副本,具有支持一致性管理、操作日志、快照、检查点和数据压缩等多种特性。

(2) MMAPv1是MongoDB早期使用的存储引擎,具有较好的兼容性,可以较好地支持第三方插件,综合性能略逊色于WiredTiger。

(3) In - Memory引擎将数据存储在内存中,以达到快速查询的效果,但不进行持久化存储。

8.2.3 MongoDB集群架构

为了应对数据的井喷增长,对海量数据进行存储处理,MongoDB中的服务器允许由多台设备组成的集群担任。当MongoDB存在分片机制时,集群中存在三种角色:Mongod、Mongos和Config。

MongoDB 中进行数据存储的设备称为 Mongod,单机使用 MongoDB 时可以直接访问 Mongod 服务器。在分布式集群中部署 MongoDB 时,MongoDB 使用 Mongos 服务作为分布式集群的入口。实际上 Mongos 是一个路由进程,是集群与客户端交互的纽带,负责记录分片路由信息。MongoDB 集群的具体工作细节对客户端隐藏,客户端仅需访问 Mongos 即可使用完整集群。

当客户端访问 Mongos 服务进程时,MongoDB 会访问进行持久化存储的 Config 服务器,通过 Config 读取信息到内存,如图 8.3 所示。Config 服务器中主要存储元数据与配置信息。

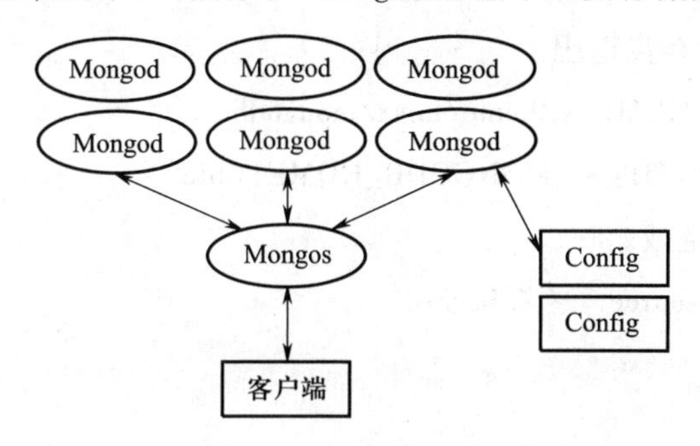

图 8.3　分布式集群架构

8.2.4　Gridfs

MongoDB 中对文档大小做出了限制,文档上限为 16 MB,这为存储大文件带来了困扰。为了对更大文件进行存储,MongoDB 内置了轻量级的分布式文件系统 Gridfs。MongoDB 在安装时会自动安装 Gridfs,可以实现较大文件的切分和分布式存储,但 Gridfs 并非严格意义的分布式文件系统。

Gridfs 采用 MongoDB 的集合和文档的方式存储分块后的文件。Gridfs 将文件存储为两个集合:Files 集合和 Trunk 集合。Files 集合用于存储文件和分块的元数据信息,Trunk 集合用于存储数据分块本身。

8.3　MongoDB 的部署

8.3.1　安装

(1) 进入官网下载 MongoDB,本书使用 MongoDB－3.6.9 版本。将下载好的文件上传至 Master 节点"/home/jmxx/"目录下,并解压安装。

```
[ jmxx@ master~] $ tar  -xvf   mongodb-linux-x86_64-3.6.9.tgz
```

(2) 修改安装目录名,将安装目录名称更改为 mongondb,方便以后使用。

```
[ jmxx@ master~] $ mv   mongodb-linux-x86_64-3.6.9   mongodb
```

(3) 在"/home/jmxx/mongodb"目录下,创建 data 文件夹和 logs 文件夹。

[jmxx@ master~] $ cd /home/jmxx/mongodb/

[jmxx@ master mongodb] $ mkdir data # 用于存放数据

[jmxx@ master mongodb] $ mkdir logs # 用于存放日志文件

[jmxx@ master mongodb] $ touch /logs/mongodb.log

(4) 配置环境变量。

[jmxx@ master~] $ vi ~/.bashrc

输入如下内容,然后存盘退出。

export MONGODB_HOME=/home/jmxx/mongodb

export PATH=$PATH:${MONGODB_HOME}/bin

使修改的配置文件生效。

[jmxx@ master~] $ source ~/.bashrc

8.3.2 配置文件

创建配置文件 mongodb.conf。

[jmxx@ master~] $ cd /home/jmxx/mongodb/bin/

[jmxx@ master bin] $ vi mongodb.conf

在 mongodb.conf 中添加如下内容:

dbpath=/home/jmxx/mongodb/data # 数据存放地址

logpath=/home/jmxx/mongodb/logs/mongodb.log # 日志存放地址

port=27017 # 端口号

fork=true

auth=true

bind_ip=0.0.0.0

8.3.3 启动和停止

(1) 打开服务。

[jmxx@ master] $ mongod --dbpath=/home/jmxx/mongodb/data --logpath=/home/jmxx/mongodb/logs/mongodb.log --logappend --port=27017 --fork

命令中--dbpath 参数指定数据存储位置,--logpath 参数指定日志文件位置,--port 参数指定进程开启的端口号,MongoDB 为 mongod 默认预留端口号为 27017。

上述命令为单次打开 MongoDB 服务,系统重启后再次使用需要重新打开。

(2) 进入 shell 操作界面。

[jmxx@ master~] $ mongo

如图 8.4 所示,配置成功。

```
jmxx@master:~
File Edit View Search Terminal Help
[jmxx@master ~]$ mongo
MongoDB shell version v3.6.9
connecting to: mongodb://127.0.0.1:27017
Implicit session: session { "id" : UUID("d00e2eb7-69aa-4cae-b1e7-5e32107b5256")
}
MongoDB server version: 3.6.9
>
```

图 8.4 shell 操作界面

(3) 关闭 MongoDB 服务。

>use admin　　　　　　　　　　//切换到 admin 数据库

switched to db admin

>db.shutdownServer()　　　　　　//该命令需在 admin 数据库中运行

8.4 MongoDB 的使用

8.4.1 数据库操作

(1) 查看数据库帮助。使用 help 命令可以获取 MongoDB 对数据库的操作指令列表,如图 8.5所示。

>db.help()

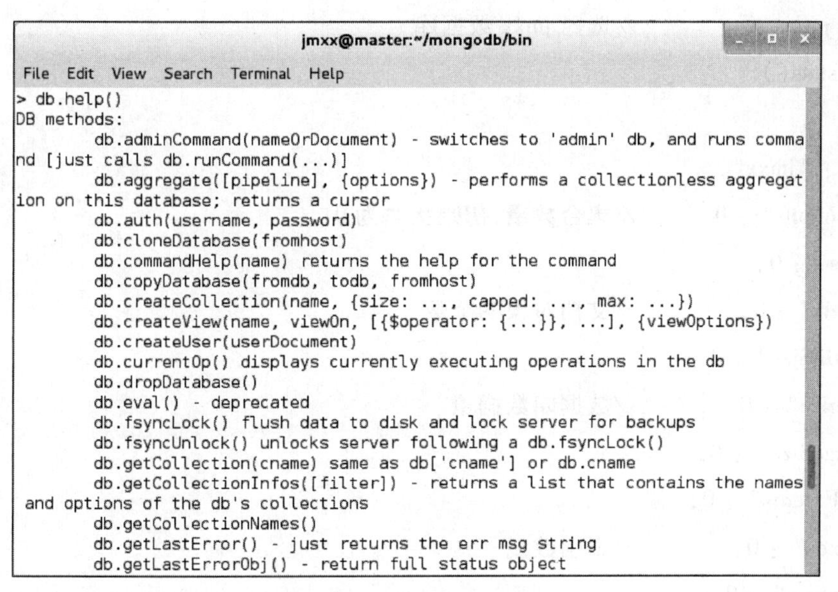

jmxx@master:~/mongodb/bin
File Edit View Search Terminal Help
> db.help()
DB methods:
db.adminCommand(nameOrDocument) - switches to 'admin' db, and runs comma
nd [just calls db.runCommand(...)]
db.aggregate([pipeline], {options}) - performs a collectionless aggregat
ion on this database; returns a cursor
db.auth(username, password)
db.cloneDatabase(fromhost)
db.commandHelp(name) returns the help for the command
db.copyDatabase(fromdb, todb, fromhost)
db.createCollection(name, {size: ..., capped: ..., max: ...})
db.createView(name, viewOn, [{$operator: {...}}, ...], {viewOptions})
db.createUser(userDocument)
db.currentOp() displays currently executing operations in the db
db.dropDatabase()
db.eval() - deprecated
db.fsyncLock() flush data to disk and lock server for backups
db.fsyncUnlock() unlocks server following a db.fsyncLock()
db.getCollection(cname) same as db['cname'] or db.cname
db.getCollectionInfos([filter]) - returns a list that contains the names
and options of the db's collections
db.getCollectionNames()
db.getLastError() - just returns the err msg string
db.getLastErrorObj() - return full status object

图 8.5 MongoDB 指令

(2) 查看当前连接的服务器。

>db.getMongo()

connection to 127.0.0.1:27017

（3）查看数据库列表。

```
>show dbs
admin    0.000GB
config   0.000GB
local    0.000GB
```

admin、config 和 local 三个数据库是 MongoDB 的保留数据库，admin 数据库为权限数据库，当创建的用户添加到 admin 数据库中，该用户也将拥有数据库的全部权限。config 数据库主要用于 MongoDB 的分片，用于保存分片信息。local 数据库为本地数据库，用来存储本地服务器中的数据。

（4）切换数据库。

```
>use jmxx   //切换到 jmxx 数据库
switched to db jmxx
```

使用 use 命令切换数据库时，如果指定的目标数据库在系统中已经存在（包括系统保留和用户自定义的数据库），那么会直接进行切换，否则会自动创建数据库并切换。

（5）查看当前使用的数据库。

```
>db
jmxx
```

使用 stats 命令可以查看当前数据库详细信息。

```
>use jmxx              //选择 jmxx 数据库
>db.stats()
{
"db" : "jmxx",
"collections" : 0,     //集合数量，初始状态为0
"views" : 0,
"objects" : 0,         //文档对象的个数
"avgObjSize" : 0,
"dataSize" : 0,        //数据库数据量
"storageSize" : 0,
"numExtents" : 0,
"indexes" : 0,         //索引数量
"indexSize" : 0,
"fileSize" : 0,
"fsUsedSize" : 0,
```

"fsTotalSize" : 0,

"ok" : 1

}

(6) 查看集合信息。执行 use jmxx 命令后,查看数据库中的所有集合。

>show collections

查看当前数据库的详细集合信息。

>db.getCollectionInfos();

[]　　　　　//由于目前 jmxx 数据库中无内容,所以显示空

(7) 删除数据库。删除指定数据库中所有内容,该指令需在切换到该数据库后使用。

>db.dropDatabase()

{ "ok" : 1 }

8.4.2 插入、删除和更新文档

1. 插入文档

MongoDB 是无模式数据库,事先无须对数据存储结构进行定义,在向数据库中写入数据时会自动建立相关内容。

插入命令:

db.collection.insert(<插入内容>,writeConcern: < >,ordered: < >)

insert()参数说明如下。

(1) writeConcern:错误捕获参数,用户可以自定义写出错确认级别。

(2) ordered:有序插入参数,当 ordered 的值为 true 时文档有序插入,文档内容插入错误时停止插入,返回错误信息; 当 ordered 的值为 flase 时,文档无序插入,插入错误的文档会跳过,继续插入操作。

在新版本的 MongoDB 中,insert 命令还有两种高级形式,在实际使用中更加有效率,可以降低插入错误率:

(1) db.collection.insertOne(item)//一次仅支持插入一条文档

(2) db.collection.insertMany(item)//一次可以插入多条文档

【实例 8-2】 插入文档。

```
  >db.course.insert(
    {
      name:"DataBase",     //插入时字符串类型的文档需要使用双引号,否则系统无法
//识别
      teacher:"Wang"
    }
```

```
)
WriteResult({ "nInserted" : 1 })          //插入成功,插入1条文档
>db.course.find()                          //查看集合内容
{
"_id" : ObjectId("5c7f6e07195f370beabf5fa1"),
"name" : "DataBase",
"teacher" : "Wang"
}
```

在插入数据时,如果集合已经存在,系统会向集合中插入数据。插入时如果集合不存在,系统会自动创建集合并插入数据。上述实例中,由于集合 course 并不存在,所以系统会创建 course 集合并插入该条文档,这种创建方式称为集合的隐式创建。用户也可使用 db.createCollection("collection")显式创建集合,"collection"为创建的集合名称,用户可根据需要自行命名。与关系数据库相同,insert 语句支持同时插入多条文档。

【实例 8-3】 插入多条文档。

```
>db.course.insert([{name:"Java",teacher:"Chen"},{name:"big  data",teacher:"Zhang"}])
BulkWriteResult({
"writeErrors" : [ ],
"writeConcernErrors" : [ ],
"nInserted" : 2, //添加成功,新插入两条文档
"nUpserted" : 0,
"nMatched" : 0,
"nModified" : 0,
"nRemoved" : 0,
"upserted" : [ ]
})
```

MongoDB 还支持使用变量的方式插入文档。

```
>item = ({name:"Hadoop",teacher:"Li"})
{ "name" : "Hadoop", "teacher" : "Li" }
>db.course.insert(item)
WriteResult({ "nInserted" : 1 })          //插入成功
```

MongoDB 的 shell 界面支持多条命令执行,命令间使用分号分割。

【实例 8-4】 多命令执行。

```
>item = ({name:"spark",teacher:"Qin"});db.course.insert(item)
```

WriteResult({ "nInserted" : 1 })　　　　//插入成功

2. 更新文档

MongoDB 为用户提供了修改集合中文档的命令,供用户更新文档使用。

更新命令:

db.collection.update(<查询条件>, <修改操作>)

update()参数说明如下。

(1) 查询条件:对于满足查询条件的文档执行修改操作。

(2) 修改操作:对原文档执行的一系列操作,使用“$”操作符,常用操作符如表 8.4 所示。

表 8.4　常用操作符说明

操作符	说明
$ set	修改操作符
$ unset	删除字段操作符
$ int	数值加法运算操作符
$ mul	数值乘法运算操作符
$ rname	键名修改操作符
$ min/ $ max	修改为最小或最大值

【实例 8-5】 文档简单修改。

(1) 查看数据库中原有文档。

```
> db.course.find()
{
"_id" : ObjectId("5c7f6e07195f370beabf5fa1"), "name" : "DataBase", "teacher" : "Wang"
}
{
"_id" : ObjectId("5c80722013eb0a13648387df"), "name" : "Java", "teacher" : "Chen"
}
```

(2) 将课程名为 DataBase 的任课教师改为 Chen。

```
> db.course.update({name:"DataBase"},{ $ set:{teacher:"Chen"}})
```

MongoDB 除了支持简单的文档修改操作外,还支持一系列的更新操作。

【实例 8-6】 其他更新操作。

(1) 在 jmxx 数据库 class 集合中插入一条新文档,班级的编号为 1001,人数为 50,班长为“Zhangsan”。

```
> db.class.insert(
```

```
{No:"1001",nums:50,monitor:"zhangsan"}
)
```

(2) 使用 $ inc 操作将学生的数量增加 10。

```
>db.class.update(
  {No:"1001"},
  {
        $ inc:{nums:10}   //nums 的数值加 10
  }
)
```

查看修改结果。

```
>db.class.find().pretty()          //为方便查看使用 pretty 方法
{
  "_id" : ObjectId("5c80984d13eb0a13648387e3"),
  "No" : "1001",
  "nums" : 60,            //数量由 50 变为 60
  "monitor" : "zhangsan"
}
```

(3) 使用 $ mul 操作将学生的数量变为原来的 3 倍。

```
>db.class.update(
  {No:"1001"},
  { $ mul:{nums:3}}
  )
```

查看修改结果。

```
>db.class.find().pretty()
{
  "_id" : ObjectId("5c80984d13eb0a13648387e3"),
  "No" : "1001",
  "nums" : 180,                 //数量由原来 60 更新为 180
  "monitor" : "zhangsan"
}
```

命令{ $ mul:{nums:3}}中,nums 表示要修改的字段名,数字 3 表示要扩大的倍数,这个数字可以是正数、负数和小数中的任意一种。

(4) 使用 $ max 对学生数量进行修改,将学生数量更新为 nums、200 中较大的一个数值。

```
> db.class.update(
{No:"1001"},
{ $max:{nums:200}}
)
```

查看修改结果。

```
> db.class.find().pretty()
{
  "_id" : ObjectId("5c80984d13eb0a13648387e3"),
  "No" : "1001",
  "nums" : 200, //学生数量修改为较大的 200
  "monitor" : "zhangsan"
}
```

(5) 使用 $ min 对学生数量进行修改,将学生数量更新为 50、200 中较小的一个数值。

```
> db.class.update(
{No:"1001"},
{ $min:{nums:50}}
)
```

查看修改结果。

```
> db.class.find().pretty()
{
  "_id" : ObjectId("5c80984d13eb0a13648387e3"),
  "No" : "1001",
  "nums" : 50,  //学生数量修改为较小的 50
  "monitor" : "zhangsan"
}
```

用户在使用过程中可能会出现插入文档时字段名输入错误的情况,MongoDB 为用户提供修改字段名的操作。

【实例 8-7】 修改字段名。

(1) 在 jmxx 数据库中插入一条新文档。

```
> db.class.insert(
{
  No:"1002",
  nums:50,
  monitoe:"xiaowang"          // monitoe 为书写错误的字段名
```

```
})
```

（2）使用 $ rename 操作，将错误字段名修正。

```
> db.class. update(
{No:"1002"},
{
  $ rename:{"monitoe":"monitor"}}
)
```

查看修改结果。

```
> db.class.find().pretty()
{
  "_id" : ObjectId("5c80a0d113eb0a13648387e4"),
  "No" : "1002",
  "nums" : 50,
  "monitor" : "xiaowang"        //字段名已由"monitoe"修改为"monitor"
}
```

命令 $ rename:{"monitoe":"monitor"}的作用是将"monitoe"修改为"monitor"。

MongoDB 还为用户提供了对文档字段进行修改的功能，使用 update 的 upsert 项实现对字段的增加，使用 $ unset 实现对字段的删除。

【实例 8-8】 字段修改。

（1）使用 update()的 upsert，为班级增加专业字段。

查看文档。

```
> db.class.find().pretty()
{
"_id" : ObjectId("5c80984d13eb0a13648387e3"),
"No" : "1001",
"nums" : 50,
"monitor" : "zhangsan"
}
```

增加字段。

```
> db.class. update(
  {No:"1001"},
  {
      $ set:{major:"CS"}
  },
```

```
    {
        upsert:true
    }
)
```

查看结果。

```
> db.class.find().pretty()
{
    "_id" : ObjectId("5c80984d13eb0a13648387e3"),
    "No" : "1001",
    "nums" : 50,
    "monitor" : "zhangsan",
    "major" : "CS"          //为该文档加入了 major 字段,值为 CS
}
```

(2) 使用 update()的 $ unset 删除文档的“monitor”字段。

```
> db.class.update(
    {No:"1001"},
    {
        $unset:{monitor:"zhangsan"}
    }
)
```

在实际应用中,可能会出现多条字段需要修改的情况,一次修改一条数据过于繁琐,使用 update()的 multi 项,可以实现一次对多条文档进行更新操作。

【实例 8-9】 同时进行多文档内容更新。

(1) 查看现有文档内容。

```
> db.class.find().pretty()
{
    "_id" : ObjectId("5c80984d13eb0a13648387e3"),
    "No" : "1001",
    "nums" : 50,
    "major" : "CS",
    "monitor" : "zhangsan"
}
{
    "_id" : ObjectId("5c80a0d113eb0a13648387e4"),
```

```
  "No" : "1002",
  "nums" : 50,
  "monitor" : "xiaowang",
  "major" : "CS"
}
```

（2）为所有专业是计算机的班级增加班主任字段，班主任为“zhou”。

```
db.class.update(
{
  "major":"CS"
},
{
  $set:{head:"zhou"}
},
{
  upsert:true,
  multi:true
}
)
```

3. 删除文档

删除命令：

```
db.collection.remove(
    <query>,
    {
      justOne:<boolean>,
      writeConcern:<document>,
      collation:<document>
    }
)
```

remove()参数说明如下。

（1）query：文档类型，必选参数，是使用查询运算符指定的查询条件。在2.6版本之后，传入空文档参数“({})”，可以删除集合中的所有文档。

（2）justOne：boolean类型，可选参数，要将删除限制为仅一个文档，需设置为true。省略使用的默认值为false，将删除符合删除条件的所有文档。

（3）writeConcern：文档型，可选参数，用户可自行定义写出错级别。

(4) collation:文档型,可选参数,表示用于操作的排序规则。

【实例 8-10】 删除符合查询条件的所有文档。

(1) 在 jmxx 数据库的 student 集合中插入学生文档。

```
> db.student.insert(
    [
      {Sno:"180001",Age:18},        //学号 18001,年龄 18
      {Sno:"180002",Age:20},
      {Sno:"180003",Age:20},
      {Sno:"180004",Age:20},
      {Sno:"180005",Age:22}
    ]
)
```

(2) 删除所有年龄小于 22 岁的学生。

```
> db.student.remove(
{
Age:{ $lt:22}        // $lt 为条件查询符
}
)
```

通过 remove()方法,可以将符合条件的记录全部删除。使用 MongoDB 所提供的 remove()命令的 justOne 选项,可以每次仅删除一条符合查询条件的文档。

【实例 8-11】 删除符合查询条件的单条文档。

(1) 插入两条学生数据。

```
> db.student.insert(
[
{Sno:"180006",Age:19},
{Sno:"180007",Age:17}
]
)
```

(2) 删除第一条年龄小于 22 岁的文档。

```
> db.student.remove(
{Age:{ $lt:22}},
{justOne:true}    //仅删除满足条件的第一条文档
)
```

查询删除结果。

```
> db.student.find().pretty()
{
  "_id" : ObjectId("5c81c4bd2f904066f70bd902"),
  "Sno" : "180005",
  "Age" : 22
}
{//满足条件的第一条文档已经被删除
  "_id" : ObjectId("5c838a06c2a7c1738b4afadf"),
  "Sno" : "180007",
  "Age" : 17
}
```

(3) 将集合中的文档全部删除。

```
> db.student.remove({})
WriteResult({ "nRemoved" : 2 }) //剩余的两条记录已被删除
```

删除集合的全部文档是 MongoDB 2.6 版本新加入的功能,可以实现清空集合文档的功能,在实际使用过程中极大地方便了文档操作。

8.4.3 查询

查询命令可以帮助用户在使用时快捷方便地查看数据库中的集合和文档内容。

查询命令:

```
db.collection.find(query, projection)
```

参数说明如下。

query:文档类型,可选参数。指定使用选择过滤查询操作。传递空文档参数({})时,返回结合中的全部文档。

projection:文档类型,可选参数。指定返回文档的字段,省略时返回文档的全部字段。

MongoDB 查询条件符如表 8.5 所示。

表 8.5 查询条件符

操作符	含义
$ gt	大于
$ gte	大于等于
$ lt	小于
$ lte	小于等于
$ ne	不等于
$ regex	正则表达式

【实例 8-12】 简单查询示例。

向 jmxx 数据库中的 student 集合中插入数据。

```
> db.student.insert(
  [
    {Sno:"180001",Age:18,Major:"CS"},
    {Sno:"180002",Age:19,Major:"MATH"},
    {Sno:"180003",Age:19,Major:"CS"}
  ]
)
```

查询集合的所有文档。

```
> db.student.find()
{ "_id" : ObjectId("5c8705a54a0d5a1ae78776e3"), "Sno" : "180001", "Age" : 18, "Major" : "CS" }
{ "_id" : ObjectId("5c8705c24a0d5a1ae78776e4"), "Sno" : "180002", "Age" : 19, "Major" : "MATH" }
{ "_id" : ObjectId("5c8705d54a0d5a1ae78776e5"), "Sno" : "180003", "Age" : 19, "Major" : "CS" }
```

MongoDB 本身提供了格式化输出方法 pretty()以方便用户阅读。MongoDB 所提供的格式化输出方法将文档的每个字段单独分为一行，单个文档分为一段，使得查询操作的结果简洁明了，便于阅读。

【实例 8-13】 查询集合中所有文档并以格式化的形式输出。

```
> db.student.find().pretty()
{
  "_id" : ObjectId("5c8705a54a0d5a1ae78776e3"),
  "Sno" : "180001",
  "Age" : 18,
  "Major" : "CS"
}
{
  "_id" : ObjectId("5c8705c24a0d5a1ae78776e4"),
  "Sno" : "180002",
  "Age" : 19,
  "Major" : "MATH"
}
```

```
{
  "_id" : ObjectId("5c8705d54a0d5a1ae78776e5"),
  "Sno" : "180003",
  "Age" : 19,
  "Major" : "CS"
}
```

使用条件查询可以更加精准获取需要的信息。

【实例 8-14】 条件查询。

(1) 查询年龄为 18 的所有学生信息。

```
> db.student.find({Age:18}).pretty()
{
  "_id" : ObjectId("5c8705a54a0d5a1ae78776e3"),
  "Sno" : "180001",
  "Age" : 18,
  "Major" : "CS"
}
```

(2) 查询年龄为 19,专业为“CS”的学生信息。

```
> db.student.find(
{
Age:19,
Major:'CS'
}
).pretty()
{
  "_id" : ObjectId("5c8705d54a0d5a1ae78776e5"),
  "Sno" : "180003",
  "Age" : 19,
  "Major" : "CS"
}
```

MongoDB 支持选择性显示查询结果,如果需要指定显示字段,可以进行如下操作。

【实例 8-15】 指定查询结果显示值。

(1) 查询年龄为 19,专业为“CS”的学生学号。

```
> db.student.find(
{
```

```
Age:19,
Major:'CS'
},
{
Sno:1 //1 或 true 显示该字段,0 或 flase 不显示该字段
}
)
{ "_id" : ObjectId("5c8705d54a0d5a1ae78776e5"), "Sno" : "180003" }
```

(2) 查询结果不显示_id。

```
>db.student.find(
{
Age:19,Major:'CS'
},
{
Sno:1,
_id:0 //_id 字段默认显示,赋值为 0 不显示该字段
}
)
{ "Sno" : "180003" }
```

8.4.4 聚合管道

聚合为文档型数据提供了多种数据处理方法,通过 aggregate()命令实现,支持管道操作和多种运算符。聚合操作把来自多个文档的值进行组合,并且可以对分组数据执行各种操作以返回单个结果。MongoDB 提供了三种执行聚合的方式:聚合管道、Map-Reduce 函数和单用途聚合方法。

MongoDB 的聚合框架以数据处理流水线概念作为基础,文档进入多阶段管道,文档转换为聚合结果最终返回。最基本的管道阶段提供类似于查询和文档转换功能的过滤器,可以对输出文档的形式进行修改。其他的管道操作提供了按特定字段对文档进行分组和聚合的功能,此外还支持运算符操作。MongoDB 的聚合操作同时支持本机和分片集合操作。本机聚合具有较高的效率,一般优先本机执行。管道操作的过程如图 8.6 所示。

图 8.6 展示了求“Major”为“CS”学生平均年龄的过程,第一阶段首先选择出“Major”为“CS”的学生,第二阶段对其求平均年龄。

常用管道和聚合操作符如表 8.6 所示。

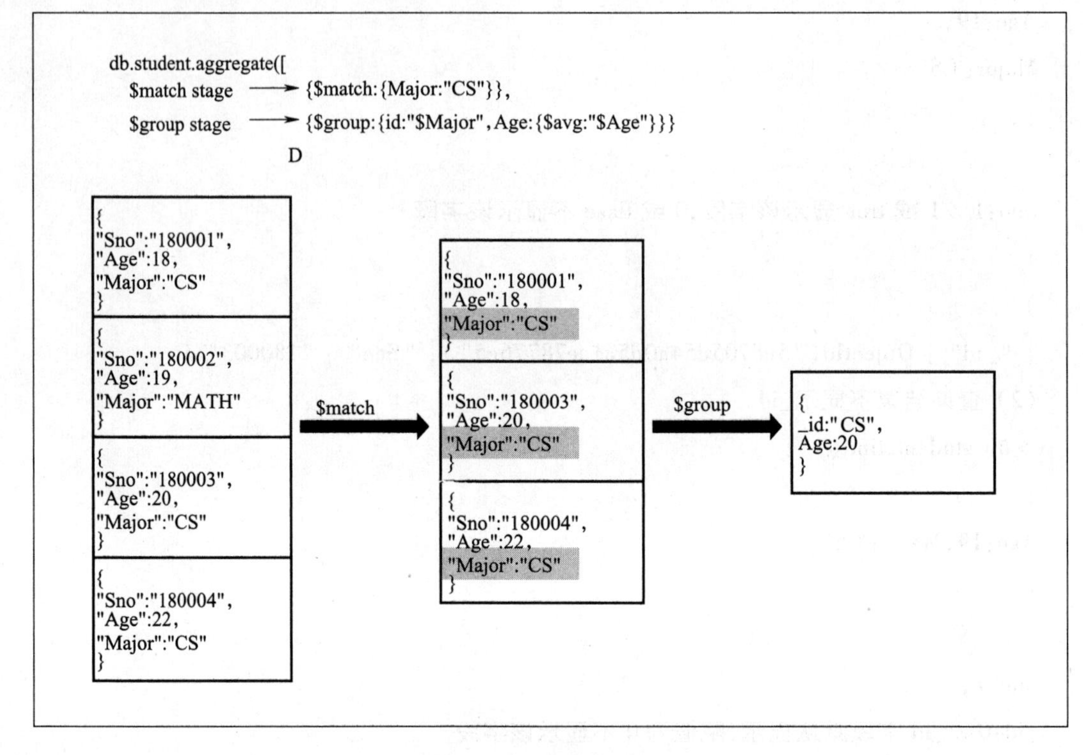

图 8.6 管道操作

表 8.6 常用管道和聚合操作符

操作符类型	操作符	含义
管道操作符	$ group	按指定的标识符表达式对文档进行分组
	$ project	重新整理文档,可以添加或删除字段
	$ count	返回文档数量
	$ match	过滤输出,将符合要求的文档传入管道的下一个阶段
	$ sort	对文档进行排序
	$ limit	限制返回文档前 n 条
	$ skip	跳过前 n 条返回文档
聚合操作符	$ sum	求和
	$ avg	求平均值
	$ max/min	求最大值/最小值
	$ first	返回第一个文档
	$ last	返回最后一个文档

【实例 8-16】 聚合管道应用。

在 jmxx 数据库的 student 集合中,返回 Major 为“CS”的文档。

(1) 聚合。

```
>db.student.aggregate( [ { $match:{Major:"CS"} } ] ).pretty()
{//返回 Major 为“CS”的所有文档
  "_id" : ObjectId("5c8705a54a0d5a1ae78776e3"),
  "Sno" : "180001",
  "Age" : 18,
  "Major" : "CS"
}
{
  "_id" : ObjectId("5c8705d54a0d5a1ae78776e5"),
  "Sno" : "180003",
  "Age" : 19,
  "Major" : "CS"
}
```

(2) 返回 Major 为“CS”的学生的平均年龄。

```
>db.student.aggregate(
[
  { $match:{Major:"CS"} },
  { $group:
     {_id:" $Major",
     Age:{ $avg:" $Age "}
     }
  }
])
{ "_id" : "CS", "Age" : 18.5 } //返回的平均年龄为 18.5 岁
```

8.4.5 索引

MongoDB 中的索引(index)与关系型数据库中的索引作用类似,可以提高查询效率。在不使用索引的情况,MongoDB 需要扫描集合中的所有文档来匹配查询内容。这种查询方法的效率十分低下,尤其在处理大数据时,查询可能花费几分钟的时间,这对于新型互联网应用是无法容忍的。然而,使用索引时,MongoDB 将先扫描索引,通过索引确定需要查询的部分文档,无须对全部文档进行扫描,以此提高检索效率。

MongoDB 的索引基于 B - tree 数据结构,索引建立的过程需要使用计算与存储资源,当存在索引时,插入或删除文档会造成索引的重建。树索引存储特定字段或字段集的值并按字段

值排序。

MongoDB 在集合级别定义索引，在建立集合的同时自动创建索引。默认情况下，MongoDB 数据库在_id 字段上创建唯一索引，可以避免重复插入相同_id 值的文档记录，该索引不允许删除。

1. **索引管理**

（1）建立索引。

```
db.collection.createIndex( < key and index type specification > , < options > )
```

参数说明如下。

key and index type specification：指定创建索引的字段和索引的类型。

options：创建索引选项。

（2）查看索引。

```
db.collection.getIndexes( )
```

（3）删除索引。

```
db.collection.dropIndex( )    //删除特定索引
db.collection.dropIndexes( ) //删除所有索引( _id 索引除外)
```

2. **索引分类**

MongoDB 中索引主要有单键索引、复合索引、多键索引、地理信息索引、散列索引和全文索引等。本节主要介绍常见索引的使用方法。

（1）单键索引。MongoDB 允许对文档集合中的任意字段添加索引，除默认_id 字段的索引外，用户可以根据需求添加额外的索引，以支持重要的查询操作。

单键索引的使用方法如下：

```
db.collection.createIndex( {< key > :< 1 or -1 >} )   //key 为建立索引键名,1 表示升序,-1 表示降序
```

【实例 8-17】 创建单键索引。

插入如下文档。

```
db.student.insert(
   [
     {Sno:"180001",Age:22},
     {Sno:"180002",Age:20},
     {Sno:"180003",Age:23},
     {Sno:"180004",Age:18},
     {Sno:"180005",Age:19}
   ])
```

以 Age 字段升序创建索引。

```
>db.student.createIndex({Age:1})
```

查询年龄大于 18 的学生信息。

```
>db.student.find({Age:{ $gt:18}})
{ "_id" : ObjectId("5d427f0e5216beea7c63557a"), "Sno" : "180005", "Age" : 19 }
{ "_id" : ObjectId("5d427f0e5216beea7c635577"), "Sno" : "180002", "Age" : 20 }
{ "_id" : ObjectId("5d427f0e5216beea7c635576"), "Sno" : "180001", "Age" : 22 }
{ "_id" : ObjectId("5d427f0e5216beea7c635578"), "Sno" : "180003", "Age" : 23 }
```

(2) 复合索引。复合索引的索引结构包含多个字段,可以在多个字段上进行匹配查询。使用方法如下。

```
db.collection.createIndex( {<key1>:<type>,<key2>:<type2>, …} )
```

【实例 8-18】 创建复合索引。

```
>db.student.insert(
{
    name:"wang",
    Sno:"10001",
    Information:{Address:"Hebei",Tel:"15600000000"}
})
>db.student.createIndex({"Information.Address":1})
```

(3) 多键索引。要索引包含数组值的字段,MongoDB 会为数组中的每个元素创建索引键。这些多键索引支持针对数组字段的高效查询。可以在包含标量值(例如,字符串、数字)和嵌套文档的数组上构建多键索引。使用方法如下。

```
db.collection.createIndex( {<key>:<1 or-1>} )
```

【实例 8-19】 创建多键索引。

```
>db.student.createIndex({"name":1,"Sno":-1})
```

(4) 地理信息索引。地理信息索引分为 2dsphere 索引和 2d 索引。需要计算的地理数据表示为类似于地球的球形表面上的坐标时,可以使用 2dsphere 索引,2dsphere 索引支持在类似地球的球体上计算几何的查询,一般将位置数据存储为 GeoJSON 对象。2dsphere 索引使用方法如下。

```
db.collection.createIndex( {<location field>: "2dsphere" } )
```

2d 索引支持在二维平面上计算几何的查询。需要计算距离时一般使用正常坐标对的形式存储位置数据,可以使用 2d 索引。使用方法如下。

```
db.collection.createIndex( {<location field>: "2d",
                            <additional field>:<value>},
```

```
{ &lt;index-specification options&gt; } )
```

【实例 8-20】 创建地理信息索引。

插入文档。

```
db.place.insert(
  [
    {name:"library",loc:[15,20]},
    {name:"dorm",loc:[15,80]},
    {name:"classroom",loc:[50,80]}
  ])
```

创建 2d 索引。

```
>db.place.createIndex( {loc:"2d"} )
```

创建 2dsphere 索引。

```
>db.place.createIndex( {loc:"2dsphere"} )
```

注意:实例 8-20 中的 loc 字段为二维数组,其中经度在前,纬度在后。在建立 2d 索引时,经纬度的取值范围在[-180,180];建立 2dsphere 索引时,经度的取值范围是[-180,180],纬度的取值范围为[-90,90],否则出错,无法建立索引。

(5) 文本索引。MongoDB 提供文本索引以支持对字符串内容的文本搜索查询,文本索引的值可以是字符串或字符串数组的任何字段。使用方法如下。

```
db.collection.createIndex( { key:"text" } )
```

(6) 散列索引。散列索引也称哈希索引,指按照某个字段的散列值来建立索引,主要用于散列分片,仅支持单个字段的完全匹配查询,不支持多字段索引和范围查询。使用方法如下。

```
db.collection.createIndex( { key:"hashed" } )
```

小结

互联网和大数据时代的到来推动了 NoSQL 数据库的发展,MongoDB 作为典型的文档型数据库,目前的应用十分广泛。本章首先介绍了 NoSQL 数据库的基本概念和分类,重点讨论了分布式系统的一致性问题。NewSQL 数据库不仅具有 NoSQL 数据库对海量数据的存储管理能力,还保持了传统关系数据库的特性,也是目前数据库研究的热点。

之后本章阐述了 MongoDB 数据库的基本原理,包括 MongoDB 的分片机制、集群架构及其轻量级的分布式文件系统 Gridfs。详细介绍了 MongoDB 数据库的安装配置过程,重点说明了文档的插入、删除、更新和查询操作的方法,最后介绍了索引的有关操作。

通过本章学习,读者可以比较系统地掌握 NoSQL 数据库的相关原理,同时可以结合本书给出的示例快速掌握 MongoDB 的基本使用方法。

习题

1. NoSQL 数据库与关系数据库有什么区别?
2. NoSQL 数据库有哪几种常见类型?
3. 什么是最终一致性?
4. 在 MongoDB 创建数据库,并采用隐式和显式两种方式创建集合。
5. 在 MongoDB 中为什么要建立索引?索引有哪些类型?

即测即评

扫描二维码,测试本章学习效果。

实验六 MongoDB 的安装与使用

一、实验目的

1. 掌握安装 MongoDB 的方法。
2. 掌握数据库的操作。
3. 掌握文档的插入、删除、更新和查询方法。
4. 熟悉管道的使用方法。
5. 掌握索引的使用方法。

二、实验内容

1. 安装 MongoDB 数据库。
2. 数据库操作。

(1) 创建 test 数据库。

(2) 查看 test 数据库。

（3）统计 test 数据库信息。

（4）删除 test 数据库。

3. 文档的插入、更新、删除和查询。

（1）向 test 数据库的 student 集合中插入一条文档。

（2）向 test 数据库的 student 集合中插入多条文档。

（3）查询 test 数据库的 student 集合中的所有内容。

（4）查询 test 数据库的 student 集合中的所有内容并格式化输出。

（5）修改文档字段。

（6）将 test 数据库的 student 集合中的所有文档删除。

4. 数据库索引的使用。

（1）创建单键索引、复合索引、多键索引和地理信息索引。

（2）查看所有索引。

（3）删除指定条件索引。

第 9 章　Sqoop、Kafka 和 Flume

本章主要介绍数据迁移工具 Sqoop、分布式消息队列 Kafka 和日志收集系统 Flume。Sqoop 主要用于在 Hadoop 和关系数据库间的数据交换。Kafka 是一种高吞吐量的分布式发布订阅消息系统,通过 Hadoop 加载机制来统一线上和离线的消息处理,通过集群提供实时消息。Flume 可以高效快速采集用户日志,以方便用户进行后续的数据分析和挖掘。

9.1　数据迁移工具 Sqoop

9.1.1　Sqoop 简介

传统的数据挖掘和管理通常建立在传统关系型数据库中,到目前已发展十分完善,但传统关系型数据库在大数据处理上存在着很多局限。为了充分利用 Hadoop 平台大数据处理和分析的优势,需要将数据从关系数据库导入 Hadoop 平台,Apache Sqoop 正是这方面的工具,可以轻松实现它们之间的数据迁移。

Sqoop 项目最早始于 2009 年,起初作为 Hadoop 的第三方插件。为了开发人员可以高效迭代开发,2011 年 Sqoop 开始成为 Apache 基金会独立项目。

Sqoop 可以简单、快速地从 MySQL、Oracle 等传统关系型数据库中把数据导入到如 HDFS、HBase 和 Hive 等大数据存储系统中,进而被 MapReduce 或 Spark 处理,最终的处理结果又可以导出到 RDBMS 中,数据导入导出过程如图 9.1 所示。

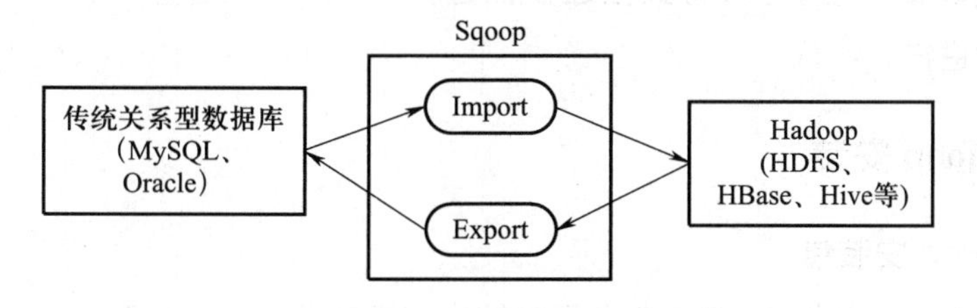

图 9.1　Sqoop 导入导出数据

Sqoop 导入数据时,所操作的对象为 RDBMS 表,Sqoop 会按行读取表中的所有数据副本到 HDFS 上的一系列文件中。根据 Sqoop 操作任务并行度(parallel level),被导入的表数据可能会分布在多个文件中,文件类型为以逗号或 Tab 符作为表字段分隔符的普通文本文件,或者是以二进制形式存储的 Avro 文件或序列化文件。Sqoop 导出数据时,以并行的方式从 HDFS 上读取相应的文件,并以新记录的方式添加到目标 RDBMS 表中。

Sqoop 具有以下特点。

(1) 高性能。Sqoop 采用 MapReduce 完成数据的导入导出,具备 MapReduce 所具有的优点,包括并发度可控、容错性高、扩展性高等。

(2) 自动类型转换。Sqoop 可读取数据源元信息,自动完成数据类型映射,用户也可根据需要自定义类型映射关系。

(3) 自动传播元信息。Sqoop 在数据发送端和接收端之间传递数据的同时,也会将元信息传递过去,保证接收端和发送端的元信息是一致的。

9.1.2　Sqoop 基本架构

Sqoop 目前具有两个版本,分别为 Sqoop 1 和 Sqoop 2,Sqoop 1 和 Sqoop 2 完全不兼容。Sqoop 1 部署简单、使用方便,是更加稳定的版本,Sqoop 2 目前仍在开发阶段。本书选择 Sqoop 1。

Sqoop 1 整合了 Hadoop 的组件,通过 Map 任务进行数据的传输和转换。Sqoop 接收到客户端的 Shell 命令或者 Java API 命令后,通过 Sqoop 中的任务翻译器(task translator)将命令转换为对应的 MapReduce 任务,多个 Map 任务同时读取数据,并行写入目标存储系统,进而完成数据的迁移,如图 9.2 所示。

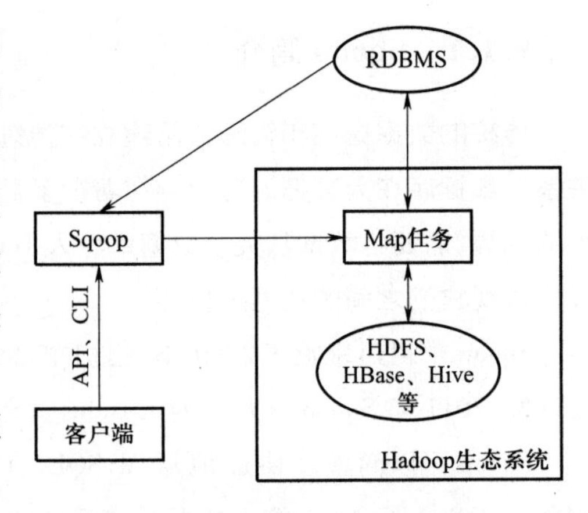

图 9.2　Sqoop1 基本架构

Sqoop 1 是客户端工具,无须启动额外服务便可使用。Sqoop 1 运行的本质是 MapReduce 作业,且只有 Map 阶段没有 Reduce 阶段。Sqoop 1 充分利用了 MapReduce 的并行特点,将数据迁移任务以批处理的方式进行。

9.1.3　Sqoop 安装

1. 下载 Sqoop 安装包

从官网下载 Sqoop 安装包,本书选择目前较稳定版本 Sqoop 1.4.7。

将 Sqoop 安装包上传到 master 节点的/home/jmxx 目录下,使用 jmxx 身份登录,解压 Sqoop 安装包。

```
[jmxx@master~]$ tar  -xvf  sqoop-1.4.7.bin_hadoop-2.6.0.tar.gz
```

为了方便后续使用,将解压后的目录改名为 sqoop。

```
[jmxx@master~]$ mv  sqoop-1.4.7.bin_hadoop-2.6.0  sqoop
```

2. 配置 Sqoop

（1）配置 MySQL Java 驱动。Sqoop 经常与 MySQL 数据库一同使用，使用前需要配置 MySQL Java 驱动。在安装 Hive 组件时，已经配置过 MySQL Java 驱动，将其中的 mysql-connector-java-5.1.40-bin.jar 文件复制到 Sqoop 的安装目录的依赖库目录 lib 下。

```
[jmxx@master~]$ cp  ~/hive/lib/mysql-connector-java-5.1.40-bin.jar  ~/sqoop/lib
```

同时需要将 hive-common-3.1.0.jar 复制到 sqoop 的 lib 目录下。

```
[jmxx@master~]$ cp  ~/hive/lib/hive-common-3.1.0.jar  ~/sqoop/lib
```

（2）配置 sqoop-env.sh。在/sqoop/conf 目录下，系统提供了模板文件 sqoop-env-template.sh，首先将其复制为 sqoop-env.sh。

```
[jmxx@master~]$ cd  sqoop/conf
[jmxx@master conf]$ cp  sqoop-env-template.sh  sqoop-env.sh
```

使用 gedit 或 vi 编辑修改 sqoop-env.sh 文件，修改为如下内容，然后存盘退出。

```
# Set path to where bin/hadoop is available
export  HADOOP_COMMON_HOME=/home/jmxx/hadoop
# Set path to where hadoop-*-core.jar is available
export  HADOOP_MAPRED_HOME=/home/jmxx/hadoop
# set the path to where bin/hbase is available
# export  HBASE_HOME=/home/jmxx/hbase
# Set the path to where bin/hive is available
export  HIVE_HOME=/home/jmxx/hive
```

（3）配置环境变量。使用 gedit 或 vi 编辑修改.bashrc 文件。

```
[jmxx@master~]$ vi  ~/.bashrc
```

添加以下内容后，存盘退出。

```
export  SQOOP_HOME=/home/jmxx/sqoop
export  PATH=$PATH:$SQOOP_HOME/bin
```

使用 source 命令使修改的环境变量生效。

```
[jmxx@master sqoop]$ source  ~/.bashrc
```

3. 启动并验证 Sqoop

验证 Sqoop 是否安装成功，如图 9.3 所示，则表示安装成功。

```
[jmxx@master sqoop]$ bin/sqoop  help
```

9.1.4 Sqoop 与 MySQL 连接

Sqoop 的一个主要功能就是将数据从其他数据源导出到 MySQL，或者将 MySQL 中的数据导入到其他数据源。无论哪种操作，都必须保证 Sqoop 与 MySQL 能够正确连接。下面展示使

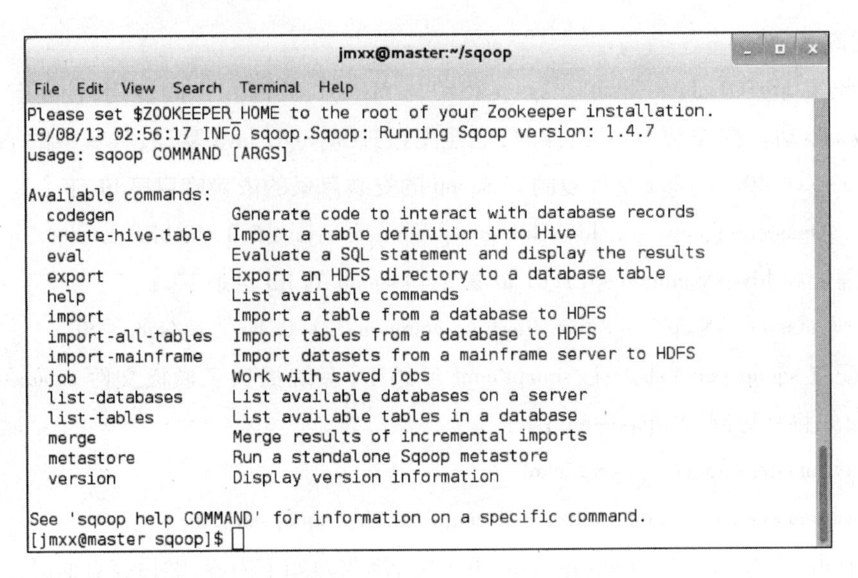

图 9.3 验证 Sqoop 是否安装成功

用 Sqoop 连接 MySQL 数据库的相关操作。

在进行操作之前,首先启动 MySQL。

[root@ master bin]# service mysqld start

1. 列出 MySQL 数据库下的所有数据库

[jmxx@ master sqoop] $ bin/sqoop list-databases --connect jdbc:mysql://localhost:3306 --username hive -P

上述命令通过 Sqoop 查询 MySQL 下的所有数据库。其中 hive 是用户名,后面的 - P 表示需要输入密码。输入密码后按 Enter 键,出现查询结果,如图 9.4 所示。

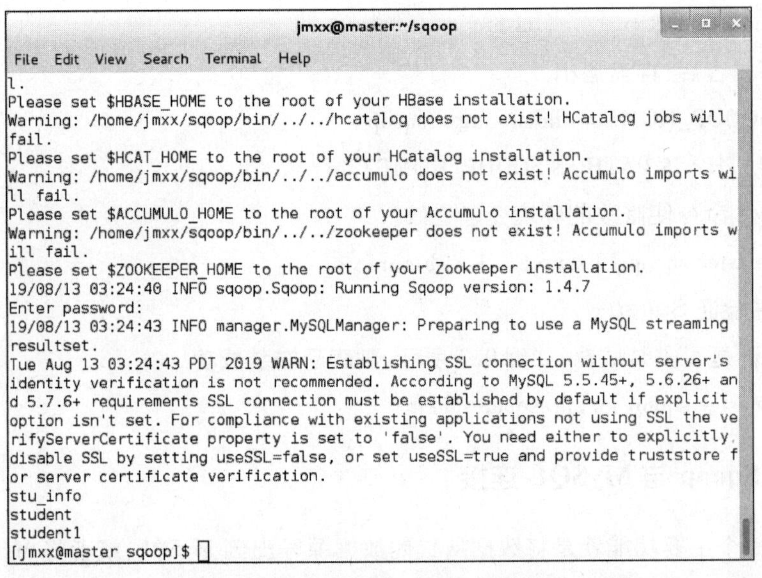

图 9.4 列出 MySQL 下的所有数据库

2. 列出 MySQL 数据库下的所有表

[jmxx@ master sqoop] $ bin/sqoop list-tables --connect jdbc:mysql://localhost:3306/test --username hive -P

上述命令中,jdbc:mysql://localhost:3306/test 表示 MySQL 中的 test 数据库,显示结果为 test 数据库中所有的表,如图 9.5 所示。

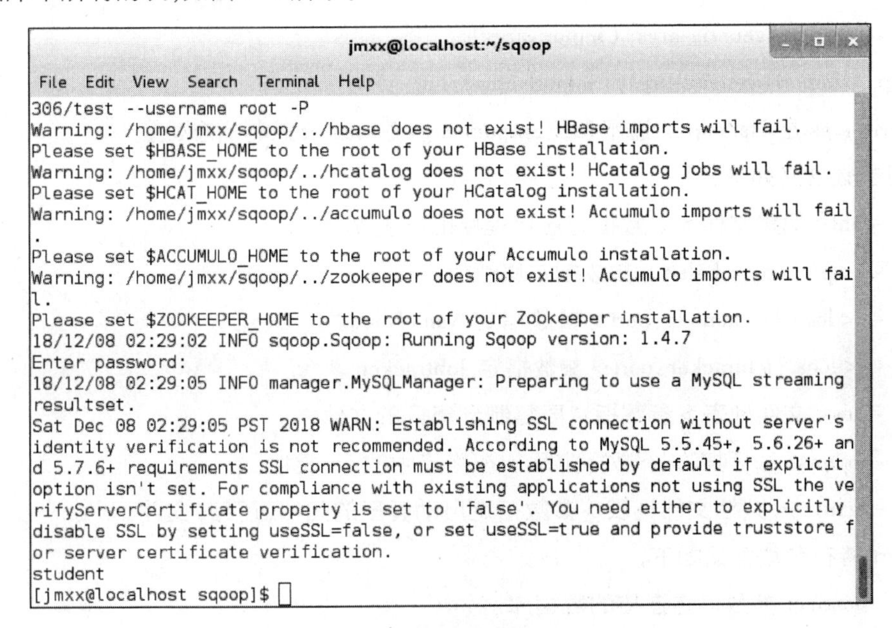

图 9.5 列出 MySQL 数据库下的所有表

3. 执行查询语句

[jmxx@ master sqoop] $ bin/sqoop eval --connect jdbc:mysql://localhost:3306/test --username hive -P --query "select * from student"

上述命令表示查询 test 数据库 student 表的内容,执行结果如图 9.6 所示。

```
jmxx@master:~/sqoop
File Edit View Search Terminal Help
Please set $ZOOKEEPER_HOME to the root of your Zookeeper installation.
19/08/13 03:21:07 INFO sqoop.Sqoop: Running Sqoop version: 1.4.7
Enter password:
19/08/13 03:21:10 INFO manager.MySQLManager: Preparing to use a MySQL streaming
resultset.
Tue Aug 13 03:21:10 PDT 2019 WARN: Establishing SSL connection without server's
identity verification is not recommended. According to MySQL 5.5.45+, 5.6.26+ an
d 5.7.6+ requirements SSL connection must be established by default if explicit
option isn't set. For compliance with existing applications not using SSL the ve
rifyServerCertificate property is set to 'false'. You need either to explicitly
disable SSL by setting useSSL=false, or set useSSL=true and provide truststore f
or server certificate verification.
---------------------------------------
| id          | name                  |
---------------------------------------
| 100         | aa                    |
---------------------------------------
[jmxx@master sqoop]$
```

图 9.6 查询 test 数据库 student 表的内容

9.1.5 Sqoop 常用功能

1. 从数据库导入 HDFS

将传统关系型数据库中的数据导入 HDFS 中是 Sqoop 的重要功能之一，具体语法格式如下。

```
sqoop    import(generic-args)(import-args)
sqoop    -import(generic-args)(import-args)
```

generic-args 是 Hadoop 的通用参数，import-args 是 import 的特有参数。

通用参数含义如下。

（1）-conf<配置文件>参数指定应用程序的配置文件。

（2）-D<property = balue>参数指定属性值。

（3）-fs<local|namenode:port>参数指定 NameNode。

（4）-jt<local|jobtracker:port>参数指定 Jobtracker。

（5）-files<文件列表>参数指定要复制到集群的文件。

（6）-libjars< jar 列表>参数指定添加在路径中的 jar 文件。

（7）-archives<归档文件列表>参数指定自动解压的归档（压缩）文件。

import 特有参数含义如下。

（1）--connect 参数指定连接的数据库。

（2）-username 参数指定数据库的用户名。

（3）-password 参数指定数据库的密码。

（4）-P 参数指定从 Shell 界面读取数据库密码。

（5）--table 参数指定数据库表名。

（6）--target-dir 参数指定导入 HDFS 目标地址。

（7）--num-mappers/--m：指定 Map 任务数，默认为 4。若命令指定启动 1 个 Map 任务执行相关操作，将在目标目录下生成 1 个结果文件。

示例：

```
[jmxx@master sqoop]$ bin/sqoop    import    --connect    jdbc:mysql://localhost:3306/test
 --username    hive -P    --table    student    --target-dir    /home/jmxx/test
```

上述命令将 MySQL 数据库中的 student 表导入到 HDFS 中，使用默认 Map 任务数，会在指定的目录中生成多个文件。注意，--target-dir 选项指定的目录中最后一个子目录不能存在，否则 Sqoop 导入操作执行失败，即上述目录/home/jmxx/test 中的子目录 test 不能存在。

2. 从数据库导入 Hive

将 RDBMS 中的数据导入数据仓库 Hive 中也是 Sqoop 的功能之一，使用该功能前需要在 Hadoop 平台上部署 Hive。将 RDBMS 数据导入 Hive 中的步骤如下。

（1）将相应 RDBMS 表数据导入到 HDFS 上。

（2）把 RDBMS 表数据类型映射成 Hive 数据类型，根据 RDBMS 表结构在 Hive 上执行 CREATE TABLE 操作创建 Hive 表。

（3）在 Hive 中执行 LOAD DATA INPATH 语句将 HDFS 中的 RDBMS 表数据文件移动到 Hive 数据仓库目录。

要将 RDBMS 中的数据导入到 Hive 中，只需为 sqoop import 指定--hive-import 选项即可。

```
[jmxx@master sqoop]$ bin/sqoop import --connect jdbc:mysql://localhost:3306/test --table student
--username hive -P --hive-import -m 1
```

上述命令将传统关系型数据库中的 student 表导入 Hive 中，Hive 会在数据仓库目录下新建一个 student 子目录，数据内容保存在 student 子目录下。可以使用 Hive 指令查看生成的 Hive 表的内容，这里不再赘述。

命令中的参数含义如下。

（1）--hive-table 参数指定 hive 表名，若省略该选项，则默认使用原 RDBMS 表名。

（2）--hive-overwrite 参数为写覆盖选项，若 Hive 中存在同名的表，内容将被覆盖。

（3）--create-hive-table 参数选项将原 RDBMS 表结构复制到 Hive 表中。

3. 导出数据

sqoop export 操作将 HDFS、Hive 中的文件或数据导出到 RDBMS 数据库中。RDBMS 中的表必须存在，否则 sqoop export 操作执行出错。sqoop export 操作包括 3 种模式，分别为 INSERT 模式、UPDATE 模式和 CALL 模式。执行 Sqoop 导出操作时，Sqoop 将 HDFS 上文件中的数据根据用户指定的分隔符解析成一系列记录。

具体语法格式如下。

```
sqoop export(generic-args)(export-args)
sqoop -export (generic-args)(export-args)
```

参数说明如下。

（1）--export-dir 参数用于指定导出的 HDFS 源路径。

（2）--table 参数指定目标 RDBMS 表名。

（3）--call 参数指定调用的存储过程。

（4）--columns 参数指定导出的列，默认为全部列。不同的列间使用逗号分隔。例如，--columns "col1,col2,col3"。

注意，使用--columns 导出特定列时，列的顺序需要与 HDFS 上的记录字段顺序一致。--columns 参数中未包含的列需要具有已定义的默认值或允许 NULL 值。否则，数据库将拒绝导入数据。

示例：

[jmxx@ master sqoop] $ sqoop/bin/sqoop export --connect jdbc:mysql://master:3306/test --table stu_info --export-dir /home/jmxx/data/part-m-00000 --username hive -P

执行 sqoop export 操作时,组合参数--export-dir 和--table 与组合参数--export-dir 和--call 之一必须指定。

sqoop export 执行时默认启动多个 Map 任务并行地执行,各个任务与 RDBMS 都建立一个单独的连接。事务连接的数量与 Map 任务数量相同,各个 Map 任务之间互不影响。不同的 Map 任务各自运行在一个单独的事务中,运行完成的 Map 任务会提交处理结果,运行失败的 Map 任务将会执行回滚。所有已成功完成的 Map 任务的处理结果都会持久化存储到 RDBMS 表中。此外,只有当所有的 Map 任务都成功完成,导出操作才会成功。

从 HDFS 导出到 RDBMS 时可能会因为以下原因导致操作失败。

(1) 软硬件原因导致 Hadoop 集群与 RDBMS 连接断开。

(2) 导出的记录违反一致性约束,比如导入重复主键的记录。

(3) 导出的记录不完整或错误。

(4) 导出目标位置磁盘空间不足。

4. **其他功能**

Sqoop 还提供了其他功能。比如,sqoop-merge 可以合并两个数据集的数据; sqoop-eval 仅执行对数据库的查询,并在控制台上输出; sqoop-version 可以打印出 Sqoop 的版本信息; 使用 sqoop help 可以列出所有的工具信息,如图 9.7 所示。

[jmxx@ master sqoop] $ bin/sqoop help import

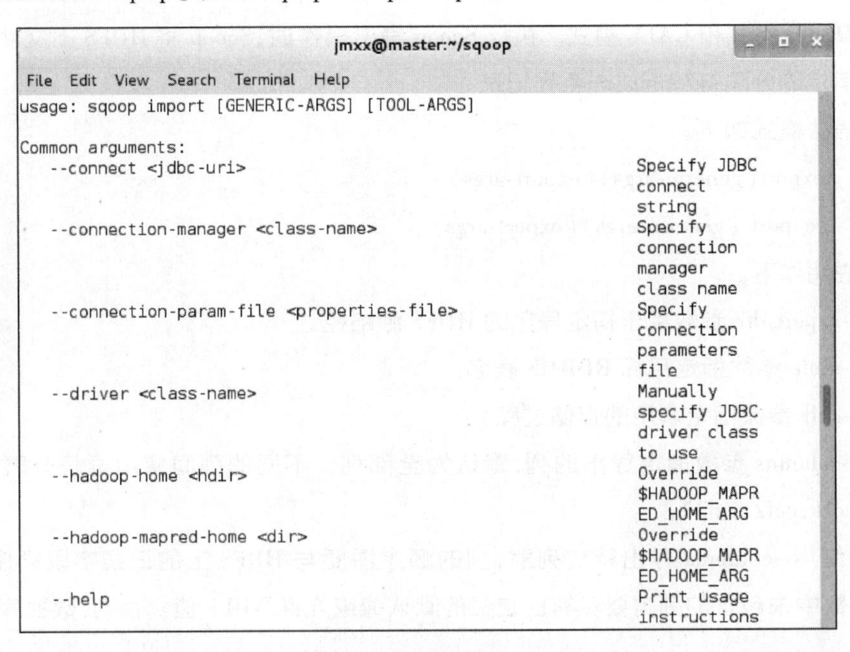

图 9.7 Sqoop 其他功能

9.2 分布式消息队列 Kafka

9.2.1 Kafka 概述

近年来,对流数据和运营数据的分析处理已成为大数据处理的重要组成部分,Kafka 正是根据此类需求而研发的。Kafka 是由领英公司开发的分布式消息代理中间件,它是一个对大量复杂数据做分布式存储和转发的消息代理。该中间件能够缓冲生产者产生的数据,防止消费者无法及时处理。Kafka 因其具有高吞吐量和可以水平扩展的特点而被大量应用,当前流行的开源分布式大数据处理系统,如 Spark 和 Storm,都可以与 Kafka 集成。现在 Kafka 是 Apache的项目之一,被 Apache 托管。

Kafka 消息代理在收集、分发大量的日志文件时具有较低的延时性,它可以同时支持数据信息的在线处理与离线处理。Kafka 的系统设计,例如,分布式架构、顺序硬盘读写、分区存储等,使其具备伸缩性良好和高吞吐量的优点。

Kafka 具有以下特点。

(1) 高性能。相比于 RabbitMQ 等其他消息队列,Kafka 优秀的设计实现使得它具有更高的性能和吞吐率。经领英公司对比测试,单台机器同等配置下,以单位时间内处理的消息数为指标,Kafka 比 RabbitMQ 等消息队列高 40 ~ 50 倍。在价格低廉的商用机上,单台机器就可以实现每秒 100 万条消息的读和写。

(2) 负载均衡。Kafka 支持消息生产者在客户端的负载均衡,或者利用专有的负载均衡器来均衡 TCP 连接。一个专用的四层均衡器通过将 TCP 连接均衡到 Kafka 的 Broker 上来工作。在这种配置下,所有来自同一个生产者的消息被发送到一个 Broker 上,因此一个生产者只需要一个 TCP 连接,而不需要与 ZooKeeper 连接。

(3) 扩展性。Kafka 使用 ZooKeeper 来实现动态的集群扩展,不需要更改客户端的配置, Kafka 采用分布式设计架构,数据经分片后写入多个节点,既可以突破单节点数据存储和处理的瓶颈,也可以实现容错等功能。

(4) 高效率的数据持久性。数据消息均会持久化到磁盘上,并通过多副本策略避免数据丢失。Kafka 采用了顺序写、顺序读和批量写等机制,提升磁盘操作的效率。可以在时间复杂度为常数的情况下实现 TB 级以上的数据读或写操作。

9.2.2 Kafka 应用场景

1. 日志收集

Kafka 可将不同系统、不同平台的日志聚合到一起集中处理,很多场景用此作为一个日志聚合的解决方案。一个公司可以用 Kafka 收集各种服务的日志文件,通过 Kafka 以统一接口服务的方式开放给多个 Consumer，如 Hadoop、HBase 等。

2. 运营数据监控

Kafka 可用来作为监控系统运营的数据管道，包括收集各种分布式应用的数据，产生各种操作的集中反馈等。

3. 用户动态跟踪

Kafka 经常被用来记录 Web 用户或者 App 用户的各种活动，如浏览网页、搜索、点击等活动，这些活动信息被各个服务器发布到 Kafka 的 topic 中，然后订阅者通过订阅这些 topic 来做实时的监控分析，或者装载到 Hadoop、数据仓库中做离线分析和挖掘。最初的 Kafka 就是以管道的方式进行发布订阅的，从而构建一个用户活动跟踪系统的管道。

4. 消息处理

Kafka 可以用来替代传统的消息系统。与传统的消息系统相比，Kafka 有更好的吞吐量、分隔、复制、负载均衡和容错能力。

5. 流处理

通过对原始数据的聚合、富有化、转化和包装形成新的数据，再次发布成消息供以后使用。

9.2.3 Kafka 基本架构

Kafka 架构由 Producer、Broker 和 Consumer 三类组件组成，其基本架构如图 9.8 所示。

Producer 将数据写入 Broker，Consumer 则从 Broker 上读取数据进行处理，Broker 构成了连接 Producer 和 Consumer 的“缓冲区”。多个 Broker 构成一个可靠的分布式消息存储系统，避免数据丢失。Broker 中的消息被划分成若干个 topic，同属一个 topic 的所有数据按照某种策略被分成多个 partition，以实现负载均衡和数据并行处理。

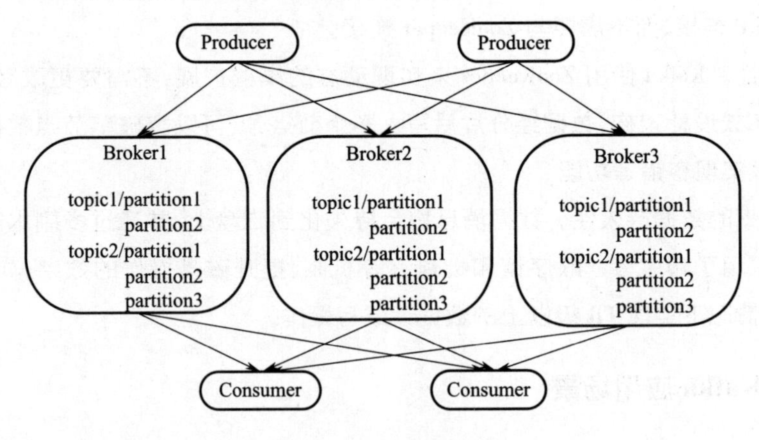

图 9.8 Kafka 基本架构

1. topic（主题）和 partition（分区）

topic 可以看成不同消息的类别或者信息流，不同的消息通过不同的 topic 进行分类或者汇总,然后 Producer 将不同分类的消息发送到不同的 topic。对于每一个 topic,Kafka 集群维护一个分区的日志,如图 9.9 所示。

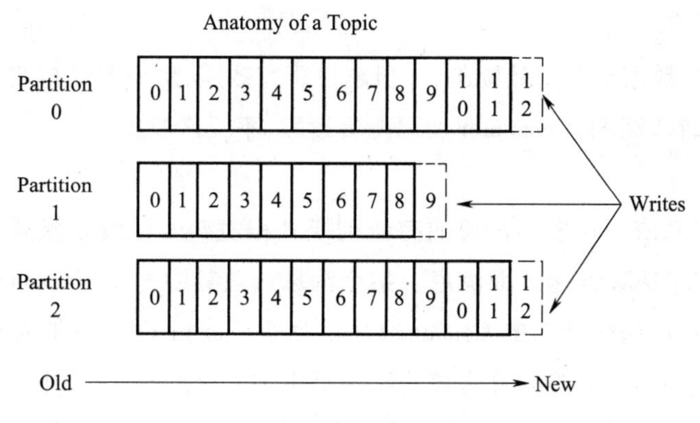

图 9.9　Kafka 分区图

每一个 partition 都是一个有序的、不可变的消息序列,它在存储层面是以 append log 文件形式存在的。任何发布到此 partition 的消息都会被直接追加到 log 文件的尾部。每条消息在文件中的位置称为 offset(偏移量),offset 为一个 Long 型数字,它是唯一的数字标识。

Kafka 集群可以保存所有发布的消息,无论消息是否被消费,消息仍然会被保留一段时间。例如,如果日志保存时间设置为两天,那么在日志被消费之后的两天内仍然有效,之后它将会被丢弃以释放磁盘空间。Kafka 的性能相对于数据量来说是恒定的,所以可以高效持久地保存大量数据。

2. Producer

Producer 是由用户使用 Kafka 提供的 SDK 开发的,Producer 将数据转化成“消息”,并通过网络发送给 Broker。Producer 发送消息时,不需要指定所有 Broker 的地址,只需指定一个或几个初始化 Broker 地址即可,Producer 可通过指定的 Broker 获取其他所有 Broker 的位置信息,并自动实现负载均衡。

Producer 将消息发布到它指定的 topic 中,并负责决定发布到哪个分区。通常简单地由负载均衡机制随机选择分区,但也可以通过特定的分区函数选择分区。

Producer 的异步发送模式允许进行批量发送,先将消息缓存在内存,然后一次请求批量发送出去,该策略可以指定缓存的消息达到某个量就发送出去,或者缓存了固定的时间就发送出去,大大减少服务端的 I/O 次数,有效地提高发送效率。

3. Broker

Broker 一般有多个,多个 Broker 构成一个可靠的分布式消息存储系统,避免数据丢失。Broker 的主要职责是接受 Producer 和 Consumer 的请求,并将消息持久化到磁盘。

Broker 以 topic 为单位将消息分成不同的分区,每个分区可以有多个副本,通过数据冗余的方式实现容错。Kafka 能保证同一 topic 下同一 partition 内部的消息是有序的,但无法保证

partition 之间的消息全局有序,这意味着一个 Consumer 读取某个 topic 下的消息时,可能得到与写入顺序不一致的消息序列。但在实际应用中,合理利用分区内部有序这一特征即可满足时序相关的需求。

Broker 中保存的数据是有有效期的,一旦超过了有效期,对应的数据将被移除以释放磁盘空间。只要数据在有效期内,Consumer 可以重复读取,不受限制。

4. Consumer

Kafka 作为消息系统，在发布消息时有队列模式和发布—订阅者模式。队列模式中，多个 Consumer 可以同时从服务端读取消息，每个消息只被其中一个 Consumer 读到。发布—订阅者模式中，消息被广播到所有的 Consumer 中。多个 Consumer 可以加入一个 Consumer 组，共同竞争一个 topic，topic 中的消息将被分发到组中的一个成员中。同一组中的 Consumer 可以在不同的程序中，也可以在不同的机器上。如果所有的 Consumer 都在一个组中，这就成了传统的队列模式，在各 Consumer 中实现负载均衡；如果所有的 Consumer 都在不同的组中，这就成了发布—订阅模式，所有的消息都被分发到所有的 Consumer 中。

传统的队列保存的消息是有序的,如果多个 Consumer 同时从这个服务器消费消息,服务器就会以消息存储的顺序向 Consumer 分发消息。虽然服务器按顺序发布消息,但是消息被异步分发到各 Consumer 上,所以当消息到达时可能已经失去了原来的顺序,这意味着并发消费将导致顺序错乱。为了避免故障,这样的消息系统通常使用“专用 Consumer”的概念,即只允许一个消费者消费信息,这也意味着失去了并发性。

如图 9.10 所示,Kafka 通过分区的概念,在多个 Consumer 组并发的情况下,提供较好的有序性和负载均衡。将每个分区只分发给一个 Consumer 组,这样一个分区只被这个组的一个 Consumer 消费,就可以顺序地消费这个分区的消息。因为有多个分区,依然可以在多个 Consumer 组之间进行负载均衡。

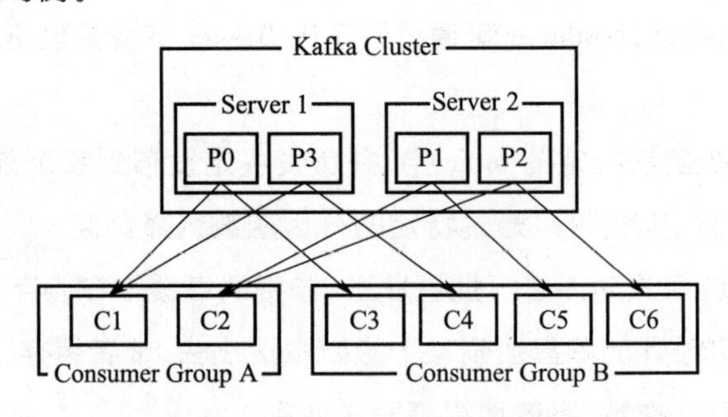

图 9.10 两个机器组成的集群

Consumer 消费消息时,只需要指定消息在日志中的偏移量(offset),就可以向 Broker 发出请求,去消费从这个位置开始的消息。每个 Consumer 自己维护最后一个已读取消息的 offset,并在下次请求消费从这个 offset 开始的消息。

消息系统有两种传统模式:push 模式和 pull 模式。

Kafka 在消息存储与转发过程中主要分为两个阶段：一是 Producer 将数据写入 Broker，二是 Consumer 从 Broker 上读取数据。 在第一个阶段中采用的是 push 模式，即将消息推送给 Broker。 而在第二个阶段 Kafka 选取传统的 pull 模式，即 Consumer 从 Broker 拉取消息。因为在 push 模式中，由 Broker 决定消息推送的速率，很难适应消费速率不同的 Consumer，push 模式的目标是尽可能以最快速度传递消息，但是这样很容易造成 Consumer 来不及处理消息，当 Broker 推送的速率远大于 Consumer 消费的速率时，Consumer 会拒绝服务或造成网络阻塞。 如果为了避免网络阻塞而采用较低的推送速率，可能导致一次只推送较少的消息而造成浪费。 而采用 pull 模式的好处是 Consumer 不仅可以自主决定是否批量地从 Broker 拉取数据，而且可以根据自己的消费能力决定消费策略。

pull 模式存在一个缺点,如果 Broker 没有可供消费的消息,将导致 Consumer 不断地在循环中轮询,直到新消息到达。为了避免这点,Kafka 有个参数可以让 Consumer 阻塞直到新消息到达。

9.2.4 Kafka 应用

1. Kafka 安装

访问 Kafka 官网下载页面下载 Kafka 稳定版本的安装包 kafka_2.10－0.10.1.0.tgz,此安装包内已经附带 ZooKeeper,所以不需要额外安装。

下载完安装文件以后,需要对文件进行解压。将文件放在虚拟机的 home 目录下,打开一个终端,解压 Kafka 安装包。

```
[jmxx@master~]$ tar  -xvf  kafka_2.10-0.10.1.0.tgz
```

为了方便后续操作,将此目录名改为 kafka。

```
[jmxx@master~]$ mv  kafka_2.10-0.10.1.0  kafka
```

修改 Kafka 中的配置文件。

```
[jmxx@master~]$ cd  kafka/config
[jmxx@master config]$ gedit  zookeeper.properties
```

设置 ZooKeeper 中使用的基本时间单位(毫秒值),添加如下代码:

```
tickTime = 10000
```

存盘退出。

2. 启动 Kafka 和 ZooKeeper

(1) 启动 ZooKeeper 服务。要使用 Kafka,首先需要启动 ZooKeeper,新建一个终端,进入 Kafka 安装目录,执行如下命令。

```
[jmxx@master~]$ cd  kafka
[jmxx@master kafka]$ bin/zookeeper-server-start.sh  config/zookeeper.properties
```

注:执行该命令后,Linux 终端会返回一堆信息,然后出现停顿,如图 9.11 所示。这并不表

示 ZooKeeper 服务启动失败,而是系统正处于后台运行状态,只需保持终端窗口状态即可。一旦关闭该窗口,ZooKeeper 服务就停止了。启动 ZooKeeper 过程如图 9.11 所示。

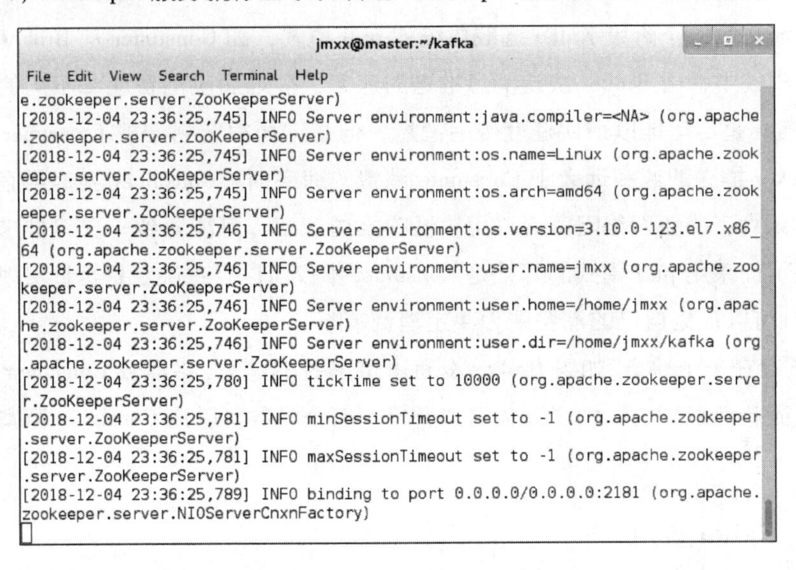

图 9.11 启动 ZooKeeper 界面

(2) 启动 Kafka 服务。新建一个终端,执行如下命令启动 Kafka:

[jmxx@ master~] $ cd kafka

[jmxx@ master kafka] $ ./bin/kafka-server-start. sh config/ server. properties

同样,执行上述命令后,终端窗口会返回一堆信息,然后停顿,没有回到命令提示符状态,如图 9.12 所示,这时,Kafka 服务器已经启动,正处于服务状态。一旦关闭该窗口,Kafka 服务就停止了。

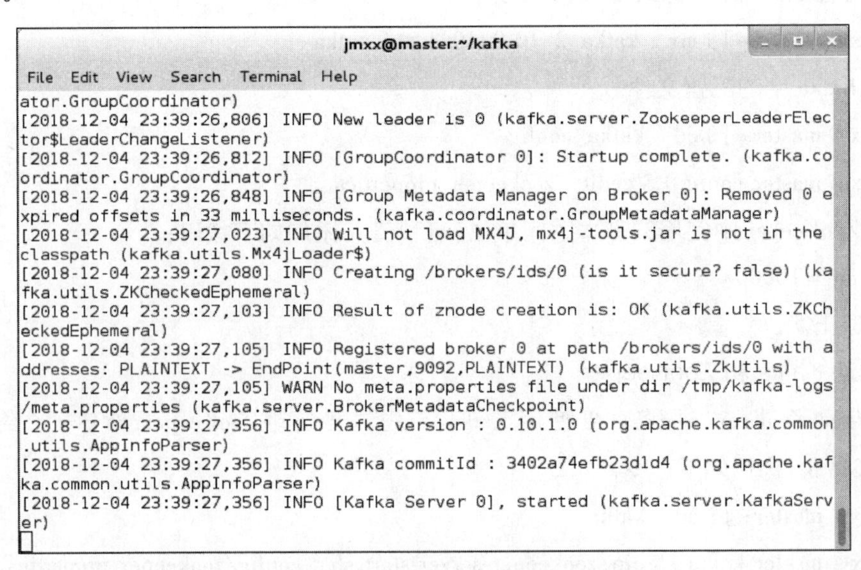

图 9.12 启动 Kafka 界面

3. 创建主题

主题(Topic)是消息中间件的基本概念,相当于文件系统的目录,其实就是用于保存消息内容的计算实体,通过主题名称加以识别。

下面以单节点的方式配置一个名为 test 的 Topic。首先新建一个终端,进入 Kafka 安装目录,执行如下命令。

[jmxx@ master kafka]$ ./bin/kafka-topics. sh --create --zookeeper master:2181 --replication-factor 1 -partitions 1 --topic test

执行成功后,会出现“Created topic "test"”的提示,如图 9.13 所示。

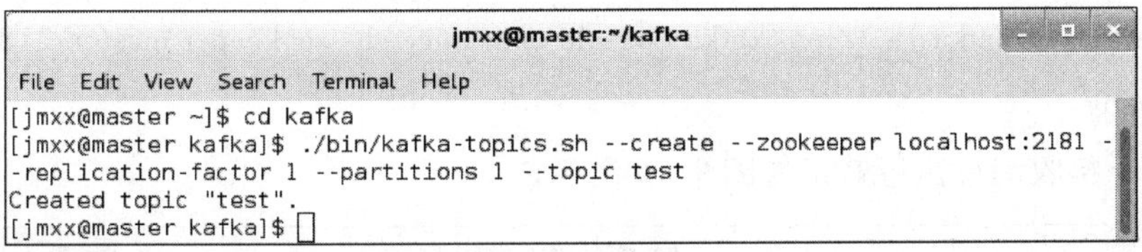

```
jmxx@master:~/kafka
File Edit View Search Terminal Help
[jmxx@master ~]$ cd kafka
[jmxx@master kafka]$ ./bin/kafka-topics.sh --create --zookeeper localhost:2181 -
-replication-factor 1 --partitions 1 --topic test
Created topic "test".
[jmxx@master kafka]$ 
```

图 9.13 创建 topic

也可以通过 list 命令列出所有创建的 Topic,来查看刚才创建的 Topic 是否存在,命令如下。

[jmxx@ master kafka] $ ./bin/kafka-topics. sh --list --zookeeper master:2181

执行结果如图 9.14 所示。

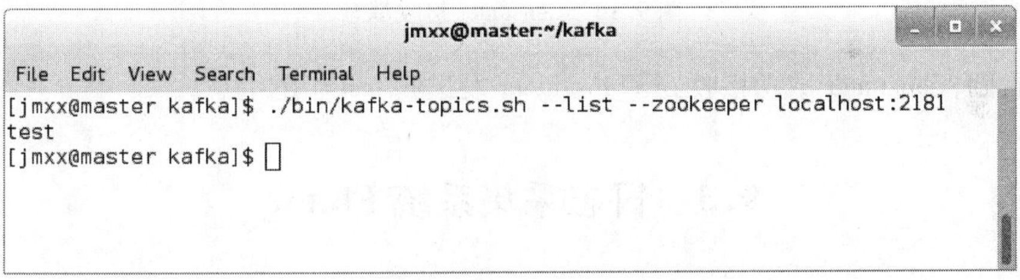

```
jmxx@master:~/kafka
File Edit View Search Terminal Help
[jmxx@master kafka]$ ./bin/kafka-topics.sh --list --zookeeper localhost:2181
test
[jmxx@master kafka]$ 
```

图 9.14 查看创建的 topic

4. 发送消息

可以创建一个 Producer,利用它产生消息。新建一个终端,输入以下命令。

[jmxx @ master kafka]$ ./bin/kafka-console-producer. sh --broker-list master:9092 --topic test

按 Enter 键后,系统等待用户输入信息,可以在终端输入以下信息进行测试。

Hello Zookeeper

Hello Kafka

执行效果如图 9.15 所示。

作为 Producer,该终端一直处于产生消息的状态,其任务就是等待用户输入消息,并保存到消息主题中。需要在另一个终端上创建一个 Consumer 接收这些消息。

```
jmxx@master:~/kafka
File Edit View Search Terminal Help
[jmxx@master ~]$ cd kafka
[jmxx@master kafka]$ ./bin/kafka-console-producer.sh --broker-list localhost:909
2 --topic test
Hello Zookeeper
Hello Kafka
```

图 9.15 Producer 发送消息

5. **接收消息**

新建一个终端,执行如下命令创建 Consumer 接收消息。

[jmxx@ master kafka] $ ./bin/kafka-console-consumer. sh--zookeeper master:2181 --topic test --from-beginning

Consumer 接收消息执行效果如图 9.16 所示。

```
jmxx@master:~/kafka
File Edit View Search Terminal Help
[jmxx@master ~]$ cd kafka
[jmxx@master kafka]$ ./bin/kafka-console-consumer.sh --zookeeper localhost:2181
--topic test --from-beginning
Using the ConsoleConsumer with old consumer is deprecated and will be removed in
 a future major release. Consider using the new consumer by passing [bootstrap-s
erver] instead of [zookeeper].
Hello Zookeeper
Hello Kafka
```

图 9.16 Consumer 接收消息

可以看到,Consumer 成功接收到了 Producer 发送到 test 中的消息。

9.3 日志采集系统 Flume

9.3.1 Flume 简介

Flume 是 Cloudera 提供的一个高可用的、高可靠的、分布式的海量日志采集、聚合和传输系统,用于从不同的数据源可靠、有效地加载数据流到数据存储系统中。

Flume 将数据从产生、传输、处理并最终写入目标路径的过程抽象为数据流。在实际中,因为数据是可定制的,因此包括日志数据在内,Flume 还可以用于包括网络流量数据、社交媒体生成的数据、电子邮件消息等其他许多可能的数据源的收集传输。

9.3.2 Flume 基本思想及特点

Flume 采用了插拔式软件架构,所有组件均是可插拔的,用户可以根据自己的需要定制每个组件。Flume 本质上是一个中间件,它屏蔽了流式数据源和后端中心化存储系统之间的异构性,使得整个数据流非常容易扩展和演化。

Flume 主要有以下几个特点。

(1) 可靠性。Flume 使用事务性的方式保证 Event 传递的可靠性。Sink 必须在 Event 被存入 Channel 后,或者已经被成功传递给下一个 Agent 后,才能把 Event 从 Channel 中删除。这样数据流里的 Event 无论是在一个 Agent 里还是多个 Agent 之间流转,都能保证可靠。

(2) 扩展性。Flume 使用分布式架构,不具有中心化组件,因此具有良好的扩展性。

(3) 高度定制化。Flume 各个组件均可插拔,因此用户可以根据需求进行定制。

(4) 语意路由。Flume 可根据用户的设置,将流式数据路由到不同的组件或存储系统中,因此用户可以搭建一个支持异构的数据流。

9.3.3 Flume 核心模块

Flume 基本架构如图 9.17 所示。

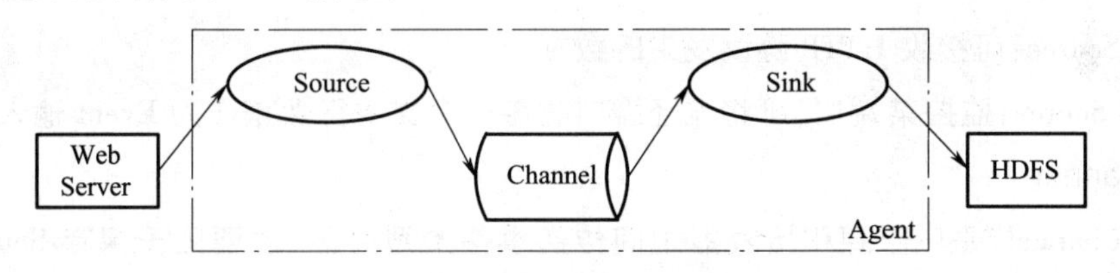

图 9.17 Flume 基本架构

1. Event

Flume 中数据的基本表现形式叫做事件(Event),是 Flume 传输的基本单元。Event 由 Header 和 Body 组成,其中 Header 是一些键值对(Map <String,String>),包含了标识信息,可用于数据路由。Body 是个字节数组(byte[]),封装了实际需要传递的数据内容,是 Flume 收集到的数据信息。

2. Agent

Agent 是 Flume 的核心,是 Flume 部署的最简单元。一个 Flume Agent 可以连接一个或多个其他 Agent。每个 Agent 都有三个组件,即 Source、Channel 以及 Sink。其中 Source 负责获取 Event,Channel 用于缓存 Source 接收到的数据,Sink 则负责将数据转发到下一个 Agent 或者最终目的地。

在 Agent 中,采集到的数据可以写入一个或多个 Channel,并且可以由一个或多个 Sink 读取这些 Event 并转发至下一个 Agent 或文件存储系统。

3. Source

源(Source)是负责接收 Event 的组件,可以从 Client 或者上一个 Agent 接收数据。Flume 提供了两种直接读取文件的 Source,分别是 Exec Source 与 Spooling Directory Source。

(1) Exec Source。执行指定的 shell,并从该命令的标准输出中获取数据。Exec Source 可实现对数据的实时收集,但考虑到当 Flume Agent 不运行或者指令执行出错时,Exec Source 将无法收集到日志数据,无法保证日志数据的完整性,因而在实际生产环境中很少被采用。

（2）Spooling Directory Source。该 Source 可监控指定目录池下新增的文件并采集文件中的数据。使用该 Source 时,通常会指定一个目录作为监控目录,当需要传输数据时,将文件复制到该目录下,实现近似实时传输。但是需要注意的是,复制到监控目录下的文件不可以再修改；监控目录下不可包含子目录。

此外,为了方便用户使用,Flume 还提供了很多 Source 实现,主要以下几种。

Avro Source:可接收 Avro 客户端发送的数据。

Thrift Source:可接收 Thrift 客户端发送的数据。

Kafka Source:可采集 Kafka 消息系统数据。

Syslog Source:包括 Syslog TCP Source 和 Syslog UDP Source,分别可以接收 TCP 和 UDP 协议发过来的数据。

HTTP Source:可接收 HTTP 协议发来的数据。

NetCat Source:监控某端口,可将流经端口的每一个文本行数据作为 Event 输入。

4. Channel

通道(Channel)是位于源和接收器之间传递事件的缓冲区,主要用于保存 Source 传递过来的 Event,缓存从 Source 到 Sink 的中间数据。Source 写入数据到 Channel 中,再由 Sink 读取。

目前比较常用的 Channel 有以下几种。

（1）Memory Channel。在内存队列中缓存 Event。该 Channel 具有非常高的 Source 写入和 Sink 读取性能,但一旦断电,内存中数据会丢失,另外,由于内存空间受到 RAM 大小的限制,内存不足时,可能导致 Agent 崩溃,而 File Channel 只要磁盘空间足够,就可以存储所有的 Event数据。

（2）File Channel。在磁盘文件中缓存 Event。该 Channel 弥补了 Memory Channel 的不足,File Channel 将 Event 持久化并存储到磁盘中,是一个持久化的通道,因此即使操作系统崩溃或重启,也不会造成数据丢失,但是 File Channel 的性能相比于 Memory Channel 会有一定的下降。

（3）JDBC Channel。可将 Event 写入数据库中,适用于对故障恢复要求高的场景。

（4）Kafka Channel。在 Kafka 中缓存 Event。

5. Sink

接收器(Sink)是从 Channel 中接收 Event,发送数据给下一个 Agent 或者最终目的地的实体。Sink 在设置存储数据时,可以向文件系统、数据库等中存储数据。如 HDFS Sink 就是一个 HDFS 文件的接收器。

Sink 使用标准的 Flume 配置系统进行配置。每个 Agent 可以有一个或若干个 Sink。每个 Sink 只能从一个 Channel 中读取 Event。如果 Sink 没有配置 Channel,那么 Sink 就会从 Agent

中被移除。

Flume 主要提供了以下几种 Sink 实现。

（1）HDFS Sink。将数据写入 HDFS。

（2）HBase Sink。将数据写入 HBase，支持同步和异步两种写入方式。

（3）Avro Sink。数据被转换成 Avro Event 并通过 Avro 发送给指定的 Avro Server。

（4）ElasticSearchSink。将数据写入 ElasticSearch 搜索引擎，可同时使用 HDFS Sink 和该 Sink 将数据写入 HDFS 和搜索引擎。

（5）Kafka Sink。将数据写入 Kafka 中。

（6）File Roll Sink。将数据写入本地文件系统。

（7）Logger Sink。将数据写入日志文件。

9.3.4 Flume 安装配置

1. 下载解压安装文件

下载相应版本的 Flume 安装文件，本书使用 apache - flume - 1.7.0 - bin.tar.gz。

下载后，将安装包复制到虚拟机的/home/jmxx 目录下，对文件进行解压。

```
[jmxx@ master~]$ tar  -xvf  apache-flume-1.7.0-bin.tar.gz
```

将目录 apache - flume - 1.7.0 改名为 flume。

```
[jmxx@ master~]$ mv  apache-flume-1.7.0-bin  flume
```

2. 配置环境变量

使用 vi 编辑器打开 ~/.bashrc 文件。

```
[jmxx@ master~]$ vi  ~/.bashrc
```

然后在该文件开头加入如下代码：

```
export JAVA_HOME =/usr/java/jdk
export FLUME_HOME =/home/jmxx/flume
export FLUME_CONF_DIR = $FLUME_HOME/conf
export PATH = $PATH: $FLUME_HOME/bin
```

执行如下命令使环境变量立即生效。

```
[jmxx @ master~]$ source  ~/.bashrc
```

然后修改配置文件 flume - env.sh。

```
[jmxx @ master~]$ cd  ~/flume
[jmxx @ master flume ]$ cp  conf/flume-env.sh.template  flume-env.sh
[jmxx @ master flume ]$ vi  flume-env.sh
```

在 flume - env.sh 文件开头加入如下语句：

```
Export JAVA_HOME =/usr/java/jdk
```

3. 启动 Flume

执行如下语句启动 Flume。

[jmxx@ master flume]$ ./bin/flume-ng   version

启动成功后,会出现如图 9.18 所示信息。

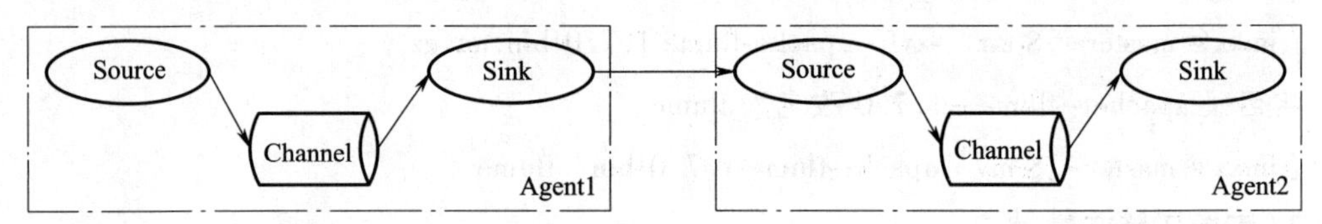

```
[jmxx@master flume]$ ./bin/flume-ng version
Flume 1.7.0
Source code repository: https://git-wip-us.apache.org/repos/asf/flume.git
Revision: 511d868555dd4d16e6ce4fedc72c2d1454546707
Compiled by bessbd on Wed Oct 12 20:51:10 CEST 2016
From source with checksum 0d21b3ffdc55a07e1d08875872c00523
[jmxx@master flume]$
```

图 9.18　Flume 启动成功

9.3.5　Flume 应用模式

由于 Flume 在数据采集中的方便灵活,因此适用于多种应用模式。

1. 多 Agent 连接

如图 9.19 所示,在实际中,可以将多个 Agent 顺序连接,将最初的数据存储到最终的存储系统中。不过此场景下由于数据流经路径变长,因此若出现故障将会影响整个 Agent 服务。

图 9.19　多 Agent

2. 多路复用

Flume 支持将 Event 流多路复用到一个或多个目的地。在该模式下的两种实现方式中,复制方式是将最前端的数据源复制多份传递到不同的 Channel 中,分流方式则是数据源根据不同条件而分流到不同的 Channel 中。在复制方式中每个 Channel 接收到的数据是相同的,而分流模式下每个 Channel 接收到的数据则是不同的,如图 9.20 所示。

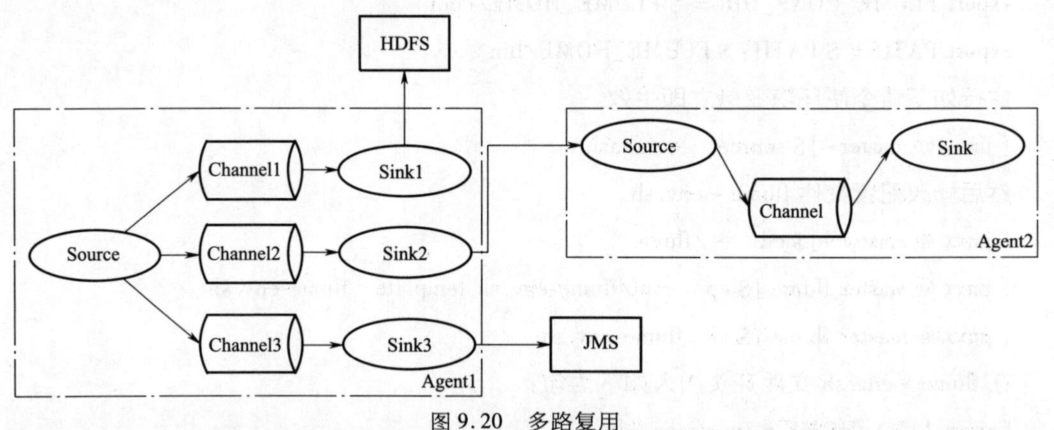

图 9.20　多路复用

3. 多 Agent 聚合

在日志收集中,例如,从数百个 Web 服务器收集的日志发送给写入 HDFS 集群的十几个代理,每个节点都会产生用户行为日志,这样可以在每个节点配置一个 Agent 来收集该节点的日志数据,再将多个 Agent 的数据聚合到一个 Agent 中,如图 9.21 所示。

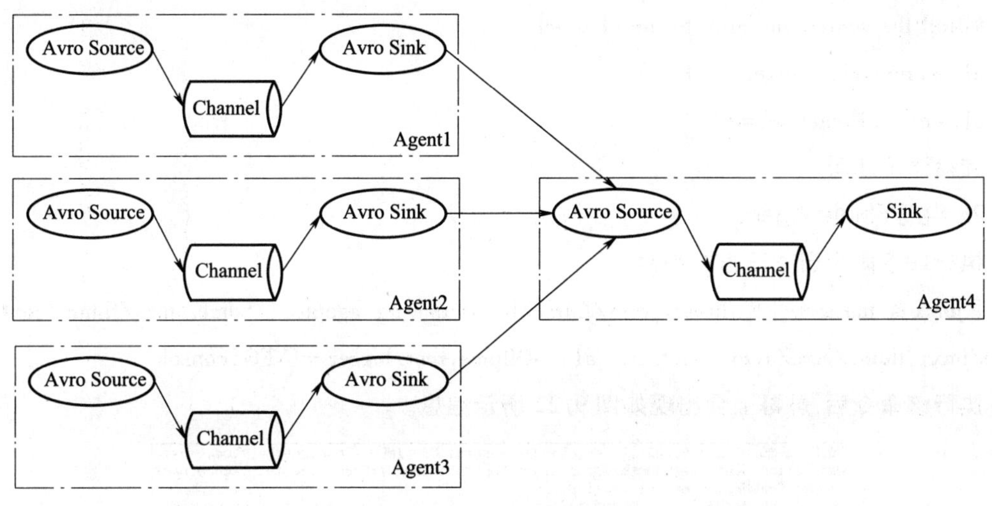

图 9.21 多 Agent 聚合

9.3.6 Flume 实例

使用 Flume 可以采集节点产生的用户日志,本节以 Flume 采集某测试文件的数据为例,举例如下。

1. 创建 Agent 配置文件

在/home/jmxx/flume/conf 目录下创建一个配置文件 avro.conf,命令如下。

```
[ jmxx@ master~ ] $ cd    flume
[ jmxx@ master flume ] $ vi    ./conf/avro.conf
```

然后在 avro.conf 文件中写入以下内容:

```
a1.sources = r1
a1.sinks = k1
a1.channels = c1
#Describe/configure the source
a1.sources.r1.type = avro
a1.sources.r1.channels = c1
a1.sources.r1. bind = localhost
a1.sources.r1.port = 4141
#Describe the sink
a1.sinks. k1.type = logger
```

#Use a channel which buffers events in memory

a1.channels.c1.type = memory

a1.channels.c1.capacity = 1000

a1.channels.c1.transactionCapacity = 100

#Bind the source and sink to the channel

a1.sources.r1.channels = c1

a1.sinks.k1.channel = c1

存盘退出即可。

2. **启动** Flume Agent

执行如下命令启动日志控制台：

[jmxx @ master ~] $ /home/jmxx/flume/bin/flume-ng agent-c /home/jmxx/flume/conf-f /home/jmxx/flume/conf/avro.conf -n a1 -Dflume.root.logger = INFO,console

执行该命令后,屏幕上会出现如图 9.22 所示信息。

```
2018-12-05 01:23:56,222 (lifecycleSupervisor-1-0) [INFO - org.apache.flume.instr
umentation.MonitoredCounterGroup.start(MonitoredCounterGroup.java:95)] Component
 type: CHANNEL, name: c1 started
2018-12-05 01:23:56,607 (conf-file-poller-0) [INFO - org.apache.flume.node.Appli
cation.startAllComponents(Application.java:171)] Starting Sink k1
2018-12-05 01:23:56,617 (conf-file-poller-0) [INFO - org.apache.flume.node.Appli
cation.startAllComponents(Application.java:182)] Starting Source r1
2018-12-05 01:23:56,618 (lifecycleSupervisor-1-4) [INFO - org.apache.flume.sourc
e.AvroSource.start(AvroSource.java:234)] Starting Avro source r1: { bindAddress:
 localhost, port: 4141 }...
2018-12-05 01:23:57,221 (lifecycleSupervisor-1-4) [INFO - org.apache.flume.instr
umentation.MonitoredCounterGroup.register(MonitoredCounterGroup.java:119)] Monit
ored counter group for type: SOURCE, name: r1: Successfully registered new MBean
.
2018-12-05 01:23:57,221 (lifecycleSupervisor-1-4) [INFO - org.apache.flume.instr
umentation.MonitoredCounterGroup.start(MonitoredCounterGroup.java:95)] Component
 type: SOURCE, name: r1 started
2018-12-05 01:23:57,226 (lifecycleSupervisor-1-4) [INFO - org.apache.flume.sourc
e.AvroSource.start(AvroSource.java:259)] Avro source r1 started.
```

图 9.22 启动 Flume Agent

3. **准备测试数据**

打开一个新的终端,使用如下命令在/home/jmxx/flume 目录下新建一个文件 FlumeTest,并在文件中加入一行内容“Hadoop Flume”。

[jmxx@ master~] $ cd flume

[jmxx@ master flume] $ sh -c 'echo "Hadoop Flume" > /home/jmxx/flume/FlumeTest'

4. **查看采集结果**

执行如下命令。

[jmxx@ master~] $ cd flume

[jmxx@ master flume] $ ./bin/flume-ng avro-client--conf conf-H localhost-p 4141-F /home/jmxx/flume /FlumeTest

执行该命令后,切换到之前的日志控制台所在的终端窗口,就可以看到 Flume 已经采集到了信息,如图 9.23 所示。

如图 9.23 所示,最后一行可以看到 Flume 已经成功地采集到了“Hadoop Flume”。

```
2018-12-05 01:29:22,193 (New I/O server boss #3) [INFO - org.apache.avro.ipc.Net
tyServer$NettyServerAvroHandler.handleUpstream(NettyServer.java:171)] [id: 0xde9
ee24f, /127.0.0.1:42334 => /127.0.0.1:4141] OPEN
2018-12-05 01:29:22,195 (New I/O worker #2) [INFO - org.apache.avro.ipc.NettySer
ver$NettyServerAvroHandler.handleUpstream(NettyServer.java:171)] [id: 0xde9ee24f
, /127.0.0.1:42334 => /127.0.0.1:4141] BOUND: /127.0.0.1:4141
2018-12-05 01:29:22,195 (New I/O worker #2) [INFO - org.apache.avro.ipc.NettySer
ver$NettyServerAvroHandler.handleUpstream(NettyServer.java:171)] [id: 0xde9ee24f
, /127.0.0.1:42334 => /127.0.0.1:4141] CONNECTED: /127.0.0.1:42334
2018-12-05 01:29:22,699 (SinkRunner-PollingRunner-DefaultSinkProcessor) [INFO -
org.apache.flume.sink.LoggerSink.process(LoggerSink.java:95)] Event: { headers:{
} body: 48 61 64 6F 6F 70 20 46 6C 75 6D 65          Hadoop Flume }
```

图 9.23 Flume 接收信息

小结

本章首先介绍了 Sqoop 产生的原因和系统架构，详细讲解了 Sqoop 的安装步骤，使读者对Sqoop 有初步的了解，帮助读者掌握 Sqoop 的基本使用方法。然后介绍了 Kafka 的作用、特点及应用场景，并对 Kafka 基本架构中的 Producer、Broker 和 Consumer 三个组件以及 topic 和 partition 两个概念进行详细阐述。随后介绍了 Flume 的基本思想及特点，介绍了 Flume 的核心模块和基本架构，并对 Flume 的安装过程进行了详细说明，指导读者完成 Flume 的安装配置。最后对 Flume 的应用场景进行了介绍并提供了 Flume 实例。

习题

1. 试述 Sqoop 的主要特点和基本架构。
2. 尝试使用 Sqoop 将 MySQL 中的表导入 HDFS、Hive。
3. 试述 Kafka 的主要特点。
4. 安装 Kafka，练习创建主题以及消息的发送和接收。
5. 试述 Flume 的主要特点。
6. 安装配置 Flume，并按照书中提供的实例进行实践。

即测即评

扫描二维码，测试本章学习效果。

参考文献

[1] 董西成.大数据技术体系详解:原理、架构与实践[M].北京:机械工业出版社,2018.

[2] 汤羽,林笛,范爱华,等.大数据分析与计算[M].北京:清华大学出版社,2018.

[3] 林子雨.大数据技术原理与应用[M].2版.北京:人民邮电出版社,2017.

[4] 林意群.深度剖析 Hadoop HDFS[M].北京:人民邮电出版社,2017.

[5] 黄宜华,苗凯翔.深入理解大数据:大数据处理与编程实践[M].北京:机械工业出版社,2014.

[6] 罗福强,李瑶,陈虹君.大数据技术基础:基于 Hadoop 与 Spark[M].北京:人民邮电出版社,2017.

[7] 董西城.Hadoop 技术内幕:深入解析 MapReduce 架构设计与实现原理[M].北京:机械工业出版社,2013.

[8] 王宏志,李春静.Hadoop 集群程序设计与开发[M].北京:人民邮电出版社,2018.

[9] 翟周伟.Hadoop 核心技术[M].北京:机械工业出版社,2015.

[10] 侯宾.NoSQL 数据库原理[M].北京:人民邮电出版社,2018.

[11] 中科普开.大数据技术基础[M].北京:清华大学出版社,2016.

[12] 黄东军.Hadoop 大数据实战权威指南[M].北京:电子工业出版社,2017.

[13] 傅德谦.大数据离线分析[M].北京:清华大学出版社,2017.

[14] Tom White.Hadoop 权威指南[M].4版.王海,华东,刘喻,等译.北京:清华大学出版社,2017.

[15] Edward Capriolo, Dean Wampler, Jason Rutberglen. Hive 编程指南[M].曹坤,译.北京:人民邮电出版社,2013.

[16] Lars George. HBase 权威指南[M].代志远,刘佳,蒋杰,等译.北京:人民邮电出版社,2013.

[17] Kristina Cbodorow. MongoDB 权威指南[M].邓强,王明辉,译.北京:人民邮电出版社,2013.

[18] 肖冠宇.企业大数据处理:Spark、Druid、Flume 与 Kafka 应用实践[M].北京:机械工业出版社,2017.

[19] Arun C Murthy, Vinod Kumar Vavilapalli, Doug Eadine, et al. Hadoop YARN 权威指南[M].罗韩梅,洪志国,杨旭等译.北京:机械工业出版社,2015.

[20] 饶文碧,袁景凌,张露,等.Hadoop 核心技术与实验[M].武汉:武汉大学出版社,2017.

教学支持说明

建设立体化精品教材，向高校师生提供整体教学解决方案和教学资源，是高等教育出版社“服务教育”的重要方式。为支持相应课程教学,我们专门为本书研发了配套教学课件及相关教学资源,并向采用本书作为教材的教师免费提供。

为保证该课件及相关教学资源仅为教师获得,烦请授课教师清晰填写如下开课证明并拍照后,发送至邮箱:yangshj@hep.com.cn,也可加入QQ群:184315320索取。

编辑电话:010-58556042。

证　明

兹证明________________大学________________学院/系第________学年开设的________________________课程,采用高等教育出版社出版的《　　　　　　》(　　　　主编)作为本课程教材,授课教师为______________,学生________个班,共________人。授课教师需要与本书配套的课件及相关资源用于教学使用。

授课教师联系电话:________________E-mail:________________________

学院/系主任:____________________(签字)

(学院/系办公室盖章)

20__年____月____日